U0453996

樟园百花论丛

接受美学的中国「旅行」

——整体行程与两大问题

文浩——◇——著

湖南师范大学中国语言文学一流学科资助
湖南师范大学博士论文出版资助

知识产权出版社
全国百佳图书出版单位

图书在版编目（CIP）数据

接受美学的中国"旅行"：整体行程与两大问题 / 文浩著 . —北京：知识产权出版社，2019.9

ISBN 978-7-5130-6399-9

Ⅰ . ①接… Ⅱ . ①文… Ⅲ . ①接受美学—研究—中国
Ⅳ . ① B83-069

中国版本图书馆 CIP 数据核字（2019）第 174374 号

内容提要

20 世纪 80 年代初以来，姚斯和伊瑟尔开创的接受美学在华传播和发展了 30 多年，已经发展成当代中国文学美学研究中较为成熟的理论批评话语。本书借鉴萨义德"理论的旅行"模型提出"问题域研究模式"，以"接受美学中国化的重要成果和独特价值"为核心问题，检视广义文艺学视域下接受美学中国化的整体行程（译介、研究和运用三阶段），探究"接受美学和重写文学史""接受美学和中国古代文论的现代转换"这两大问题域里中西文论和文化的深度对话史。

责任编辑： 王颖超　　**责任校对：** 王　岩
封面设计： 张　冀　　**责任印制：** 刘译文

接受美学的中国"旅行"：整体行程与两大问题

文　浩　著

出版发行： 知识产权出版社有限责任公司　　**网　　址：** http：//www.ipph.cn
社　　址： 北京市海淀区气象路 50 号院　　**邮　　编：** 100081
责编电话： 010-82000860 转 8655　　**责编邮箱：** wangyingchao@cnipr.com
发行电话： 010-82000860 转 8101/8102　　**发行传真：** 010-82000893/82005070/82000270
印　　刷： 北京嘉恒彩色印刷有限责任公司　　**经　　销：** 各大网上书店、新华书店及相关专业书店
开　　本： 720mm × 1000mm　1/16　　**印　　张：** 16.5
版　　次： 2019 年 9 月第 1 版　　**印　　次：** 2019 年 9 月第 1 次印刷
字　　数： 220 千字　　**定　　价：** 66.00 元

ISBN 978-7-5130-6399-9

序

在回望中清理，在梳理中反思

——写在《接受美学的中国“旅行”：整体行程与两大问题》面世之际

外国文论在改革开放的当代中国之被引介被借鉴的历程，确乎是一种“理论旅行”。

外国文论在当代中国的旅行是学派思想的旅行。如果以学派的辐射力为坐标，在当代中国留下最为深刻印迹的外国文论学派应首推以“接受美学”著称于世的“康斯坦茨学派”。

改革开放使当代中国的外国文论引介与借鉴获得了前所未有的空间，进入空前繁荣的时期。回望40年来外国文论在中国的“旅行”印迹，梳理40年来我们对外国文论的引介路径，检阅40年来外国文论的主要流脉、重大学派、大家名说在当代中国被接受、被征用、被吸纳的复杂历程，反思40年来我们对外国文论译介与接受的经验教训——在回望中清理，在梳理中反思，可谓我国文学理论学科建设与发展中一项基础性的国情调研。这种回望与反思，至少对于总结当代中国的外国文论学科发展的主要成就，勘察当代中国的外国文论学科发育的薄弱环节，制订当代中国的外国文论学科发展战略，都是很有意义的。

聚焦于以伊瑟尔与姚斯为旗帜的“接受美学”在当代中国的“旅行”

行程，进行回望中的清理，展开梳理中的反思，这无疑是关乎当代中国文学理论学科发展的基础性调研中的一项个案研究。这一个案研究在当代中国文学研究学术史上的价值，在当代中国人文科学思想史上的意义，毋庸置疑。梳理德国的伊瑟尔与姚斯的文论在当代中国的“旅行”行程，一如去清理美国的韦勒克文论、苏联的巴赫金文论、法国的巴尔特文论、英国的伊格尔顿文论、抑或意大利的埃科文论、波兰的英加登文论、荷兰的佛克玛文论在当代中国的“旅行”历程，一样的实实在在，一样的不可或缺。诚然，如果我们真正地胸怀世界，就不再把多流脉多声部的外国文论简化成美英文论；诚然，如果我们真正拥有主体性，拥有对文化多样性的自觉，就不再唯美英文论马首是瞻。

在这样的语境中，文浩博士的专著《接受美学的中国“旅行”：整体行程与两大问题》的出版，是很有意义的。在该书终于付梓面世之际，我要向著者表示祝贺！现在呈现在读者面前的这部专著，是文浩在其 2010 年完成的博士学位论文基础上精心打磨而成，它生动地见证了一个湖湘学子不忘初心，十几年来矢志不移，一直锚定“接受美学”的接受这一课题不离不弃的一股韧劲，它生动地映现了一个青年学者穿越岁月不断成长的学术年轮。作为文浩的导师，我为他有这样的成长而甚感欣慰！

文浩这部旨在清理“接受美学”在中国的“旅行”行程，或者说，旨在梳理当代中国文论界对“接受美学”的接受成果与问题的专著，有哪些亮点呢？通读全书，给我留下比较深刻印象的主要有以下几点。

第一，清晰地梳理了“接受美学”在当代中国的“旅行”轨迹。我国学界关于“接受美学”在当代中国的“旅行”印迹的清理，大多是以文章概述的形式进行的扫描，尚未进入几十年来我们对“接受美学”接受史料的全息性、系统性、纵深性梳理。《接受美学的中国“旅行”：整体行程与两大问题》以专著的体量，超越单篇论文的局限，较好地完成了对“接受美学”的中国之旅之整体行程的具体勘察。全书史料充实，信息丰富。在探讨“接受美学”如何介入中国当代文学史重写论域时，著者首先从接受史的综合性角度梳理出两大历史契机：一是“接受美学”作为一种富有人文性审美性的文学史话语模式与中国学者对缺乏人文性审美性的文学史旧范式的变革诉求之间存在潜在对话可能；二是“接受美学”在调节审美和历史的裂隙，弥合“文学史悖论”中产生的德国经验为新时期中国学者解决中国场景中的“文学史悖论”带来莫大的启发。正是抓住了这一历史契机，中国化的文学接受理论构想和实践才会出现。著者细致爬梳和解析了四种中国化的文学接受史构想及其实践效果，细致清点了朱立元、陈文忠、高中甫、王兆鹏、尚学锋等学者扬弃姚斯的接受史理路和中国传统的文学史思维之后的理论创新点。著者对历史契机的考察，进入了理论旅行中接受机制的学理性分析，揭示出中国化文学接受史产生的必然性；对四种中国化的文学接受史的细致性爬梳，凸显出“接受美学”的理论效用。

第二，扎实地清理了“接受美学”对当代中国文学研究话语实践的介入路径。改革开放以来，“接受美学”这样的异质性文论话语“旅行”到中国学界，深度介入多个学科、多个层面的理论对话和话语实践。《接受美学的中国“旅行”：整体行程与两大问题》一书重点清理了“接受美学”对当代中国文学研究话语实践的介入路径：“接受美学与重写文学史”及“接受美学和中国古代文论的现代转换”。在这两条路径上，用著者的术语来说，这两个“问题域”均产生了十分丰富的成果。在“接受美学”的影响下中国文学接受史的理论和实践都获得推进，尤其是古代文学接受史成就十分突出。中国文学接受的理论范畴演进和内在体系研究也吸引了三代学人辛勤耕耘，结出了丰硕的理论果实。著者基于翔实的接受成果，从“接受美学”介入这两大问题域而形成的时间节点、发展路径、理论创构、实践经验和内在不足等多侧面，细致地清理了每个问题域的演化。正是这些具体的演化逐步形成了新时期中国化的文学接受史范式。这种范式在价值取向上发生了两大转向：一是由政治标准凌驾于艺术（审美）标准的文学史范式逐渐转向审美和历史统一的文学史范式，读者的接受活动发挥关键的调节作用；二是由作家作品为重心的文学史书写转向以文本和读者的交流关系为重心的文学史书写。这种转变既是中国文学史理论的内在变革，也昭示了整个文学研究界在平衡文学的历史和审美关系上走向辩证科学的研究理路。借助于“接受美学”锻造的文学史新范式超越了庸俗化、政治化、集体化、格式化文学史旧模式，守护了文学的审美性和独立性，张扬了文学史家的主体性。

第三，充分地揭示了“接受美学”在中国语境中的适应性变异和中国学人的创造性阐释。

德国学者姚斯和伊瑟尔的“接受美学”产生于欧洲文化土壤，它的理论预设主要基于欧洲文学与文化现实。“接受美学”“旅行”到中国，必须要适应中国文学现实土壤，才能变成中国化的可操作的理论批评话语。《接受美学的中国“旅行”：整体行程与两大问题》一书从接受史视野出发，充分地揭示了中国学人在“接受美学”中国化探索中基于中国问题和中国经验催发的中国阐释。20 世纪 80 年代，中国学者将姚斯的文学接受史模式引入重写文学史实践之中，并没有全盘照搬，而是结合中国文学经验，提出许多创造性阐释：一是给文学接受史一个中国学术谱系中的定位。中国学界多数同仁取得共识：明确将读者审美经验为轴心的文学接受史与中国传统意义上的文学研究史、文学批评史、学术史区别开来。二是在理论和实践统一基础上提出文学接受史的中国版。朱立元关于文学史、效果史（接受史）、批评史“三合一”的总体文学史构想，陈文忠关于效果史、阐释史、影响史三元合一的构想等中国阐释既有理论创新，又获得了接受史写作实践的检验，催生了大量经典作家作品接受史研究成果，这在一定意义上弥补了姚斯的文学接受史模式的短板。三是改造姚斯理论范式的偏好。姚斯的接受史范式基于欧洲中世纪传奇文学和 20 世纪现代派文学（这些文学带有新奇晦涩、朦胧多义等特征）的阅读经验。中国学者适时改造了姚斯的原初理论偏好，在把握中国古代作品和读者期待视野之间关系时偏向统一的一面，主要强调经典作家作品对读者期待视野的顺应，其次才是违逆和挑战。四是细化姚斯笼统的读者类型划分。姚斯在阐述读者期待视野的历史变化，考察文学作品接受史时，往往忽略了读者类型的差异性和流变性。中国学者陈文忠在吸收姚斯广义的读者概念的同时注意到读者类型差异的关键作用。他以中国古代诗歌接受读解活动中读者层次和品位的差异为基础，划分中国古代诗歌接受者为普通读者、诗评家和诗人三种类型，然后凭借三种读者类型的接受特点演绎成效果史、阐释史、影响史这三种相对独立的接受史，并指明其中阐释史的主导地位和三种“历史”的互动升降。陈文忠清晰的读者类型研究，既印合了中国古代诗歌接受的实情，又细化和延展了姚斯理论范型，给文学接受史研究增加了一种新的参照系。

在我看来，能如此清晰地梳理“接受美学”在当代中国的“旅行”轨迹，如此扎实地清理“接受美学”对当代中国文学研究话语实践的介入路径，如此充分地揭示“接受美学”在中国语境中的适应性变异和中国学人的创造性阐释，可以说，基本上完成了在回望中清理，在梳理中反思当代中国对“接受美学”的接受这一课题的研究任务。

《接受美学的中国“旅行”：整体行程与两大问题》的著者之所以能成功地完成这一研究任务，不仅得力于著者对“接受美学”在中国“旅行”的接受史料的充分占有与精细梳理，而且还得力于著者在接受史研究方法上的创新尝试。著者在这里采用了“问题域研究模式”来勘察“接受美学”在中国的“旅行”行程与路径，来追问“接受美学”如何具体地介入中国文学研究的问题域，来勘察“接受美学”在中国被引介、被征用、被转化、被吸纳的历史语境与演变进程。以这种“问题域”来切入接受史考察，也许有助于克服线型叙述或者板块切割所造成的对深层问题的遮蔽，可以说是对惯常使用的历时性和共时性方法的一种扬弃。“问题域研究模式”以一总问题串起全书的论述。总问题下包含很多子问题，提问和回答就形成一个个富有理论活力的子问题域。《接受美学的中国“旅行”：整体行程与两大问题》一书三部分都是这种“子问题域”的集结，它们分别是：“接受美学”在欧美的兴起和在中国的旅行、“接受美学”与重写文学史、“接受美学”与中国古代文论的现代转换。“子问题域”之间是一种共时性关系，而“子问题域”内部则贯穿历时性的问题史。著者在接受史研究方法上的这一创新尝试是应当得到鼓励的。

一部专著总该有些新材料，有些新观点；若在方法上也有点突破，那就更加可贵而值得一读了。文浩的这部专著在这几个层面都很投入，都很努力。这是令人可喜的。

是为序。

周启超

2019 年 7 月 28 日—8 月 8 日

波士顿—杭州

目　录

第三编　接受美学与“中国古代文论的现代转换”

导 论

第一节　选题研究的历史和现状

一、选题定位和关键词阐释

冯汉津在《文艺理论研究》1983 年第 3 期上译介了意大利学者弗·梅雷加利的《论文学接收》。随后，张黎在《文学评论》1983 年第 6 期上发表了《关于"接受美学"的笔记》，从此接受美学进入中国的学术视野。从 1983 年到现在，30 多年来，中国学者在文艺学研究中不遗余力地介绍、翻译和研究接受美学，各种专题论文、译著和专著汗牛充栋、蔚为大观。从整体上讲，接受美学已经从 20 世纪 80 年代的西方"舶来品"变成当下文艺学研究中具有中国特色的理论话语，成为国内学术界不可忽视的文学理论资源，直接参与了中国新时期文论范式的转型。金元浦在总结包括接受美学在内的整个接受反应文论时说："在中国当代文坛，接受反应文论已日益成为一种渐趋完善的理论批评话语，已通过多年的理论建设和经典范例的示范而逐渐赢得自己的阐释'共同体'（阅读共同体、批评共同体）。"[1] 接受美学源自 20 世纪 60 年代欧洲反文本中心主义的思潮，然后远涉重洋，经由美国和德国两条路径传入 20 世纪 80 年代的中国学术界，适逢我们敞开国门，深感封闭太久，渴求借鉴西学为我所用。一时间西方 20 世纪的文学理论和文化思潮一股脑儿涌入国内，热闹非凡，形成"你方唱罢我登场"的局面。如果从当时过于急切的"拿来主义"文化心理看，中国学人关注接受美学或许只是偶然，但是，30 多年过去了，大浪淘沙，一些在 20 世纪 80 年代红极一时的理论现在却渐次消歇，而接受美学经过几代学

[1] 金元浦．接受反应文论［M］．济南：山东教育出版社，1998：429.

人不懈钻研和阐释，在中国文艺学研究领域传播、生根和发芽，已经成为“一种渐趋完善的理论批评话语”。那么，笔者就有理由相信接受美学在中国学术土壤上的接受具有历史必然性。探究这种历史必然性就能展开一部“接受美学在中国文艺学研究中的接受史”。笔者以为，这部接受史的内容框架，至少要包括以下三个部分：（1）描述中国文艺学研究领域对接受美学的接受现状，厘清中国学界重视这个理论的原因，探明每个接受阶段的主要成果、背景渊源，做到细致清晰；（2）细致梳理接受美学重要概念命题的接受史，细致阐释这些概念命题在中西语境中的差异变化；（3）探寻接受美学和中国文艺学若干重大问题的关联。这三个部分互相依存，互相支撑。前两个部分注重对接受史中客观事实的描述，构成第三部分的基础和前提。第三部分则触及中国文艺学领域中接受事实产生的必然性和复杂性，这是对前两个部分的综合和深化。第三部分构成接受史中深层次的问题，具有更高的理论价值。本书的选题“接受美学的中国‘旅行’：整体行程与两大问题”就是在考察接受美学介入中国文艺学的整体行程的基础上，重点研究接受美学与“重写文学史”、接受美学与“中国古代文论的现代转换”这两大热点问题的碰撞和交汇，思考背后深层的接受背景和动机。这种研究显然侧重于接受史的第三部分。总的来说，本书的选题是“接受美学在中国文艺学研究中的接受史”的一个子集，是整个“接受史”合集中深层次问题的展开。

本书中涉及几个概念需要廓清。首先是“接受美学”（Reception Aesthetics），作为文学和美学研究的一个专业术语，在不同的理论语境中具有不同的内涵。如果从最广义的角度看，20 世纪 60 年代以来国际学术界一系列反对文本中心主义，强调读者接受作用和意义，研究阅读接受效应和功能的美学流派，可以统称接受美学或者接受理论。这就包括西德以姚斯、伊瑟尔为代表的“康士坦茨学派”、东德以瑙曼为代表的接受美学学派、苏联以赫拉普钦科为代表的文学历史功能研究学派等。从狭义上讲，“接受美学”就是指以姚斯（Hans Robert Jauss，中文译名有姚斯、耀斯、尧斯等，本书正文统一使用“姚斯”）、伊瑟尔（Wolfgang Iser，中文译名有伊瑟尔、伊泽尔、伊塞尔、伊瑟等，本书正文统一使用“伊瑟尔”）为代表的“康士坦茨学派”（the school of constancy），它们在20世纪六七十年代极盛一时，声名远播。“康士坦茨学派”因为首倡重估文学史和高扬读者阅读的历史意义而赢得较大的国际影响。本书中的“接受美学”主要指姚斯、伊瑟尔为代表的“康士坦茨学派”（狭义的接受美学），因为大部分中国学者谈论“接受美学”这个概念时指的就是姚斯、伊瑟尔的理论。

关于“文艺学”（Literature Science）这个概念，准确地说应该是“文学学”，中华人民共和国成立初期从苏联引进这个概念时就涉及两个意义相关的俄文词，在学科发展上我国学界也相应形成两种取向：广义的“文艺学”和狭义的“文艺学”。[1]从词源上说，广义的“文艺学”（“文学学”）是研究整个文学现象、特征和规律的学问，与音乐学、建筑学、美术学等并列。它应该包括文学理论、文学批评和文学史三个紧密联系的分支。实际上，在中国当下的学科划分中，文艺学、中国古代文学、中国现当代文学、世界文学与比较文学等二级学科并列归属于中国语言文学一级学科，文艺学这个二级学科侧重于文学理论研究，关于具体的作家作品和文学史的研究是它的基础但不是主要内容。这是一种狭义的文艺学。本书关注的两个中国问题：“重写文学史”和“中国古代文论的现代转换”，既涉及文学史建构和古代文学批评方式，又涉及当代文论话语转型，这就超出狭义文艺学的范围而属于广义的文艺学。本选题既要考察接受美学对中国作家作品的接受史个案研究产生的影响，又要在这一基础上梳理接受美学与中国传统接受理论相融合碰撞产生了哪些理论新质，出现了哪些理论变异，对新时期文论话语转型产生了什么影响。总之，本选题“接受美学的中国‘旅行’：整体行程与两大问题”对接受史材料的考察范围设定在广义“文

[1] 朱立元，栗永清．新中国60年文艺学演进轨迹［J］．文学评论，2009（6）．在中华人民共和国成立初期，我国高校文科建设和文学理论研究大规模向苏联学习。在这一背景下，两个俄文词 Литературоведение（被译为“文艺学”，包括文学史、文学理论、文学批评等方面的文学研究，在我国被视为广义“文艺学”）和 Теория Литературы（被译为“文学理论”，在我国被视为狭义的“文艺学”），都被引入我国学科体系之中，造成“文艺学”内涵的多层性和矛盾性。详细分析见这篇论文的第一部分。

艺学”研究领域之内。

当然，接受美学在中国的接受和影响力远不止文艺学领域，具有跨学科性。比如在教育界和翻译理论界，都形成了相应的接受美学学派，在理论和实践中发挥了重大作用，但是本选题主要考察接受美学在文艺学领域的接受史，涉及其他领域接受美学的接受情况，只做简单介绍，出于三个方面考虑。一是从接受美学的渊源和流变看，接受美学主要还是一种文学理论和美学思潮，文学史理论和文学阐释研究一直是它的中心话题，它首先影响的是文学研究。所以，本书指向文艺学领域中接受美学的影响抓住了接受美学接受史的主流。二是从研究领域看，如果把接受美学在中国教育学研究、翻译研究方面的接受史都囊括进来，笔者不能胜任。因为教育学和翻译理论有很强的专业性，不是笔者所熟悉的研究领域，不敢妄言，故而专做文艺学领域的接受史。三是从著作写作的实际考虑，研究本选题，涉及论文 200 多篇、著作 100 多部（就目前所能搜集的而言），工作量已经不小。就接受美学在中国教育学领域内的接受史而言，据笔者粗略估计，各种论文和著作的总量不会低于文艺学领域的数据，已经够得上写一部“接受美学在中国教育学研究中的接受史”。所以，笔者从实际出发，将选题限定在“文艺学”范围内。

二、本选题研究的历史和现状

如前所述，本选题是“接受美学在中国文艺学研究中的接受史”的一个子集，是整个“接受史”合集中深层次问题的展开。为了获得更为宽广的研究视角，笔者将选题研究史的考察范围扩大，不局限于“重写文学史”和“中国古代文论的现代转换”，而要梳理此前学界关于接受美学和整个文艺学问题的研究综述，分析本选题研究在其中的进度，发掘可以拓展的研究空间。

20 世纪 80 年代初，接受美学作为一种文学理论和美学思潮引介到中国，恰逢国内文论范式的转型和“方法热”的萌兴，它很快便成为文艺学研究的热点。中国文艺学界译介、梳理和运用接受美学有30多年的历史，其间接受美学和文艺学领域众多理论问题交汇、碰撞，产生了复杂的理论关联。与此同时，自20世纪80年代起，很多中国学者已经开始从接受史角度冷静地梳理接受美学和文艺学问题的理论关联，总结某个阶段的研究成果，辨析利弊，指陈偏颇，以期“诊断”接受美学中国化的症候。笔者考察1983—2018年中国学者关于“接受美学在中国文艺学研究中的接受史”这一课题的重要论文和著作，按照时间顺序，可以分为三个阶段。

（1）从1983年接受美学传入到20世纪80年代末，这是“接受美学在中国文艺学研究中的接受史”课题研究的初期。因为接受美学的研究在中国刚刚兴起，处于经典译介和理论摸索时期，所以这一阶段的接受史探究也不可能程度很深，主要是简单介绍中国学界对接受美学研究的动态。陶济的短文《接受美学研究近况》[1]是笔者能够收集的“接受美学在中国文艺学研究中的接受史”这个课题最早的研究文献。这篇短文简单介绍了接受美学的学术渊源，接着通过分析1985年中国学者章国锋、刘再复、周始元的论文，指出我国介绍和研究接受美学真正取得较大进展的还是1985年。邹广文和应红的文章[2]也及时追踪了1983—1987年中国接受美学研究的动态；贾放的《苏联的接受美学理论：文学历史功能研究》[3]则追踪了苏联赫拉普钦科为代表的接受美学理论——文学历史功能研究学派，它是世界范围内读者研究和接受理论潮流的一个重要分支。

（2）20世纪90年代，这是“接受美学在中国文艺学研究中的接受史”课题研究的发展期。伴随国内接受美学研究的深入和成果的激增，这个阶段的接受史研究逐步深入，不过接受史研究成果不多，与同时期接受美学介入文艺学问题产生的丰硕理论成果不相称。接受史研究的主要成果是金元浦在《接受反应文论》(1998）一书中的两篇文章：《接受反应文论的

---

[1] 陶济．接受美学研究近况［A］// 中国社科院哲学所．中国哲学年鉴1986. 北京：中国大百科全书出版社，1986.

[2] 邹广文．接受美学研究综述［J］. 文艺研究，1987（4）；邹广文．“接受美学”研究［J］. 哲学动态，1988（3）；应红．接受美学正在我国兴起［A］//《中国文艺年鉴》编辑部．中国文艺年鉴1987. 北京：文化艺术出版社，1988.

[3] 贾放．苏联的接受美学理论：文学历史功能研究［J］. 俄罗斯文艺，1988（6）.

"中国化"》和《结语：多元格局中的新的实践》。金元浦把接受美学和读者反应批评合称为接受反应文论。在前文中金元浦较为深入地探讨了接受反应文论"中国化"的接受背景、原因、实绩和途径，较为全面地展示了接受反应文论和中国古代文论、中国当代文学欣赏、中国解释接受批评话语等问题的交融碰撞，突出了接受反应文论"中国化"中的文化差异性、视域融合等问题。后文中金元浦从整体的高度总结接受反应文论在30余年（包括在中国被接受的20多年）的历史进程中开拓创新，"终结"了作者中心论模式和文本中心论模式，开创了读者中心论和文学本体论的新时代。作者作为接受美学研究的主将之一，"入乎其内，出乎其外"，较为清晰地再现了接受美学和中国文艺学问题研究的一个断面（20世纪80年代初到90年代中后期）。只可惜在20世纪90年代，像金元浦的文章那样烛照全局细致分析的接受史研究成果并不多。

（3）2000—2018年，也就是21世纪初，这是"接受美学在中国文艺学研究中的接受史"课题研究的多元化时期。接受美学在国内的接受在广度和深度上都有很大的跃进，就文艺学领域而言，这种接受涉及文学原理、文艺美学、文学批评、古代文学史和文论等多个方向，学科之间多元交叉，一个问题往往跨越几个学科，在学科边缘汇集理论思考和批评实践，整个接受状况呈现跨学科和多元化特征。另外，"接受美学在中国文艺学研究中的接受史"的研究也呈现多元化特征。尤其是接受美学与"重写文学史"、接受美学与"中国古代文论的现代转换"之间中西结合的研究成果日益受到重视和关注，已经有学者对此进行接受史梳理。

有的学者关心全局，总体概括30多年来接受美学和中国文艺学问题的研究史。马大康的《接受美学在中国》❶和《接受美学的中国之旅》❷、张玉能《接受美学的文论与当代中国文论建设》❸都着眼全局来解析接受美学中国化对中国文学研究界的影响、启示和冲击。比如马大康的《接受美学在中国》较为客观地呈现了接受美学在中国近30年接受史的概貌（主要是

❶ 马大康．接受美学在中国［J］．东方丛刊，2009（4）．

❷ 马大康．接受美学的中国之旅［J］．社会科学战线，2012（4）．

❸ 张玉能．接受美学的文论与当代中国文论建设［J］．福建论坛·人文社会科学版，2010（2）．

文学研究领域）。作者重点概括了文学原理、中国古代文论、文学接受史、跨文化文学接受等领域中国学者运用接受美学的研究现状。作者有意识地总结产生这种研究现状的缘由，并指出接受美学“中国化”的历史意义。作者强调吸收西方理论需要跨文化的视角和胆量，并指明接受美学有助于中国固有的“集注”“集说”“汇评”等传统接受模式的现代转型。这些论点高屋建瓴，有的放矢，为我们更进一步思考接受美学的“中国化”问题提供了理论借鉴。不过，一篇文章的篇幅不可能具体展开接受美学和文艺学问题研究的细节，所以，“接受美学在中国”的研究还有待细化。

综合性研究中值得注意的是窦可阳的专著《接受美学与象思维：接受美学的“中国化”》[1]，论者从接受史角度综合梳理了新时期以来接受美学“中国化”的两种研究思路。不过，该书的研究重心并不在于接受史，而是试图超越接受史进入中国接受理论的创构。

有一批学者关注局部，热心地总结接受美学和中国古代文论、接受美学和文学接受史融合的研究成果，可见本选题关注的两大问题并非空穴来风，前人早有研究积累。比如关于接受美学和中国古代文论，樊宝英的《近20年接受美学与中国古代文论研究综述》[2]作了很好的总结。作者对我国学者将西方接受美学引入中国古代文论问题的研究阶段、研究领域和研究方法进行了细致总结，高度评价了接受美学介入中国古代文论研究取得的总体成绩。刘上江、刘绍瑾的《阐释学、接受理论与20年来中国古代文论研究述评》[3]也是这个领域的重要成果。至于接受美学和文学接受史，陈文忠的《20年文学接受史研究回顾与思考》[4]是重要研究成果。作者详细考察了接受美学激发中国学界兴起接受史理论研究和书写实践的盛况，肯定了“中国的文学接受史研究已成为充满魅力和前景的学术生长点”，并

[1] 参见：窦可阳．接受美学与象思维：接受美学的“中国化”［D］．长春：吉林大学，2009；窦可阳．接受美学与象思维：接受美学的“中国化”［M］．北京：中央编译出版社，2014.

[2] 樊宝英．近20年接受美学与中国古代文论研究综述［J］．三峡大学学报·人文社会科学版，2002（6）．

[3] 刘上江，刘绍瑾．阐释学、接受理论与20年来中国古代文论研究述评［J］．深圳大学学报·人文社会科学版，2006（1）．

[4] 陈文忠．20年文学接受史研究回顾与思考［J］．安徽师范大学学报，2003（5）．

且澄清了“学术史”和“接受史”的差别，有利于接受美学研究朝着精细而科学的方向发展，避免了对接受美学概念简单比附和笼统使用。陈文忠的《走出接受史的困境——经典作家接受史研究反思》❶认为目前经典作家接受史研究要么混同于“经典作品接受史”，要么等同于“历代评论资料”汇编。他认为经典作家接受史实质是作家精神生命的传承，也是接受主体与接受对象之间的多元对话史和多重意义生成史。经典作家接受史可以从经典地位的确立史等五个方面细致展开。因为陈文忠长期从事中国古代经典诗歌诗人的接受史写作，他的经典作家接受史最新“写作方案”具有启示性和可操作性。

有的学者聚焦新变，敏锐地抓住21世纪初接受美学研究的新动向——接受美学在文艺学内外同时繁荣并广泛运用于当代文化生活。比如，吴海庆的《接受美学：应用与中国化》一文不仅评述了2003年接受美学在文艺学领域的动向，同时也介绍了接受美学在文艺学之外的教育学、翻译学领域的广泛运用。作者总结道：“接受美学进一步脱离了它的西方文化语境而中国化，进一步越出其初始的文学语境而普遍化了。”❷

分析“接受美学在中国文艺学研究中的接受史”课题研究的历程，简单总结如下。

（1）中国对接受美学的接受状况和接受史研究虽然相辅相成，有依存关系，但是就广度和深度而言，接受史研究相对滞后。比如20世纪90年代接受美学与“重写文学史”、接受美学与“中国古代文论的现代转换”等文艺学问题的研究处于蓬勃发展期，论文、著作在数量上和质量上都颇为可观，而相应的接受史研究成果实际上只有金元浦的两篇论文（就目前能收集到的而言）。

（2）“接受美学在中国文艺学研究中的接受史”以往研究成果，不乏精练之论和自觉意识，但是精算起来，全是单篇论文或著作中的章节。从

❶ 陈文忠．走出接受史的困境——经典作家接受史研究反思［J］．陕西师范大学学报·哲学社会科学版，2011（4）．

❷ 吴海庆．接受美学：应用与中国化［A］// 汝信，曾繁仁．中国美学年鉴2003. 郑州：河南人民出版社，2006.

接受史或者传播史角度全面研究接受美学的专题著作和博士论文并不多见。接受美学传入中国已经30多年，它和中国文艺学热点问题“重写文学史”“中国古代文论的现代转换”相结合产生了大量理论成果。中国化的接受美学已经渐趋完善而成为学界相对独立的理论批评话语。在这种情况下，我们需要一部足够分量的系统性研究著作来梳理接受美学和文艺学重大问题的理论关联，总结接受史经验，直陈接受过程中的利弊，展望接受美学中国化的未来。我们对接受美学中国化的研究，除了在概念术语接受史、某个领域接受史等方面下功夫外，还应该追索接受美学和中国本土重大理论问题（比如“重写文学史”“中国古代文论的现代转换”）的交融史。只有触及问题层面，才能真实反映中国学者在接受西方文论的历史进程中将“他者”形象中国化和实践化的自觉意识，才能深刻揭示中国学者群体在西方强势理论话语压力和动力下，试图建设独立的民族理论话语的不懈努力。

第二节　选题的来由、目标和理论价值

一、选题的来由

这个选题的来由，实际上就是要回答两个基本问题：一是为什么要探讨“接受美学的中国‘旅行’：整体行程与两大问题”？二是探讨“接受美学的中国‘旅行’：整体行程与两大问题”的条件成熟吗？

（一）为什么要探讨“接受美学的中国‘旅行’：整体行程与两大问题”？

首先，围绕接受美学在中国文艺学研究中的接受进程，有很多重大问

题没有得到回答（或者是没有得到充分回答），需要追问和深究，而“重写文学史”“中国古代文论的现代转换”与西方接受美学如何结合、碰撞正是中国学界关心的重大问题。前面笔者探讨选题研究历史和现状时已经指明，接受美学的接受史研究滞后并且缺乏系统性，对一些重大问题的回答也不尽如人意，还有很大的思考空间。笔者认为，从接受史角度探究“接受美学的中国‘旅行’：整体行程与两大问题”，说到底就是要明确回答一些不能避开的问题：接受美学产生的历史语境和20世纪80年代以来中国接受这一理论的文化背景到底有怎样的复杂关系？为什么中国学者在“重写文学史”书写实践中如此青睐姚斯的文学接受史范式？姚斯理论如何触发中国文学史书写模式的历史性转向？为什么接受美学能在“中国古代文论的现代转换”中大展身手？接受美学如何引发中国学者对古代接受理论民族特征的深入思考？又如何促进中国古代接受诗学体系的初步建构？接受美学和中国文艺学两大问题的结合对中国当代文论的自主化审美性转向和民族化本土化进程到底产生了哪些影响？等等。把这些问题放在20世纪后期到21世纪初期中国文化和社会转型的整体框架内思考，笔者相信具有很大的意义。当然，接受美学进入中国语境后，和中国马克思主义文论的发展、中国当代阅读鉴赏理论的思考、中国当代文本理论的建设等重大问题都发生了关联，为什么笔者要选择“重写文学史”与“中国古代文论的现代转换”这两大问题呢？这主要是考虑到两个因素。一是从接受史实际进程看，比较而言，接受美学与“重写文学史”、接受美学与“中国古代文论的现代转换”这两大问题域产生的实际成果比较丰富和集中。比如，接受美学的读者文学史范式深刻影响了中国重写文学史话语体系的建构。20世纪80年代以来中国学人借鉴姚斯的接受史理论，在文学接受史的理论探索和书写实践上都取得了丰硕成果，尤其是古代文学接受史著作层出不穷，创新不断。接受美学由古代文学深入古代文论，中国学者借用接受美学对“诗言志”到王国维“感兴说词”这段2000多年的古代接受理论史进行了深入的阐释，并揭示出中国古代接受理论的民族特征和哲学文化根源。就笔者掌握的资料看，接受美学和其他中国文艺学问题的关联主要局限在概念术语的中西比较研究，还未大量涉足中国文论体系和文化精神这样深层次的领域。可见，接受美学在相当的深度和广度上介入了这两大问题。二是从接受主体看，中国学者在这两大问题域中的问题意识比较明显。严格地说，接受美学介入中国马克思主义文论的发展、中国当代阅读鉴赏理论的思考、中国当代文本理论的建设等，其实是介入某个领域而不是某个问题，但是“重写文学史”与“中国古代文论的现代转换”不同，这是20世纪80年代以来一直困扰中国学者的两大问题。如何“重写文学史”，具体说就是如何改变政治意识形态化的文学史模式，如何改写作家作品中心论的文学史格局，如何整合文学审美性和历史性；如何实现“中国古代文论的现代转换”，具体来说就是如何避免失语症和当代文论的话语危机？如何跨越古代文论界和当代文论界的鸿沟？如何融合接受美学建构中国古代接受诗学体系？ 30多年来，中国学者面对这些紧迫的理论难题充分发挥主观能动性，刻苦钻研，锲而不舍，最后才取得了不俗的成果。由此可见，强烈的问题意识催促中国接受者在两大问题域中高效利用接受美学，释放其文学阐释效力。

其次，无论是从世界还是中国的角度看，接受美学的思想都具有不可忽视的影响力，值得我们关注它的产生、传播、接受和新变。接受美学的诞生有着深刻的思想渊源。因为伽达默尔和姚斯的师生关系，伊瑟尔和英伽登的思想继承关系，接受美学源于解释学和现象学文论是显而易见的。其实，接受美学还或隐或显地融合消化了很多其他的思想资源，比如俄罗斯形式主义、布拉格学派、经典马克思主义美学、文学社会学、阿多诺的社会批判美学、格式塔心理学、萨特的存在主义美学、波普尔与库恩的科学哲学等。接受美学长于吸纳，敢于挑战，推陈出新，自成一格，实属必然。它一旦形成，东进西渐，广为传播，以极大的开放性和其他文学美学思想展开对话交流，以求新变。比如东德的接受美学、苏联艺术接受理论、法国后结构主义的阅读理论、美国霍兰德精神分析读者理论、美国费什和卡勒的读者反应批评、新历史主义、女性主义等，它们或是受到接受美学直接影响，或是间接影响，或是理论同路人。50多年的传播和发展，

而且，中国学者已经关注到接受美学新的发展动向，尤其是伊瑟尔理论研究走向文学人类学和多元对话的趋势。他们很快翻译了伊瑟尔的两本新作:《虚构与想像：文学人类学的疆界》[1]和《怎样做理论》[2]。另外，据笔者搜集和统计，国际接受美学研究论文（集）中译本和接受美学思想家论文（集）中译本共有26种之多，刘小枫选编的《接受美学译文集》、张廷琛选编的《接受理论》和汤普金斯选编、刘峰等译的《读者反应批评》是其中的代表。总体说来，接受美学经典著作的大量翻译是这一理论的接受走向成熟的必要条件。另一方面，从中国文艺学领域对接受美学的研究（运用）看，研究成果丰硕，蔚为壮观。根据笔者掌握的材料统计，从1983—2018年，已经出版的接受美学研究专著有40多部/种（笔者的考察标准是书中专门探讨接受美学理论或者有意识地运用接受美学理论分析文学问题），中文著作和译作中涉及接受美学的专章专节有19种，接受美学和文学史相结合研究的著作（包括博士学位论文）有50多部/种，发表的接受美学研究论文200余篇。可惜的是，一直没有接受美学思想家的传记和评传出版，而且没能形成全国性的接受美学研究会。总之，以上接受美学的研究成果有待我们从接受史角度较为全面地梳理。

其次，从接受史研究本身看，自20世纪80年代以来，中国学者围绕“接受美学的中国‘旅行’：整体行程与两大问题”（接受史）既有研究成果从整体上提出了一些有价值的问题，作出了一些较为自觉的总结和回顾，有助于下一步接受史研究的展开。[3]关于接受史的已有成果，笔者在选题研究的历史和现状部分已经作了详细分析，不再赘述。

---

[1] ［德］伊瑟尔．虚构与想像：文学人类学的疆界［M］．陈定家，汪正龙，译．长春：吉林人民出版社，2003.

[2] ［德］伊瑟尔．怎样做理论［M］．朱刚，等译．南京：南京大学出版社，2008.

[3] 比较重要的接受史研究成果有：贾放．苏联的接受美学理论文学历史功能研究［J］．俄罗斯文艺，1988（6）；金元浦．接受反应文论［M］．济南：山东教育出版社，1998；陈文忠．20年文学接受史研究回顾与思考［J］．安徽师范大学学报，2003（5）；樊宝英．近20年接受美学与中国古代文论研究综述［J］．三峡大学学报·人文社会科学版，2002（6）；刘上江，刘绍瑾．阐释学、接受理论与20年来中国古代文论研究述评［J］．深圳大学学报·人文社会科学版，2006（1）；马大康．接受美学在中国［J］．东方丛刊，2009（4）；陈文忠．走出接受史的困境——经典作家接受史研究反思［J］．陕西师范大学学报·哲学社会科学版，2011（4）.

二、选题的写作目标、理论价值

回答了“为什么写”和“写的条件成熟吗”两个基本问题之后，笔者简单谈谈“接受美学的中国‘旅行’：整体行程与两大问题”这一选题的写作目标、理论价值。

本选题的基本目标就是两个。一是全面展现接受美学在中国文艺学领域的接受进程，重点探析接受美学与“重写文学史”、接受美学与“中国古代文论的现代转换”问题的关系史，直陈中国学者在接受美学理论研究和实践运用上的利弊得失。二是将接受美学接受史和中国文论话语转型、理论范式转换紧密联系起来，探寻中国学者如何把西方文论资源生硬的“他者形象”转化成鲜明的“自我形象”，如何实现中西文论的“视域融合”。

至于本选题的理论价值和意义，其实前面的论述早已点明，集中起来，就是以下四点。

（1）立足于中国问题和中国经验，以问题为中心构建接受美学的中国接受传播史，具有创新性和必要性。解析接受美学的中国化历史，有助于学界认清西方文论与美学中国化的一般规律。

（2）本选题研究有助于学界从微观角度审视已经或正在进行的“西学东渐”潮流和当代文论话语转型，有助于学界思考如何建设中国特色的文论话语。

（3）本选题研究中透视出中国对西学接受的普遍性、规律性的东西，可以增进学界对接受史研究的理论认识和接受史研究方法的思考。

（4）从方法论角度看，本选题提出“问题域研究模式”这一方法，扬弃单一的历时性或者共时性研究思路，丰富了接受传播史的研究方法。

第三节　接受史研究方法的运用和思考

一、总体方法

美国后殖民主义批评家萨义德在《世界·文本·批评家》中提出一种描述接受史的有趣模型——“理论的旅行”。他把理论或者观念的发源、传播、接受和变异的过程看成跨越地域和文化的惊险旅行。这个“旅行”大致需要经历四个步骤：一是有一个理论源点发端；二是横向穿越一段包含复杂历史语境的时空；三是特定接受条件下接受者对理论的接受态度；四是理论在新环境中适应和变异，找到自己的位置和用途。围绕这四个步骤，萨义德追问：“某一观念或者理论，由于从此时此地向彼时彼地的运动，它的说服力是有所增强呢，还是有所减弱，以及某一历史时期和民族文化中的一种理论，在另一历史时期或者境遇中是否会变得截然不同。”[1]由此，萨义德细致考察了卢卡奇在《历史与阶级意识》中提出的“物化”和“总体性”理论的“旅行”过程。它从布达佩斯“旅行”到巴黎，影响了戈德曼的《隐蔽的上帝》中“世界图景”的设想，最后它登陆英伦，扎根在威廉斯的文化研究中。他指出卢卡奇原初理论中反叛和对抗的意识在戈德曼那里转变成一种温和平静的意识，威廉斯则对两者将“总体性”理论夸大带来的方法论陷阱保持清醒的反思意识。萨义德发现三位批评家对同一理论架构的不同阐释源于历史情境、批评家的问题意识、批评家的批判意识等方面的差异。萨义德“理论的旅行”模型和他对卢卡奇接受案例

[1] ［美］萨义德．世界·文本·批评家［M］．李自修，译．北京：生活·读书·新知三联书店，2009：400.

的精彩分析启示我们：研究某个理论的接受史，要展示理论“旅行”的过程，最重要的是追寻接受过程背后接受者的问题意识。正是接受者以特定历史情境中特定的问题意识来选择、批判、改造某一理论，才会使这一理论在旅行中发展和变异，融入不同文化环境中。基于此，笔者借鉴萨义德“理论的旅行”模型提出“问题域研究模式”来考察“接受美学的中国‘旅行’：整体行程与两大问题”。“问题域研究模式”就是研究者追问接受美学在30多年理论“旅行”中如何激起和参与了中国文艺学的问题域，以便探究接受美学在中国引入、传播和变异的演变进程和深刻根源。这一考察过程实际上表明了“双重问题意识”：首先接受史研究者自己要有追问接受史始末的问题意识；而后通过这种追问深入探赜接受者富有的问题意识。笔者采用这一研究模式是对通常使用的历时性和共时性方法的扬弃。

“接受美学的中国‘旅行’：整体行程与两大问题”，如果完全按照历时性方法描述，表面上看符合接受过程的实际，但是操作起来很可能变成资料汇编，淹没接受群体（个体）的某些理论倾向和问题意识。更为重要的是，随着接受中各种理论兴趣点的彼消此长，加上接受美学接受和其他西方文论接受之间的比较、印证和对话，接受美学和中国文艺学问题的关联就不能简单描绘成一个时间表，而是一张交错丛生的“关系网”。很难说中国学界是先关注了姚斯理论还是先关注了伊瑟尔理论，也很难断言中国学界是先钟情于“重写文学史”还是先垂青“中国古代文论的现代转换”。在接受过程中往往出现这样的情况：1983年4月，张隆溪在《文艺研究》发表了《诗无达诂》，偏重于用西德接受美学概念“空白点”及“呼唤结构”来阐释中国古代文学和文论。同年年底，张黎在《文学评论》上发表《关于“接受美学”的笔记》，他引介接受美学则偏重于东德瑙曼理论和苏联接受美学，为谨慎起见，暂时避谈了西德接受美学的重要概念，与张隆溪的理解有较大差异。还有，21世纪初，陈文忠等学者正在将接受美学基本理论和中国文学接受史研究融会贯通并且成果斐然，而另一边，在关注和陈文忠相似问题的同时，金元浦的理论兴趣又发生了部分转移：他开始关注接受美学在世纪之交走向新历史主义和文学人类学的新动向。这两个实例如果只从时间上分析，就只会看到表面现象，并不能找到接受差异和兴趣转移的内在原因。所以，照搬历时性序列描述这段接受史是不可取的。

那么，是不是可以从共时性角度来描述“接受美学的中国‘旅行’：整体行程与两大问题”呢？具体来说可以按照广义文艺学的分类，分别考察接受美学和文学史、文学批评、文学理论的关联。笔者也可以按照学者分类，把这段接受史写成各个学者的接受美学研究史。这样写简单明了，在本选题的部分章节写作中可以使用，但是如果整部接受史按以上共时性方法撰写，无法凸显中国接受语境的问题意识和发展变化，看不出接受群体和群体之间，群体和个体之间的关系，缺乏整体感，容易陷入分割和零碎。所以，简单的共时性描述也不可取。

说到底，在文艺学研究中中国学界对接受美学抱有多重态度：既有对外来理论的应激性，也有改造西学的主动性；既坚持还原接受美学的面貌，又有意无意地“误读”和“背叛”；既有对西方文化殖民的警惕，也有“它山之石，可以攻玉”的热情。不过，中国接受主体纷繁复杂的接受态度中有一点比较一致：强烈的问题意识，构成了问题域。历史让中国学界选择了接受美学，并如此热情地翻译、介绍、讨论和运用，终归它要给中国文论的建设和转型提供一些东西。中国学者关心的最大问题是：“接受美学中国化有什么重要成果和独特价值？”这是理论接受的根本问题，也是接受史研究的关键。在大问题下有很多子问题，例如，中国学界关注姚斯，是因为他挑战文学史的勇气刺激了世界，也刺激了中国，这种接受具有被动性。到20世纪80年代后期，我国文学界兴起“重写文学史”的浪潮，我们又主动提问：如何重写中国的文学史？姚斯能给我们提供什么？更关键的是，姚斯研究法国文学，伊瑟尔研究英美文学，他们的理论考察缺少东方文学阅读经验，那么，接受美学遇到中国古代文学和文论，具有多大的阐释效用？围绕子问题的提出和回答，中国学界形成了许多相对独立的问题域，关涉中国文艺学研究的全局动向。针对这种情况，笔者综合历时性和共时性描述法，采用“问题域研究模式”来梳理“接受美学的中国‘旅行’：整体行程与两大问题”，整个论题“合集”依据问题域分为“接受美学与‘重写文学史’”及“接受美学与‘中国古代文论的现代转换’”两大“子集”，加上“接受美学在中国文艺学‘旅行’的整体行程：译介、研究和运用”（这个历时性的行程构成两大子集的接受史背景），贯穿始终的大问题是“接受美学中国化有什么重要成果和独特价值?”这是本书篇章安排的主要依据。两大“子集”展现某一问题域中的理论成果，探讨理论趋势。“子集”之间是一种共时性关系，而“子集”内部则贯穿历时性的问题史。虽然两大“子集”之间核心问题和主要材料是互相区别的，但是也存在材料的交叉和重叠，而且，第一个“子集”关注中国文学接受史，其中对中国古代文学接受现象和行为的研究直接为第二个“子集”的古代接受诗学提供理论素材；反过来，中国学者对古代接受诗学的深层探索又可以深化学界对中国文学接受史的认识。这样，两大子集的研究成果相辅相成，前者是前提和基础，后者是延伸和深化。

二、具体分析方法

在展开两大问题域时，笔者对接受史材料的具体分析方法有如下几种。

（1）追踪接受美学产生的语境和接受者的选择语境。西方理论的发生、发展源自特定的语境，它是接受史的一极；中国接受者对这一思想的介绍、引进、选译、赞成、反对、改造和运用等从某种程度上讲都是一种选择，受到一定历史语境的制约，这是接受史的另一极。追踪产生语境和选择语境之间的复杂互动关系，将是“还原”接受史概貌的有效方法。比如，朱立元选译姚斯著作《审美经验与文学解释学》的第一部分，就是一个典型例子。

（2）探究中国接受者的“期待视野”和“兴趣焦点”。在国内研究中，张黎、朱立元、谭好哲、童庆炳等一批学者倾向于从马克思主义文论视野审视接受美学；金元浦、朱刚、王逢振、汪正龙等学者偏于从西方文论的整体视野来观察接受美学；陈文忠、蒋济永、邓新华、张思齐等学者执着于从中国传统文论的视野来“借用”接受美学。这几个学者群体对接受美学的兴趣焦点也因期待视野的不同而有差别。分清接受者的不同接受取向，可以厘清纷繁复杂的接受线索。

（3）比较分析中国接受者的明争和暗辩，展现接受个体和个体之间、群体与群体之间的交流对话，可以清晰反映接受的历史复杂性和时代局限性。

（4）面对繁杂的材料，抓住经典个案，以小见大，窥探全局，呈现问题意识的展开过程。

第一编　接受美学在西方的兴起和在中国的“理论旅行”

第一章　接受美学概说*

接受美学兴起于20世纪60年代末，兴盛于70年代，70年代末以来，随着西方学术界对读者中心范式的批判和接受美学家对理论自身的反思，接受美学走向衰落和转向。姚斯和伊瑟尔在80年代以后的研究既延续又修正前期接受理论，逐步走向对话和融合，汇入20世纪末期多元化的批评潮流之中。

第一节　接受美学的产生背景和理论来源

20世纪60年代末，在德国南方一所名气不大的大学，几位年轻学者倡导的接受美学能够异军突起，影响世界，既有赖于其理论本身的思想魅力，也源于某种深刻的历史必然性。康士坦茨学派的主将姚斯在后来的《接受美学与文学交流》一文中回顾说：

> 由康斯坦茨（康士坦茨）和东柏林各学派独立发展的文学交流和接受美学绝不是仅仅来自德国文化科学传统。这些理论之所以能如我们期望的那样引起“模式的变化”，重获战后文学研究失去的公众的

* 本章中关于伊瑟尔理论的部分内容与笔者发表的两篇论文《伊瑟尔理论中的文本事件性初探》（《中国文学研究》2010年第2期）和《巴赫金和伊瑟尔文本理论之比较》（《求索》2010年第7期）有重合，特此说明。

关注，获得意外的反响，是因为它们是出现在六十年代中期人文科学史上更广泛的变革的一部分。接受美学与这种变革同时出现，这个变革对占支配地位的非历史倾向的结构主义模式提出怀疑，引导语言学、符号学、社会学和其他学科提出类似的概念，在建立人类交流总理论中尽可能统一起来。[❶]

可以说，自俄罗斯形式主义、英美新批评到法国结构主义的西方文论都秉承科学主义和文本中心的思维模式，摒除外部历史和审美主体，倾向于把文学文本视为科学对象进行封闭研究。这一思维模式在人文科学许多领域产生过广泛影响，尤其是在20世纪60年代的法国结构主义叙事学和结构人类学中大放异彩。在20世纪60年代的西德，和结构主义一样具有非历史倾向的“文体批评学派”（凯塞尔为代表）已经统治文学批评和美学研究20余年。随着20世纪60年代西德社会政治化倾向的加剧，拒绝历史和主体的“文体批评学派”及其思维模式面临挑战，德国文学研究危机重重。康士坦茨学派抓住“文学史悖论”，极力修复文学研究的历史维度，弥合历史和审美的裂隙，在接受和交流的基础上构建文学效果史和阅读现象学，进而推动整个西方文论实现文本中心范式向读者中心范式的转变，达到科学主义精神和人文主义理想的融合。可以说，接受美学是德国文学研究危机的必然产物。

20世纪四五十年代的西德，因为“二战”带来的沉创剧痛，整个社会包括文艺界厌恶战争，远离政治和社会活动，出现明显的非政治化倾向。[❷]文学批评中避开社会历史因素的内部研究极盛一时，形式主义和结构主义在德语世界找到了忠实的伙伴：以凯塞尔为代表的“文体批评学派”。凯塞尔宣称：“叙述的内容对于文学的存在方式和对于一个作品艺术的地位，

---

❶ 姚斯．接受美学与文学交流［A］// 张廷琛．接受理论．成都：四川文艺出版社，1989：200.

❷ 参见：朱立元．接受美学导论［M］．合肥：安徽教育出版社，2004：46-47；金元浦．接受反应文论［M］．济南：山东教育出版社，1998：17.

是无关紧要的。”[1] 这个学派轻视文学的社会历史内涵，忽视作家和读者在文学活动中的主体性，喜欢钻进文学语言形式中进行细致的文本分析。这自然是科学主义和文本中心批评模式的延续，也符合当时整个西德文艺界非政治化的倾向。当西德进入 20 世纪 60 年代，国内、国外面临日益紧张的局势，美苏主导的两大社会阵营冲突激烈。柏林墙的修筑加深了两德的分裂，击破了人们统一德国的美好希望，还把西德推向了两大社会阵营斗争的“最前沿”。严峻的国际政治环境，加上西德 20 世纪 60 年代经济发展速度减缓，人们对经济“奇迹”的神话和福利社会的许诺表现出失望情绪。在思想界，面对令人失望的社会现实和资本主义根深蒂固的异化本质，法兰克福学派进行了无情的批判并直接刺激 20 世纪 60 年代末期整个欧洲社会兴起学生造反运动。在法国和西德，声势尤为浩大。在这样一种社会背景下，整个西德的社会心理和价值观念由“非政治化”倾向迅速转向“政治化”倾向。受这种倾向的直接影响，在文艺界，20 世纪 60 年代“倾向性”文学日益繁荣，反思历史，关注现实，针砭时弊。比如瓦尔泽《铁皮鼓》用黑色幽默的手法既反思了过去纳粹势力的疯狂，也暗喻了现实生活的荒诞。受到阿多诺大加赞赏的先锋派则以一种反艺术的否定性立场把审美快感驱逐出文学的世界，创造出日益行为化和政治化的时代艺术，直接抨击或者间接反衬资本主义工业文化和消费社会的弊端。当时德语世界的戏剧和小说创作活动出现了偏向接受和读者的倾向。比如，恩森勃格的纪实戏剧《哈瓦那的消息》邀请观众参与演出之后讨论和争辩，电视台连续滚动播放，吸引更多的观众关注，扩大戏剧的“社会化”影响。20 世纪 60 年代西德的文艺界在整个社会“政治化”倾向引导下走出文本形式的狭小天地，日益关注现实和历史，干预实际生活，逐渐重视接受和交流在文学活动中的作用。人们逐渐从历史发展的眼光理解文学的存在，而不是把它隔绝在历史真空中视为价值永恒的精美物品。正如朱立元所说，“到了 20 世纪 60 年代中期，面临着精神文化领域的重大转折，以及整个哲学、文艺思潮急剧的政治化，‘文体批评派’的理论显然过时，因

[1] ［瑞士］凯塞尔 . 语言的艺术作品［M］. 陈诠，译 . 上海：上海译文出版社，1984：60.

为它无法解释大量新出现的文艺现象”。[1]西德文学发展的现实和文学研究的方法之间发生了根本的矛盾，“文体批评学派”继承形式主义和结构主义发展而来的科学主义和文本中心的思维模式面临危机。矛盾和危机困扰着德国学术界，学者们正思考整合实证主义、马克思主义、人文主义等各种理论资源来锻造一种新的富有历史感的文学批评范式取代“文体批评学派”，解决西德文学研究的方法危机。姚斯为代表的康士坦茨学派正是顺应了这一理论呼声，在批判实证主义的“伪历史观”、精神史的非理性历史观、形式主义的封闭历史观和马克思主义的反映论文学史观[2]基础上，引入文学的接受和影响之维，建立以读者为核心的接受美学。他把文学史视为读者期待视野主导下的接受和效果的历史，强调文学作品的生命和意义只有在一代代接受者的阅读历史中才能存在，所以文学研究实际上是文学史研究。姚斯将文学作品放在接受和交流过程中考察，摆脱了“文体批评学派”非历史的倾向。在着力修复文学研究历史维度的同时，姚斯倡导以读者接受为核心的效果历史观调节了文学审美自律性和历史他律性的矛盾。因为读者阅读一部文学作品，会从审美价值和审美愉悦的角度体验考量，但是读者的阅读又具有历史性。前人的阅读经验会影响你的欣赏，你的阅读经验也有可能左右后人对作品的评价，而所有人的阅读都不能摆脱特定社会历史因素的限制，文学作品的历史意义和审美价值是在接受的历史链接中调节产生的。这样，读者的阅读接受既连接文学作品审美自律的一端，又受历史他律的制约。从接受史角度研究文学，可以调和审美和历史的裂隙，将文学融汇于读者接受的历史过程之中。这样接受美学就打破了“文体批评学派”固守的文学形式和结构的堡垒，把文学从自足封闭的内在世界中解放出来，让文学走向审美世界和现实世界、创作主体和接受主体、历史经验和现时经验的交流互动中，将以前忽视的接受主体抬高到文学史本体的地位。而后，康士坦茨学派的其他成员伊瑟尔、斯特利德、福尔曼和普莱森丹虽然具体观点跟姚斯有些差异，但是他们都不约而同地

---

[1] 朱立元．接受美学导论［M］．合肥：安徽教育出版社，2004：54.

[2] 笔者认为姚斯对马克思主义有误读和曲解。

扭转时髦的“内部研究”风气，把文学研究重心转向读者和接受这一维，高扬读者的主体性，用交流和对话的视角透析文学活动，引发了20世纪七八十年代欧洲甚至整个西方学术界掀起接受理论和读者批评研究的热潮。接受美学重建历史规范的努力实际上倡导了一种人文主义和读者中心的批评范式，极大冲击了20世纪前半叶占统治地位的科学主义和文本中心的批评范式。

阐释学美学是当时西德影响广泛的美学思想之一，伽达默尔（Gadamer）发展了海德格尔本体论阐释学，而姚斯则继承伽达默尔，将本体论阐释学原则运用于文学史研究和文学解释学之中，旨在构建一种考察文学交流和接受的理论范式。姚斯在《审美经验与文学解释学》中总结说：

> 加达默尔（伽达默尔）有关解释经验的理论、这种理论在人道主义主导概念史中的历史再现、他的从历史影响的角度来考察通向全部历史理解的途径的原理，以及对可加控制的“视域融合”过程的精细描述，都毋庸置疑地成为我的方法论的前提。如果没有这些前提，我的研究是不可想象的。[1]

伽达默尔的阐释学美学思想在姚斯理论研究中打下了深深的烙印，以至于学术界往往把接受美学作为阐释学美学的一个分支。概括起来，伽达默尔对姚斯的影响主要体现在以下几个方面。

（1）伽达默尔在探讨艺术作品的存在方式时把人的理解拔高到本体论的位置，这启发姚斯在思考效果文学史时大胆地把读者推向文学本体论的位置。

（2）伽达默尔的“前见”“视域融合”“效果历史”等概念影响了姚斯的“期待视野”及其对象化、“效果史”或者“影响史”等概念。

[1] ［德］耀斯．审美经验与文学解释学［M］．顾建光，等译．上海：上海译文出版社，1997：14.

（3）伽达默尔的问答逻辑和对话方式促发姚斯的交流思想。

（4）伽达默尔关于“理解、阐释和应用”三位一体的观念引发姚斯的三级阅读理论。

当然姚斯并不一味认同伽达默尔，他对伽达默尔的某些思想也提出了明确的批判。伽达默尔一方面把理解者（阐释者）的主体性提升到文学艺术的本体论高度，另一方面又偏爱经典作品或者杰出文本，他认为，经典作品具有“原创的优越性”和“原创的自由”。姚斯端出伽达默尔阐释学原理来批驳伽达默尔。姚斯认为经典作品并不具有原创优越性和自由，因为经典作品的意义只有在生产性的理解和阅读的具体化中产生。经典作品并不会优于“普通作品”而主动地跨越历史向我们提问，杰出的阐释者也不可能优先回答经典作品中蕴含的问题。说到底，一代代读者理解经典作品，提问和回答，一个问题往往重新提出，这些主要源于不同时代的现实兴趣，而不是所谓的“永恒问题”或者“原初问题”。按照伽达默尔的应用原理，理解经典作品就是文本和现时之间问答对话展开的一种过程。经典作品的意义在永不完结的读者具体化和生产性理解中变得丰富多样、意蕴无穷。姚斯实际上纠正了伽达默尔的一个理论误区：经典作品比普通作品优越不在于它本身包含的“原初”问题有较大价值，主要在于经典作品在接受交流的理解过程中生发、激起了较丰富的意义空间和较高的审美价值。

伊瑟尔与姚斯不同，他的接受美学研究不是考察历时性的读者接受经验，而是转向文本，从共时性角度探讨读者阅读中的审美反应机制。他悬置实际的读者，对整个阅读过程进行现象学的还原，建立所谓“阅读现象学”，揭示读者和文本之间产生交流活动的必然条件和复杂过程。“现象学”源于胡塞尔，而波兰现象学美学家英伽登（Ingarden）直接继承了胡塞尔的现象学哲学并把它应用于文学作品审美特性的考察中。随着《对文学的艺术作品的认识》德文版的出现，英伽登对文学作品和读者关系的深入思考给20世纪六七十年代的接受美学研究带来巨大启示，接受美学主将伊瑟尔对英伽登理论的继承就是典型例子。细致分析，这种继承大致有四个方面。

（1）英伽登把文学的艺术作品[1]视为“纯粹意向性客体”，这一思想直接影响了伊瑟尔提出文学作品的“两极结构”和阅读的交流性。

（2）英伽登关于文学的艺术作品的“不确定性”和“具体化”理论启发了伊瑟尔的“召唤结构”。

（3）英伽登关于阅读的“时间透视”概念和伊瑟尔的“游移视点”概念关系密切。

（4）英伽登的“审美态度的读者”概念和伊瑟尔的“隐含读者”概念存在内在关联。

跟姚斯对伽达默尔的批判性继承一样，伊瑟尔也指出了英伽登的不足。伊瑟尔批评英伽登的不确定性和具体化概念存在自相矛盾之处。伊瑟尔认为英伽登的理论只是关注到文本到读者一维，而实际上阅读过程是读者和文本的双向互动过程。比如，与英伽登不同，伊瑟尔认为读者想象力不是简单填充图式化的文本形成意向性客体，从而获得文本意义。更为复杂的情况是，被文本图式激起的读者的想象力建构意象，反而使图式失去意义（比如菲尔丁小说中18世纪的社会等级差别意识）。这一过程帮助读者识破图式伪装，揭示更深的意味（比如菲尔丁小说中揭示的人类本性倾向的一致性），发挥文学的“否定性”功能。

以上探讨了伽达默尔的阐释学美学对姚斯的理论影响和英伽登的现象学美学对伊瑟尔的理论影响，这构成了接受美学的两个重要理论来源。当然笔者也没有忽视接受美学“兼收众家、融于一身”的发展特征。俄罗斯形式主义、布拉格学派、经典马克思主义美学、阿多诺的否定性美学、萨特的存在主义美学、德国的文学社会学、格式塔心理学、波普尔和曼海姆的自然哲学等众多思想曾经直接或者间接地给接受美学注入了“精神养

[1] 在英伽登的理论中，“文学作品”（the literary work）指代所有书面的或者口头的作品，包括具有审美价值的纯文学作品，也包括没有多大审美价值的科学著作。而“文学的艺术作品”（the literary work of art）则指代具有审美价值的以语言为媒介的艺术作品，即我们一般意义上理解的“文学作品”。英伽登的“文学的艺术作品”大致相当于伊瑟尔的“文学文本”，它们都是一种具有潜在意义的结构，只有经过读者阅读中的具体化过程，它们才分别转化成“审美对象”（英伽登的概念）和“文学作品”（伊瑟尔的概念），实现审美价值。

料”。从伽达默尔的本体论阐释学到库恩的“范式”理论，西德的接受美学以“兼收并蓄、批判继承”的姿态吸纳众家，自成一派，形成以“文学接受”和“交流功能”为研究重心的理论框架。

第二节　接受美学的主要观点

一、接受美学的主要观点

接受美学主要分为姚斯理论和伊瑟尔理论两大系统。

姚斯的前期理论（20世纪60年代末—70年代末）代表作《走向接受美学》（包括姚斯1967年发表的接受美学最早的宣言性论文《文学史作为向文学理论的挑战》）大胆创新，破除以作者为中心和以作品为中心的文学史惯例，提出建立以读者接受为核心的文学效果史和接受史。20世纪70年代后期开始，随着理论界对接受美学读者中心模式的批评和挑战，他在后期理论中反思和深化接受美学，主要作品有：《审美经验与文学解释学》（1977）、《接受美学与文学交流》（1980）、《我的祸福史或：文学研究中的一场范例变化》（1983）。尤其是《审美经验与文学解释学》延续了前期理论思考，把文学接受史视为人类审美经验在创造、感觉和净化三个领域动态转换的过程，由此他详细考察了审美经验的历史。

伊瑟尔的理论也可以分为前后两个时期。前期是20世纪70年代，他从读者和文本之间交流互动的角度考察阅读接受现象的“奥秘”，主要作品有：《文本的召唤结构》（1970）、《隐含读者》（1972）、《阅读活动：审美响应理论》（1976）。后期从70年代末至90年代，他从文学人类学视角来探寻人对文学文本阅读和创作需要的深刻根源。主要作品有：《走向文学人类学》（1978）、《虚构化：文学虚构的人类学维度》（1990）、《虚构与想像：文学人类学的疆界》(1991)。正如伊瑟尔自己所言，他后期的理论思考继承了前期的接受理论，他的“文学人类学的任务是双重性的：第一，它旨在回答接受理论所遗留的、悬而未决的问题，即我们为什么需要阅读、我们为什么迷恋于阅读；第二，文学尽管是虚拟的但在何种程度上向我们揭示了我们人类自身构成的某种东西”。[1]

当然，姚斯和伊瑟尔的前期理论锐气十足，集中体现了接受美学的思想，在世界范围内产生了重大影响。而他们的后期理论虽然延续了“接受美学”的某些思想，但明显收敛了挑战其他理论的锋芒。姚斯倾心于“艺术应该驱逐审美快感吗?”，伊瑟尔专注于“文学是什么？对于人类的根本意义?”这一类美学和文学的基础问题。这就使他们后期的理论在西方文论文化研究转向的大潮中显出“保守化”和“学院化”色彩，虽然具有独特价值但没有在学界引起足够的反响。

值得注意的是，接受美学准确地说应该被称为接受交流美学。在西方文论史上确实是接受美学第一次把阅读接受放在本体论的高度讨论，但是接受美学不是一成不变的，为了避免“唯读者论”的片面性，接受美学家在理论探索中逐步认识到读者接受问题根本上讲是人与人之间的交流问题。正如姚斯所言：“以康斯坦茨（康士坦茨）学派闻名的接受美学自一九六六年以来逐步转化为一种文学交流的理论。……接受概念在这里同时包括收受（或适应）和交流两层意思。”[2]他们把读者接受环节和作者、作品放在文学交流的辩证运动过程中考察，比如伊瑟尔在前期理论中提出读者和文本交流互动的结构模型，后期理论中他又提出读者和作者在文本游戏结构中展开潜在对话交流。姚斯在后期理论中指出“文学解释学”的一个重要任务就是考察审美实践中的交流性认同的功效和成就。纵观整个接受美学，接受和交流是紧密关联的核心问题，文学接受整体上讲是文学交流循环过程的一个环节，而文学接受又包含作家与读者、读者与读者、

[1] 伊瑟尔，金惠敏．在虚构与想象中越界——（德）沃尔夫冈·伊瑟尔访谈录［J］．文学评论，2002（4）．

[2] ［德］姚斯．接受美学与文学交流［A］// 张廷琛．接受理论．成都：四川文艺出版社，1989：194．

作家与作家等多重交流活动。接受美学最终揭示文学交流方式是人类存在的一种根本诉求。

比较接受美学两位主将的理论，姚斯更多地关注实际读者对文学作品接受和判断的历史，重点探讨了文学接受史和审美经验史，他的理论可以称为“宏观接受研究”；伊瑟尔则悬置实际读者和具体的阅读现象，从现象学意义上考察文本效果和读者反应之间发生的交流活动，后期的文学人类学也详细描述了作者和读者在文本游戏结构中展开的潜在对话，他的理论可以视为“微观接受研究”。

（一）姚斯的“宏观接受研究”主要观点

1. 文学活动中读者具有主体地位，读者对文学存在具有本体论意义

姚斯受到伽达默尔的阐释学美学思想影响，把人的理解视为艺术作品存在的必然因素，他严厉抨击了传统阐释学将作者与生产因素作为文学作品意义的唯一源泉，也批评了审美形式主义将语言结构和形式技巧视为文学作品的内在特征。他指出在作者、作品和读者关联中，读者是文学活动的能动主体。读者的阅读不是对文本的被动反应而是主动的再创造活动。一部文学作品和一段文学史，如果没有读者阅读经验的传递和调节，它们将丧失连续性和整体性，也就丧失了历史生命和艺术价值，成为断裂孤立的“文献材料”。姚斯进一步强调“文学作品从根本上讲注定是为这种接收者（读者）而创作的”。[1] 一部作品的意义和价值并不客观地存在于作品之中，而是产生于一代代读者阅读经验的历史交流之中。一定程度上讲，文学研究都可以归结为文学史（接受史）研究，处于历史流变中的读者阅读最终决定着文学作品意义和价值。一部部文学作品只有放在读者的期待视野不断对象化的过程中才会“真实存在”。姚斯之前的文学理论也关注读者（包括批评家）在文学鉴赏和文学批评中的作用，但是这些理论只是把读者及其接受活动视为文学存在方式的附庸和补充。姚斯大胆开拓，将

---

[1] ［德］姚斯，［美］霍拉勃．接受美学与接受理论［M］．周宁，金元浦，译．滕守尧，审校．沈阳：辽宁人民出版社，1987：23.

文学问题归于文学史问题，把读者及其接受活动推向文学本体论的高度。他的整个理论架构都把接受这一维作为理论支点，突显读者在文学活动中的主体地位。

2. 建构以读者阅读接受为中心的文学效果史或文学接受史

与第一点紧密相连，姚斯把读者和接受之维引入文学史思考之中。他首先批判了现有的几种文学史模式：（1）德国传统的精神史模式使用的是一种非理性的文学史观；（2）历史客观主义和实证主义采用的是一种“伪文学史观”：它要求文学史家不带任何偏见地还原文学作品的客观意义，结果把文学史弄成一堆文学事实和作家作品情况的罗列；（3）马克思主义美学[1]和形式主义的文学史观，虽然克服了前面两种文学史观“非历史性”的弊端，但是它们要么强调外部的社会历史因素和物质生产方式对文学的制约而忽视文学审美形式的独立性和历史性，要么揭示了文学审美形式的演变模式却排除了接受者和社会历史因素。为了实现文学史研究中美学和历史的统一，姚斯提出以读者的接受为支点建构文学史，形成接受美学和影响美学。正如姚斯的第一个主张所言，读者在文学活动中具有主体地位和本体论价值。文学作品的生命和意义存在于一代代读者的阅读接受和同时产生的影响效果之中。文学史既可以视为不同时代读者对文学作品的接受史，也可以看作文学作品在不同“期待视野”中产生影响和效果的历史，文学接受史和效果史一体双面紧密相关。在这种接受史（效果史）中，读者的接受经验同时关联着文学的美学特征和社会历史功能，调节了文学审美自律性和历史他律性的矛盾。因为读者阅读一部文学作品，会从审美价值和审美愉悦的角度体验考量，但是读者的阅读不是封闭的，具有历史性，前人的阅读经验会影响他的欣赏，他的阅读经验也有可能左右后人对作品的评价，而所有人的阅读都不能摆脱特定社会历史因素的限制，文学作品的历史意义和审美价值是在接受的历史链接中调节产生的。这样，读者的阅读接受既连接文学作品审美自律的一端，又受历史他律的制约。从接受史（效果史）角度研究文学，可以调和审美和历史的裂隙，全

[1] 笔者认为姚斯对马克思主义有明显误解。

面认识文学的艺术价值。关于建立文学接受史的具体操作，至少有三个方面：（1）考察文学作品在不同时代读者接受中的历时性和它在同类型作品系列中的历时性；（2）考察文学作品在同一时代与其他类型的作品相存共处的共时性；（3）考察文学类别史和整个社会历史的关系。文学史作为“类别史”具有相对独立于一般社会现实状况的审美属性。作家对形式的断续相继和读者审美感觉的发展构成文学形式的演变，这种演变受到文学内在形式因素的制约和影响，具有自律性和独立性。但是文学史既然有接受之维，就必然受到不同时代读者及其社会历史背景的制约。接受史研究应该在把握读者阅读经验的基础上细致考察文学类别史和社会历史背景的关系。在三个方面的考察中，作为接受者的文学史家不能局外中立，他的历史经验和主观倾向也要纳入文学接受史中。

3. 文学接受史就是“期待视野”在新旧交替更迭中不断客观化的历史

受到波普尔和曼海姆“期待视野”概念和伽达默尔的“前见”“视域融合”等概念的影响，姚斯第一个在文学研究中使用“期待视野”这一术语。“期待视野”是指读者受到既往阅读经验和生活经验影响，在文学阅读理解之前或之中抱有的思维定式，它是文学阅读实现的必然前提。按照主体特征，它可以分为集体期待视野和个体期待视野；按照倾向，它又可以分为文体期待、意象期待和意蕴期待。读者对文学作品的接受具体表现为读者的期待视野和作品视野的互动融合。读者已有的期待视野和新作品视野之间总是难以完全一致，出现一定的审美距离。这个距离太近（通俗和娱乐文学作品）和太远（荒诞不经的文学作品）都不好，最好是保持适度的距离，既有陌生化效果又在可以理解的范围之内。通过审美距离，作品挫败和扩展读者熟悉的经验，造成视野的更新修正，逐步形成新的期待视野，客观地体现在当时读者的反应与批评家的判断中，即期待视野的客观化。所以，杰出的文学作品往往打破既有期待视野熟悉的类型惯例，不断实现对惯例的再生产和对期待视野的再创造。当新的期待视野已经达到较为普遍的交流和认同时，它就能够取代旧的期待视野改变时代审美标准，推动整个文学风尚和文学思潮的变化，影响文学史的总体发展趋势。

从这个意义上讲，文学接受史就是期待视野在新旧交替更迭中不断客观化的历史。

4. 三级阅读理论

姚斯的宏观接受研究不仅关注文学接受史理论，也涉及一般阅读现象。与伊瑟尔的细致阅读理论模型不同，姚斯的三级阅读理论只是一个阅读过程的宏观架构。姚斯发挥伽达默尔“理解、阐释和应用”三位一体的思想，通过对波德莱尔的诗《烦厌》的解读，他提出阅读理解的三个阶段（三个层次）：初级审美性阅读、二级反思性阅读和三级历史的阅读。初级审美性阅读是读者在审美感觉的视野中体验作品，获得丰富的但是零碎的感性经验，形成对作品的初步理解。二级反思性阅读则是读者在审美感觉的基础上反观作品，把它阐释为一个“艺术整体”。三级历史的阅读在阐释的基础上“应用”。姚斯所谓的“应用”是指读者调节文本背后的过去语境和当代形势下的现实语境，开放性地理解作品。这种跨越时间距离的阅读给了读者历史视角，可能打破现时读者阐释的局限，认识到引导我们阐释的根本问题，激发文本中还没有提出和回答的问题。

5. 文学解释是以问答逻辑展开的交流

姚斯阅读理论的另一个要义是把阅读视为问答对话方式展开的解释交流过程。姚斯把本体论阐释学的“问答逻辑”引入他的思考中。他说：“一部艺术作品的解释历史是经验的交流，或者可以说是一场对话，一个问答游戏。”[1]他认为不存在具有固定和永恒意义的作品，读者在不断具体化的历史进程中把握作品的意义。这一历史进程中不同时代的读者面对同一部作品形成不同的期待视野，现在的阅读理解一定程度上就是对既往期待视野的重构，但是重构的目的不是客观还原，而是为了实现过去理解和现在理解的对话交流。读者面对作品既有的阐释历史和审美经验，必须提出问题寻求以前的阐释者、文本及其传统语境做出回答和反问，然后提出新问题得到新回答，促使自己的期待视野逐渐改变。在问答逻辑展开的

[1] ［德］姚斯．接受美学与文学交流［A］// 张廷琛．接受理论．成都：四川文艺出版社，1989：196.

对话中，读者的阅读（阐释）调节一部作品过去理解和现时理解、既往审美标准和当下审美经验的差异，实现作者、文本、读者三元的经验交流和历史对话。姚斯的交流思想避免我们把作品意义简单地归于“时代客观精神”或者固定的文学传统。可以看到，姚斯在前期理论关于“期待视野重构”的思考中贯穿了“问答逻辑”的方法；而在后期理论中，他坦言自己的文学解释学也使用了伽达默尔“问答逻辑”来考察审美实践以及它在生产、接受和交流活动中的历史表现，尤其重视日常生活世界中艺术的交流功能和成就。[1]姚斯在前期理论中突出文学具有将读者从自然、宗教和社会束缚解放出来的（否定）功能，到后期理论他就将文学的解放功能融入到文学交流性认同中。

6. 后期的审美经验论

姚斯的后期理论实际上是他前期接受交流理论向审美经验史的延伸。姚斯的审美经验论的一个重要理论出发点就是对阿多诺的批判。阿多诺的“否定性”美学一味强调艺术的否定性本质而贬低艺术的审美愉悦（快感和享受）特征，他高扬审美经验的反思功能而忽视审美经验的交流功能。姚斯针锋相对，他的“文学解释学”极力为审美愉悦和审美经验的交流功能辩护。通过具体考察文学史和美学理论史，他认为审美经验存在三个基本方面——创作、感受和净化活动。作为审美经验的生产方面，创作（poiesis）是指艺术家和接受者在创造完美的事物（外观）过程中体验到的审美快感。作为审美经验的接受方面，感受（aisthesis）是指接受者（可以包括艺术家本人）感知艺术作品获得的愉悦。作为审美经验的交流功能，净化（catharsis）是指艺术作品激起接受者的情感享受，接受者在享受他人经验的同时超越日常生活经验束缚，并从直接的审美认同中解脱出来，反思审美对象，最终自己的心智获得涤荡和解放。净化实际上是接受者和艺术作品之间的交流。这种交流以接受者对主人公的五种审美认同方式表现。在姚斯的理论框架里，艺术家主要涉及审美经验的生产方面（创作），而接受者主要关联审美经验的接受方面（感受）和交流功能（净化），但

[1] ［德］耀斯．审美经验与文学解释学［M］．顾建光，等译．上海：上海译文出版社，1997：2–3.

艺术家有时也会转换为艺术作品的接受者而涉足感受和净化，同时接受者也一定程度上参与了艺术品的创作。那么，审美经验就是三个方面构成的有机统一体，其中贯穿着审美愉悦（快感和享受）。这种快感和享受的重要价值在于提供给我们享受他物又自我享受的暂时性满足，把异化世界遗弃和压抑的现实归还给我们。通过艺术家的创作和读者接受，审美经验表现为审美实践。艺术（审美实践造就的）对现实既不是绝对否定也不是简单肯定，而是综合两者，发展成一种对社会规范和生活方式的交流性认同。姚斯认为理想的审美交流是：读者综合感性快乐与纯粹反省这两种态度来和艺术品展开交流对话，在判断中享受，在享受中判断，读者真正实现对艺术品的再创造。

（二）伊瑟尔“微观接受研究”主要观点

1. 文学作品具有两极性

伊瑟尔提出文学作品的两极结构：艺术极是作者创作的文学文本，它是有待实现的意向性结构；审美极是读者对文本的实现，它表现为读者具体化活动中的意向性投射。“文学作品”既不等同于客观性的文学文本，也不等同于读者主观性的阅读体验。它是作为艺术极的潜在的文学文本和作为审美极的读者意向性投射之间两极交流对话的产物。“文学作品”的整体意义既不在文学文本的结构性预设中，也不在读者的意向性投射之中，而在两极之间的阅读效应中集结。可以说，伊瑟尔正是基于“文学作品”两极交流结构的认识才展开关于文学文本潜在结构及其效果、读者意向性审美反应、文学文本和读者之间交流的前提条件等阅读要素的现象学还原，建构了他的整个阅读理论。

2. 文学文本是召唤结构

受英伽登“不确定性”理论启发，伊瑟尔在《文本的召唤结构》中指出，文学文本作为虚构的现实既不能与“生活世界”的现实对应，也不能与读者的经验完全等同起来，这些差异形成了文学文本中多重不确定性和意义空白，它们是文学文本的基本结构，即“召唤结构”。这种结构特征暗示了文学文本和读者之间的不对称，文学文本是个迷宫，读者手中没有地图。传达者和接受者没有明确一致的代码来控制文学文本呈现的方式，这样的代码只能在阅读过程中创造。文学文本的审美实现依赖于读者对“召唤结构”的回应，否则它永远是潜在结构。“召唤结构”召唤读者的想象力来填补文本的不确定性与意义空白，不同读者的意向性投射使文本潜在意义的实现变得丰富多彩，每读一次就是一次生动的事件。读者和文本的交流构成了事件性，造成读者身临其境的真实感。他认为在读者可以理解的范围之内，文学文本中蕴含的不确定性和空白越多，给予读者想象力的自由越多，那么它的意蕴越深，审美价值往往越大。

3. 隐含读者是文本结构中预设的读者角色，同时包含读者的再创造性和能动性

为了揭示文学文本的召唤结构和读者具体化之间的互动关系，伊瑟尔使用了“隐含读者”这一概念，即隐含在文本结构中的读者角色。这一概念悬置了难以确定的实际读者和他们个性化的阅读经验，以维护阅读模型确信可靠的知识基础。隐含读者既不是理想化的读者，也不是真实读者的抽象，而是与文本召唤结构相适应的超验性读者。隐含读者一方面植根于文本结构之中，它表明文本中预设了引导读者具体化的位置和条件，它们组成了引起读者审美反应的网络结构，暗示了阅读意识的路线图，诱导读者去领会文本。另一方面它又不完全受制于文本结构，它包含了读者在阅读中把潜在文本构造成审美对象的主体性和能动性。所以，“隐含读者”蕴含着文本和读者之间的交流关系，“它一方面作为一种本文（文本）结构的读者角色，另一方面作为一种构造活动的读者角色”[1]。隐含读者既寓于文本结构又反过来能动地构造文本，既引导读者阅读又包含着读者丰富的再创造性，它成了连接阅读意向性活动中主体和客体的纽带。实际上，它暗示了真实读者阅读中的制约性力量和主体性精神的辩证统一，它促使读者在阅读中的自我和俗世中的自我的张力结构中充分投入到意向性活动，全身心地享

---

[1] ［德］伊泽尔．审美过程研究：阅读活动：审美响应理论［M］．霍桂恒，李宝彦，译．北京：中国人民大学出版社，1988：46.

受和文本对话的高峰体验。可以说，“隐含读者”作为一种预设的制约性结构，为个人阅读反应和其他读者的阅读反应之间的交流提供了参照系。

4. 读者具体化和文学文本结构之间的交流形成复杂的审美反应模式

为了探寻“隐含读者”结构中文本和读者交流的具体过程，伊瑟尔分析了小说文本。他认为，作为文本内容因素的剧目和作为文本技巧因素的策略结合在一起，给读者组织一个内在参照网络，它是各不相同的视野组成的集合体（包括叙述者的视野、人物的视野、情节的视野及为读者设计的视野）。读者联合和集结它们，使四个视野之间互相交织和转化，构成具体化的内部视野，才能导致审美客体的展现和文本意义的产生。但是，伊瑟尔敏锐地发现，阅读的复杂性在于任何文本的视野都不可能被读者一次性“编织”成整体，因为文本自身就是“缺陷”结构。伊瑟尔把早期提出的“召唤结构”放在阅读现象学模式中还原为文学文本中空白和否定组成的结构。他认为各种视野之间存在大量看不见的文本“裂缝”——空白和否定，它们是文本不确定性的基本结构。空白和否定既是文学文本“不确定性”的动态位置，又具有调节读者“具体化”的交流功能。空白和否定是激起读者审美反应的潜在动力。空白作为“文本视野间可联接性的悬置”造成读者和文本之间交流的不对称，以此激发读者发挥想象，填补空白，建构意象。动态的空白（空缺）通过建立“主题—视界”的“参照域”指示读者的游移视点要走的道路，以防止读者任意集结文本视野。否定则是“阅读过程的纵向轴上一个具有能动作用的空白”。否定通过熟悉的东西陌生化的策略打破束缚读者阅读视界的社会规范（思想体系），冲击读者习惯性倾向，造成读者阅读意识中的空白。一方面，读者在阅读中需要寻找一个新的理解来修正习惯的阅读视界，发现以前一直没有得到文本系统表述的东西，从而填补这个“空白”。另一方面，读者对文本的具体化投射以游移视点的方式展开。游移视点是文本之内一种移动的视点，它引导读者在阅读理解时穿行于文本之中，联合文本内的各种视野集结意义。游移视点具有的“透视”结构最大限度地使过去、现在和未来三重视野互相修改、刺激，构成互相注意的联合关系。在游移视点前行中读者下意识地展开被动综合和完形集合，投射、补充、反观文本的空白和否定结构，连缀孤立松散的文本视野为一个连贯性的整体，以便集结文本意义构成审美客体。同时，“否定”和“空白”造成的阅读障碍使得读者固有的期望不断地被挫败和重建，诱发读者一步步反省、调整和超越自己受到某些社会规范束缚的阅读经验（阅读视界），重新认识自身。这样阅读不仅是读者运用想象和投射来填补不确定性文本的过程，而且是否定和重构阅读主体自身的过程。

5. 作者和读者以表演文本角色的方式参与文本游戏，形成潜在的对话关系

伊瑟尔后期理论的一个重大特色就是将前期的文学接受问题转变成作家—文本—读者之间的交流问题。他提出文学文本是虚构、想象和现实“三元合一”的游戏结构。在超越现实的过程中虚构和想象的互动形成了双重化的文本世界（也可以说是“仿佛”世界），它是人为世界和社会历史世界的重叠互读。它既再现“真实”又只是“仿佛”真实，它既不完全受制于人为的主观性，也不完全受制于社会历史的客观性。这种自由性开启了文本游戏空间（结构），作者和读者这两极以表演文本角色的方式参与文本游戏，两极形成潜在的对话交流。伊瑟尔认为文本游戏就是一种表演。一方面，作家带上面具进入虚构文本，伪装自己表演角色，既要体验角色表现并不存在的人物，又要反观角色赋予它明确的艺术形式。表演就是在自我分裂，作家置身自我之内，又置身自我之外，具有双重指向。他在自我和他人之间来回往复地转换，语义指涉漂移不定，能指和所指的分裂差异越来越大，形成游戏活动，难以穿透又期待读者参与。另一方面，读者也通过表演角色的方式参与文本游戏，在快乐和挑战并存的阅读体验中和作者展开对话。伊瑟尔说：“这是一个明显的事实，即文本总是将它的游戏法则隐藏起来，这样参与者发现这些法则本身就已经是一种游戏。……这样的（游戏）活动使得读者的文本阅读变成了富有乐趣的自我表演……这样的活动让读者成了可以从观察者角度欣赏自身扮演一个角色的游戏者。”[1]这样，读者在文本游戏的吸引下和作者展开快乐的潜对

[1] Wolfgang Iser. The Fictive and the Imaginary：Charting Literary Anthropology［M］.Baltimore and London：The Johns Hopkins University Press，1993：278.

话，阅读就成了对作者表演过的角色的再表演，对自我分裂体验的再体验。潜对话的挑战在于：当他试图以“通常行为的作用方式”与作者表演的角色重合，寻找确定的意义时，他发现文本游戏形成的语义漂移和能指分裂造成差异性的场域，抽空了文本的确定性和同一性。没有词语是确定的，一切都在变化之中，文本中到处都是差异，差异就是游戏。文本游戏无穷无尽的变化让读者无所适从，能指的分裂不断地增殖意义可能性，在目不暇接的阅读快乐中，阅读主体可能忘记自己的存在，走向自身的无根据性。这样，读者与作者对话本想把握游戏，追寻意义，结果反而被游戏掉，“沉没”在文本游戏之中。从伊瑟尔的举例可以看出，在阅读 20 世纪现代主义文学文本时最容易出现这种情况。伊瑟尔认为作家和读者分别通过创作和阅读参与文本游戏表演，都实践了文学虚构（越界）化行为。人类之所以需要文学这一交流方式，是因为文学虚构“超出自身之外和之上总是保留了已经被超越的东西”，而文学表演让我们走出虚假自我的藩篱，呈现被禁锢的真实自我，在超越自我的同时置身自我之外，把自我视为对象（客体化）与之展开丰富的对话交流。这样，文学虚构和文学表演都展现了人类无限的可塑性和可能性，极大满足了人类呈现自我又超越自我的内在冲动，这是文学的人类学意义所在。

第三节　接受美学的理论贡献、主要局限和传播路径

一、接受美学的理论贡献

接受美学是以接受和交流为核心的理论，自成一家，影响深远。把接受美学放在 20 世纪西方文论发展的大视域下考察，它的理论贡献和价值非常明显。

（1）接受美学把文学研究中一直处于边缘地位的读者接受环节置于文学本体论的位置，他们的理论和实践有力地推动了西方文论由文本中心模式向读者中心模式的转变，也体现了人文主义理想和科学主义精神的融合。姚斯的文学接受史模式和伊瑟尔的“阅读现象学”破除当时西德文学研究中专注于文本形式的倾向，开启了重视读者接受的研究风气，极大刺激了整个德国20世纪60—80年代文学接受和文学消费研究的热潮。20世纪60年代以来，接受美学走出国门与众多理论展开广泛对话，与费什的“感受文体学”、卡勒的“文学能力”论、布鲁姆的“误读”说、普莱的阅读理论、霍兰德的精神分析读者理论等一道冲击文本中心模式，逐步建立了读者中心模式。同时，姚斯既重视读者和文学史家参与文学史建构的主体性，也揭示了文学内在形式演变的必然规律；伊瑟尔既关注读者在阅读中的再创造能力，也突出了文本结构预设的必然性。可见，接受美学是调和人文主义理想和科学主义精神的理论典范。

（2）接受美学破除文本意义确定性的迷误，指明文本意义只有在读者介入文本的交流过程中产生，而且这是一种读者重构文本意义和重构自身的双向交流。这样，接受美学不仅摆脱了实证主义和古典主义的意义客观论，并且在一定程度上发展了本体论阐释学和现象学阅读理论。姚斯认为一代代的读者面对文本既有的阐释历史和审美经验，他们必须提出问题寻求以前的阐释者、文本及其传统语境做出回答和反问，然后提出新问题，得到新回答，以此循环往复以至无穷。这样，文本的意义实际上在历史性地重构，读者自己的期待视野也在逐渐改变。姚斯的接受美学否定了文本具有客观永恒的意义，而且发挥了伽达默尔的本体论阐释学思想，使之富有更强的辩证性和历史性。伊瑟尔的“空白”和“否定”结构，既是文学文本“不确定性”的静态位置，也发挥一种动态交流功能，它们调节读者“具体化”，引导读者运用想象和投射来填补不确定性文本实现意义；它们也调节读者自身，通过否定和重构读者的阅读视界让读者认识自身。这样阅读就是文本和读者之间互相渗透、互相介入的双向交流过程，文本意义不能事先给定，只能存在于过程中。可见，伊瑟尔的接受美学否定了实证主义和古典主义的意义客观论，同时它重视“双向交流”。英伽登的现象学阅读理论只从文本到读者这一维静态地看待不确定性结构，伊瑟尔比英伽登前进了一大步。

（3）姚斯倡导以读者阅读为中心的文学接受史模式，提供了一种新的文学史撰写方案。这种模式以读者关联文学的审美经验和社会历史功能，实现文学史研究中历史方法和美学方法的有效结合，开拓了一种宽广而综合的研究思路。

（4）伊瑟尔的现象学阅读模型细致而深入地揭示了人类阅读审美反应的条件和过程，他提出的“否定”和“空白”等概念为我们探寻文学文本尤其是20世纪现代主义文学文本的“阅读难题”提供了切实的方法。

（5）姚斯后期的“文学解释学”和伊瑟尔后期的“文学人类学”在文化研究日益兴盛的风气之下，毅然坚守文学基本问题，把文学接受这一维融入文学交流过程中探析。他们分别考察了文学审美经验的特殊价值和文学具有的人类学意义。姚斯认为文学审美经验提供了一种享受他人同时享受自我的交流性（交往性）体验，而交流性是人类的本性和存在方式。伊瑟尔则认为文学这一交流方式满足了人类呈现自我又超越自我的根本需要。在消费文化的语境中，文学作为精神媒介的许多作用和功能正在逐渐退化消逝，他们逆风而行坚决守护文学对于人类不容忽视的价值，睿智地展示了文学交流方式的意义。这是对“文学已经死亡”“文学边缘化”这些悲观论调的有力回击。

二、接受美学在理论和实践上的局限

接受美学并非白璧无瑕，作为一种科学的方法论，它需要在实践中接受检验。它的理论预想和概念工具在具体运用中并非完美无缺。围绕文学史建构和阅读现象学等问题，西方学术界指出接受美学在理论和实践上的诸多局限。这种“诊断”有利于我们进一步丰富和发展接受美学。

（1）接受美学尤其是前期理论由于过分强调读者接受在文学活动中的

作用，相对忽视作家创作的意义和价值，广受学界批评，被指为“唯读者论”，不过，在后期理论中接受美学家开始有意识地把读者接受理论转化为文学交流理论。

（2）姚斯的接受史模式和“期待视野”等概念过分依赖读者主观审美经验而忽视文学意义和审美标准的客观性，由此东德的论争对手指责姚斯将历史主观化和随意化。

（3）建构姚斯的接受史需要搜集大量有关读者接受和学者判断的历史文献，而有关读者接受的文献很难确证，这就加大了接受史操作的难度。姚斯本人也没有示范性地写出一部（一段）令人信服的文学接受史。

（4）伊瑟尔的阅读理论因为突出文本内在结构的功能而被指责走了形式主义的老路子，而他对阅读的现象学分析也缺乏社会学基础和历史性视角，削弱了理论本身的有效性。同时，伊瑟尔在理论著作中堆砌术语也颇受诟病。

三、接受美学的传播

综观世界范围内接受美学的传播接受，比照中国接受的情况，我们可以看到一些大的趋势动向。

（1）整个接受美学传播的主导趋势是由德国到英美再到其他国家。当然，德语世界也会直接传播接受美学思想给其他国家，这是毋庸置疑的。但是接受美学从德国进入英美后，在英美读者批评诸种流派中引起反响，受到特别关注，然后接受美学借助英语作为世界第一语言的优势传入其他国家。接受美学主要通过英语世界走遍全球。所以，中国对接受美学接受的主要路线图是：德国→英美→中国。一个明显的例证就是，中国翻译姚斯和伊瑟尔的著作，绝大部分来自英文版而不是德文版。

（2）虽然姚斯最早创立接受美学，引起世界关注，但是观察 50 多年的接受美学传播发展史，伊瑟尔的理论具有更大的国际影响力。比如，美国读者反应批评家 S. 费什说，伊瑟尔当时的两部主要著作（《隐含的读者》

和《阅读行为》，这两部著作书名在中国又被译为“隐含读者”和“阅读活动”）在约翰斯·霍普金斯大学出版社的销售榜上仅次于德里达的《论书写》。[1]当然，不能说姚斯和伊瑟尔两位思想家有高下之别，形成这种情况有很多原因。姚斯研究法国文学，伊瑟尔研究英美文学并且长期执教英美大学，活跃在英美批评界，英语世界对伊瑟尔理论的热情明显高于对姚斯的兴趣。国内学者朱刚指出：“由于他（伊瑟尔）主修的是英国文学，使他得以很快把自己主要的学术著作在美国出版，并一直活跃在美国的理论界，所以学术影响比姚斯更大。”[2]另外，伊瑟尔分析阅读反应中的文本结构，带有一定的形式主义色彩，受到具有形式主义和分析哲学传统的英美批评界的欢迎。姚斯理论有突破性但缺乏操作性（重写文学接受史实践起来，仍然是个难题），并且和马克思主义社会历史批评模式有着或多或少的联系，故而在欧美“资产阶级学术界”受到一定的排斥。不过，在新历史主义和文化诗学兴起之后，姚斯又开始受到新的关注。在中国，姚斯和伊瑟尔的影响力基本相当。

（3）接受美学在世界的传播和在中国的传播具有同步性，也具有差异性。当20世纪六七十年代接受美学反响巨大时，中国几乎没有反应；当20世纪80年代接受美学相对冷下来，与多种理论合流，走向多元化时，中国却迎来了接受美学的热潮。当德文本和英文本的《虚构与想像：文学人类学的疆界》在1991年和1993年分别出版时，伊瑟尔实现了前期理论向后期文学人类学的转向，而大部分中国学者还在津津乐道伊瑟尔的前期理论。当然，随着信息化和全球化带来的学术交流便利，我们逐渐和世界接受美学研究处于同步。

以上三点就是接受美学在世界范围内传播发展的趋势动向，这无疑会影响中国对接受美学的接受，造就中国接受的世界背景；反过来，中国作为世界接受者群体之一，也会发出自己的声音，对世界接受潮流形成一定的影响。

---

[1] 转引自：朱刚．从文本到文学作品：评伊瑟尔的现象学文本观［J］．国外文学，1999（2）．
[2] 朱刚．伊瑟尔的批评之路［J］．当代外国文学，2009（1）．

第二章　接受美学在中国“理论旅行”的整体行程*

第一节　西方文论在中国“理论旅行”的一般行程

20 世纪 80 年代以来，西方各种舶来文论和美学思想远涉重洋，被移植到中国的文化土壤中，大致都经历了萨义德所谓“理论旅行”的四个阶段：理论源发、横向穿越、接受态度和理论变异。萨义德这一描述模式主要是以原创理论为本位，考察某一理论在不同文化之间的转移。如果我们以接受者为本位考量西方理论在中国接受的实际状况，可以把萨义德的四个阶段归并为三个互为关联的阶段。

一、第一阶段是接受者对某一理论经典作品的译介

这一阶段包含萨义德所说的第一阶段和第二阶段（理论源发和横向穿越）。中国接受者对西方理论的译介同时联系着某一理论的原创语境和这一理论再次呈现的中国语境。译介者作为传播者，必须努力还原某一理论

---

*　本章有部分内容与笔者发表的论文《论中国马克思主义文论对接受美学的接受》（《文艺理论与批评》2010 年第 3 期）有重合，特此说明。

的真实面貌和源发状况，他们希望对理论作品的翻译给读者造成一种原汁原味的感觉。实际上译介者作为接受者受到主客观条件的限制，不可能在真空条件下接受理论经典，往往需要调节某一理论横向穿越时空的原初语境、中介者的历史语境和中国的特定语境这三者之间的张力和差异，实现某一理论在中国这一异质语言和文化环境中的再度呈现。这样译介阶段自然就包含了萨义德所说的从理论源发到横向穿越最终抵达异质文化语境的过程。比如，中国的接受者广为征引的接受美学经典作品的最早中译本《接受美学与接受理论》❶是从英译本（美国明尼苏达大学出版社 1983 年版）转译成中文的，而且中国译介者把姚斯的《走向接受美学》和美国接受美学研究专家霍拉勃的《接受理论》一起翻译出来，以飨读者。这样，通过译介呈现在中国读者面前的“接受美学”形象就是一个充满张力的三重叠影：德语原初语境中的姚斯理论、德文英译者和霍拉勃眼中的姚斯理论、英文中译者眼中的姚斯理论。接受美学穿越了英美中介者的历史语境到达我们的视域之中。接受美学经典著作经过英语转译成中文或者经过英美批评界介绍评论再传播到中国，这成为接受美学进入中国的主要渠道（不是唯一渠道）。在研究这一接受状况时，除了要关注接受美学的原初理论视野和金元浦、朱立元等中国接受者的视野，还要考察霍拉勃、汤普金斯等英美中介者的视野。中介者的视野已经影响了中国研究者更进一步使用接受美学介入中国文艺学问题的理论视点。

二、第二阶段是特定语境中接受者对于某一理论的研究

接受者梳理、辨析、选择和消化某一理论，使之具有丰富的阐释效力，为进一步接受奠定基础。第二阶段大致相当于萨义德所说的第三阶段：接受态度。因为在译介阶段完成以后，基于中西方文化的明显差异，中国接受者针对某一西方理论的研究过程不可能完全地价值中立，常常面

❶ ［德］姚斯，［美］霍拉勃．接受美学与接受理论［M］．周宁，金元浦，译．滕守尧，审校．沈阳：辽宁人民出版社，1987.

临取舍，常常交织着赞成或者保留或者反对等诸多立场的变化。对某一理论的研究过程就是接受态度的展开过程，两者紧密相联，是一个硬币的两面。从接受史的宏观架构看，最后接受者对某一理论的研究结果也直接表现了接受者的接受态度：经过充分的研究，要么接受者认可它在某些理论和实践领域的阐释效力，进一步运用它；要么接受者认为它难以适应"中国的土壤"，没有太大的理论价值，把它排斥在当下批评理论话语之外，最后它自然销声匿迹。

三、第三阶段是接受者对某一理论的运用

在鲜明的问题意识下接受者把某一理论和中国文艺学领域中某些焦点问题对接，产生碰撞、错位和融合。这一复杂的接受过程使得"非中国化"的新理论在异质语境的压力中逐步适应和变形，真正实现"中国化"和"本土化"。同时这种运用也直接刺激了中国整个文论话语和思维的现代性转变。这个阶段大致相当于萨义德所讲的第四个阶段：理论变异。中国接受者对某一理论的运用恰恰就是这一理论变异的过程。西方理论穿越重重障碍"旅行"到中国语境中想要落地生根，为我所用，或多或少都要发生一些适应性变异，即"中国化"和"本土化"。它对新环境的反作用，又会触发中国文论语境自身的转变，这样新的理论和中国语境之间始终保持着交流互动，构成新的理论生态平衡。

从时间顺序和接受层次看，西方文论和美学在中国接受过程一般可以分为译介、研究和运用这三个阶段，但是切不可绝对化。比如从接受史逻辑上讲译介阶段一般最早，也较容易划分出来，可是译介者往往也是研究者和运用者，他在译本的序跋和注释中，在引介某一理论的单篇论文中可能已经开始初步的研究甚至运用这一理论，所以译介阶段可以包含初步的研究和运用。而研究和运用阶段也不是判若云泥，中国接受者研究某一理论往往不是无的放矢，甘愿充当西方理论的"传声筒"，而是为了回应某一中国的文学理论问题和文学现象，激起更深的理论思考和新的文学实

践。所以，中国接受者经常以研究为起点，以运用为目的，两者相辅相成，难以分割。

第二节 接受美学在中国“理论旅行”的三阶段

以姚斯和伊瑟尔为代表的接受美学“旅行”到中国，30多年来它在中国文艺学界同样也经历了三个层层深入的接受阶段：译介、研究和运用。从时间上看，译介阶段比较好判定时限，但是研究和运用阶段就难以明确划分时间。

一、接受美学在中国文艺学研究中的译介阶段

从宏观上讲，中国学者对接受美学经典著作的译介延续了20多年，从冯汉津在《文艺理论研究》1983年第3期上译介意大利学者弗·梅雷加利的《论文学接收》开始到2008年朱刚等翻译出版伊瑟尔的著作《怎样做理论》为止，中国接受者一直在大力引介接受美学。具体可以分为三个时期：1983—1985年，这是译介的初步阶段，为下一个阶段酝酿和准备；1986—1997年，这是译介的黄金时期，中国学者基本完成了接受美学经典著作的翻译和介绍工作，这就为进一步的研究和运用铺好了道路；1998—2008年，这是译介的补充时期，中国学者陆续翻译了接受美学理论家的后期著作，但是这些著作并没有像前期著作一样引起中国学者的广泛关注，它的理论价值还有待时间的考验。

（一）1983—1985年，译介的初步阶段

具体来说，冯汉津在《文艺理论研究》1983年第3期上译介了意大利学者弗·梅雷加利的《论文学接收》，随后，张黎在《文学评论》1983

年第6期上发表了《关于“接受美学”的笔记》，两位学者拉开了译介接受美学理论的帷幕。在中国最早直接翻译德国接受美学家经典著作的是香港学者岑溢成，他节译了伊瑟尔的著作《阅读活动》[1]的第六章：“阅读过程中的被动综合”，这篇译文至少在1984年已经译出，随后被郑树森编入《现象学与文学批评》[2]一书。中国大陆的学者在这一阶段并没有直接翻译姚斯和伊瑟尔的著作，而是翻译了一些西方学者对接受美学的评价。[3]我们从中可以初步了解接受美学的理论背景、基本概念和学界评价。还有一批中国学者凭借自身对西方文论的熟悉和敏感，抓住接受美学的理论要点，及时向国内大力介绍接受美学。[4]

（二）1986—1997年，译介的黄金时期

这一阶段，正是中国引进西方各种理论的高潮时期。一批最早接触和阅读了接受美学著作的中国学者，强烈地意识到这一理论可能具有的价值。经历了1985年的“方法热”大潮之后，他们冷静下来思考如何将接受美学这一方法真正用于文学研究，而当务之急就是“正本清源”，在汉语语境中努力还原接受美学的“原貌”，以备研究和运用之需。他们已经不满足于把接受美学概况及其相关评价传递给国内，而是开始积极着手翻译接受美学的理论著作，同时广搜西方学界对接受美学的研究成果，借西方接受美学资深专家的视野来匡正我们的接受视角。这一阶段，成了中国译介接受美学的黄金时期，主要表现在两个方面，一是接受美学理论作品的单篇译文、译文集和著作中译本如雨后春笋般出现；二是中国学者翻译

---

[1] Wolfgang Iser. The act of reading : a theory of aesthetic response［M］. London and Henley: Routledge & Kegan Paul，1978.

[2] 郑树森. 现象学与文学批评［M］. 台北：东大图书股份有限公司，1984.

[3] 比如罗悌伦从德文摘译了西德学者格林（又译为格里姆）的《接受美学研究概论》，发表在《文艺理论研究》1985年第2期。

[4] 比如张隆溪先后发表两篇论文：《诗无达诂》和《仁者见仁，智者见智——关于阐释学与接受美学·现代西方文论略览》较早向国内介绍接受美学理论。之后，熟谙德语的章国锋发表了《国外一种新兴的文学理论——接受美学》一文，更加细致地介绍接受美学的理论全貌。另外还有汤伟民的《浅议接受美学中的反馈思想》，周始元的两篇论文《文学接受过程中读者审美感受的作用——从接受美学谈起》和《文学接受过程中读者的再创造作用——现代西方文论中的一个新课题》等，都是较早介绍接受美学的论文。

的西方学者对接受美学的研究成果和中国学者对接受美学的系统介绍都大量涌现。

比如单篇论文的翻译一时成为热点。最早的单篇翻译从周宪开始，他从英译本转译了姚斯的一篇论文《文学与阐释学》[1]，通过此文，我们直接了解到姚斯的三种阅读模式和“期待视野”概念。随后，王卫新发表了接受美学宣言《作为向文学科学挑战的文学史》（姚斯，1967年）的中译版。[2]与之相对应，章国锋很快译出了接受美学另一位主将伊瑟尔的成名作《本文的召唤结构：不确定性作为文学散文产生效果的条件》[3]。这两篇纲领性文献的翻译，使国内学界摸准了接受美学的理论倾向和路数。之后，接受美学理论作品的单篇译文层出不穷。[4]朱立元在翻译中另辟蹊径，不再盯着伊瑟尔的《阅读活动》一书，转而从伊瑟尔的著作《隐含读者》[5]中摘译了导言和原书的第十一篇《阅读过程：一个现象学的论述》，取名《暗含的读者》[6]。到20世纪90年代，最主要的单篇译文有林必果翻译的姚斯的总结性论文《我的祸福史或：文学研究中的一场范例变化》和王晓路翻译的伊瑟尔的转向性论文《走向文学人类学》，这两篇论文的原文收录于美国学者科恩主编的《文学理论的未来》[7]，这两篇文章及时反映了接受美学理论家在20世纪80年代的思想动向。

---

[1] ［德］H·R·尧斯．文学与阐释学［J］．周宪，译．文艺理论研究，1986（5）．这篇文章最初载于姚斯等人编的《诗学与阐释学》第四卷（慕尼黑，1980）。

[2] ［德］汉·罗·尧斯．作为向文学科学挑战的文学史［J］．王卫新，译．外国文学报道，1987（1）．

[3] ［德］沃·伊瑟尔．本文的召唤结构：不确定性作为文学散文产生效果的条件［J］．章国锋，译．外国文学季刊，1987（1）．

[4] 姚基翻译了伊瑟尔的《文本与读者的交互作用》（这篇文章属于《阅读活动》的一部分）；王逢振则在著作《意识与批评：现象学、阐释学和文学的意思》中附录了一篇自己翻译的伊瑟尔论文《阅读过程中的被动综合》（《阅读活动》一书的第六章），虽然比香港学者岑溢成的同名译文晚了4年，但在中国大陆地区是首次译出这篇重要文献；章国锋继王卫新之后再译姚斯的名篇《文学史作为文学科学的挑战》，同时耿幼壮从伊瑟尔《阅读活动》中节译了第二章《审美反应理论的基本原理》，这两篇译文一起被收录在《世界艺术与美学》第九辑。

[5] Wolfgang Iser. The Implied Reader: Patterns of Communication in Prose Fiction from Bunyan to Beckett［M］. Baltimore and London: Johns Hopkins University Press, 1974.

[6] ［德］伊瑟尔．暗含的读者（摘译）［J］．朱立元，译．上海文论，1988（5）．

[7] ［美］科恩．文学理论的未来［C］．程锡麟，等译．北京：中国社会科学出版社，1993.

如果说单篇译文的出现只是呈现了接受美学理论的“隅隙”，那么，中国译介者推出的接受美学及读者反应批评的译文集和专著的中译本则显现了这一理论的“衢路”。由周宁和金元浦联手翻译的《接受美学与接受理论》❶将接受美学理论家姚斯和接受美学研究者霍拉勃的著作合二为一，是国内最早的接受美学著作中译本。姚斯后期的代表作（*Aesthetic Experience and Literary Hermeneutics*）出现了两个节译本。❷伊瑟尔的著作（*The act of reading：a theory of aesthetic response*）则戏剧般地出现了三个译本。❸出版时间比较接近，翻译各具特色，实为接受史上的趣谈。更为凑巧的是，中国学者在 1989 年对接受美学的热情极度升温，关于接受美学的三个译文集同时出现。❹三个译文集的编选者甚至不忌讳接受美学家的单篇论文在同一年的译文集里重复，也不忌讳所选论文与此前出版的中译本章节重复。另外，东德以瑙曼为代表的马克思主义接受理论和西德的接受美学有过激烈的论战，颇为学界关注，而且东德的理论倾向和中国的马克思主义文论话语比较对路，所以中国的一些学者往往视瑙曼等人的理论为接受美学或者接受理论中的一支。为了研究需要，范大灿编译的东德接受美学论文集《作品、文学史与读者》❺应运而生。总体说来，接受美学的经典著作已经翻译完成，为这一理论的接受走向成熟奠定了坚实的基础。

1985—1997 年，中国学者除了翻译接受美学理论作品之外，还大力翻译西方学者对接受美学的研究成果。伍晓明翻译了英国著名批评家伊格尔

---

❶ ［德］姚斯，［美］霍拉勃．接受美学与接受理论［M］．周宁，金元浦，译．滕守尧，审校．沈阳：辽宁人民出版社，1987.

❷ 两个译本是：［德］尧斯．审美经验论［M］．朱立元，译．北京：作家出版社，1992；［德］耀斯．审美经验与文学解释学［M］．顾建光，等译．上海：上海译文出版社，1997.

❸ 三个译本分别是：［德］伊泽尔．审美过程研究：阅读活动：审美响应理论［M］．霍桂桓，李宝彦，译．北京：中国人民大学出版社，1988；［德］伊瑟尔．阅读活动：审美反应理论［M］．金元浦，周宁，译．北京：中国社会科学出版社，1991；［德］伊瑟尔．阅读行为［M］．金惠敏，等译．长沙：湖南文艺出版社，1991.

❹ 刘小枫．接受美学译文集［C］．北京：生活·读书·新知三联书店，1989；张廷琛．接受理论［C］．成都：四川文艺出版社，1989；［美］汤普金斯，等．读者反应批评［C］．刘峰，等译．北京：文化艺术出版社，1989.

❺ ［德］瑙曼，等．作品、文学史与读者［C］．范大灿，编译．北京：文化艺术出版社，1997.

顿的《二十世纪西方文学理论》[1]，其中第二章里伊格尔顿把伊瑟尔的接受理论看作基于一种自由人道主义的意识形态，是读者中心模式的代表。英美学者往往把德国的接受美学视为整个读者反应批评的分支。汤永宽翻译了美国学者简·汤普金斯的综述性论文《读者反应批评引论》[2]，刘峰翻译了简·汤普金斯的另一篇评价性质的长文《从批评史看读者反应批评与新批评的“对立”》[3]。这两篇文章详细探讨了包括接受美学在内的读者反应批评和英美新批评既对立又趋同的微妙关系。除了英美学界对接受美学的研究颇受中国学者的重视之外，荷兰学者对接受美学的研究也受到中国学者的关注。[4]德国学者内部对接受美学的评价也受到中国接受者的垂青，范大灿翻译了德国学者丽塔·朔贝尔的《接受美学简述》，这篇文章全面论述了接受美学的来源，尤其是它和形式主义、布拉格结构主义、后结构主义、马克思主义之间的复杂关系。[5]

这一阶段，在翻译工作卓有成绩的基础之上中国学者对接受美学越来越熟悉，了解得越来越全面，对接受美学的介绍和梳理也较前一个阶段更加系统。[6]

（三）1998—2008年，译介的补充时期

1997年，顾建光等译的《审美经验与文学解释学》出版之后，接受美

❶ ［英］伊格尔顿．二十世纪西方文学理论［M］．伍晓明，译．西安：陕西师范大学出版社，1987.

❷ ［美］简·汤普金斯．读者反应批评引论［J］．汤永宽，译．外国文学报道，1987（3）．

❸ ［美］简·汤普金斯．从批评史看读者反应批评与新批评的“对立”［J］．刘峰，译．文艺理论研究，1989（1）．

❹ 伍晓明翻译了荷兰学者蚁布思的《接受理论的发展：真实读者的解放》，另一位荷兰的接受美学研究者瑞恩·赛格斯曾于1992年应邀来北京和深圳讲学，史安斌根据他的讲稿编译成《读者反应批评对文学研究的挑战》。

❺ ［德］丽塔·朔贝尔．接受美学简述［J］．范大灿，译．国外文学，1992（2）．

❻ 参见：程伟礼．谈谈接受美学及其哲学基础［J］．社会科学，1986（1）；吴元迈．苏联的“艺术接受”探索［J］．文学评论，1986（1）；朱立元．文学研究的新思路——简评尧斯的接受美学纲领［J］．学术月刊，1986（5）．

学的代表性理论著作在中国的译介已经基本完成。[1]1997年，接受美学核心人物姚斯去世，他的学术创作随之终止，中国学者此后也没有再翻译姚斯的作品。另一位接受美学主将伊瑟尔在20世纪八九十年代的欧美批评界一直较活跃，他后期的两部著作在1997年后被中国学者翻译：《虚构与想像：文学人类学的疆界》和《怎样做理论》。伊瑟尔的这两部著作，前者虽然延续了他前期理论中对阅读接受的思考，但也明显表现了论者尝试跳出文本现象学的狭小视角而转向文学人类学探索的意图；后者实际上是伊瑟尔的一部当代文学批评及操作手册，突显了他对西方各路理论流派的熟谙，其中他对自己前期的阅读反应理论进行解剖，不过总体上讲，这本书表明了伊瑟尔应对后现代理论浪潮的积极姿态。伊瑟尔写这两本书时，接受美学早已过了兴盛时期，后现代的各路理论如日中天，接受美学因为遭受国内外学者的众多批评而江河日下，所以，伊瑟尔的后期著作，表明他对接受美学的一些反思并且研究志趣也在转向，可以把伊瑟尔的后期理论称为“后接受美学”。1997年之后，中国学者密切关注伊瑟尔的理论新动向，往往串接伊瑟尔前期和后期思想对其全面鸟瞰。具体说来，伊瑟尔后期著作的翻译者朱刚连续发表了多篇论文全面展现伊瑟尔的学术探索道路。[2]伊瑟尔后期著作的另一位翻译者汪正龙也发表了两篇颇具分量的论文全面揭示了伊瑟尔在“后接受美学”时期的文学人类学转向。[3]王宁的《沃夫尔冈·伊瑟尔的接受美学批评理论》不仅看到了伊瑟尔后期的理论转向，而且展示了伊瑟尔持久的世界影响力和学术生命力。[4]这一阶段两

---

[1] 虽然伊瑟尔的重要著作《隐含读者》（*The Implied Reader*）没有完整的中译本，但是中国学者节译了里面的重要内容，《隐含读者》一书是伊瑟尔运用他自己的阅读理论考察西方小说范型，而其中的阅读理论原理在《阅读行为》（*The Act of Reading*）一书中已经详尽地阐发。

[2] 朱刚．不定性与文学阅读的能动性：论W·伊瑟尔的现象学阅读模型［J］．外国文学评论，1998（3）；朱刚．论沃·伊瑟尔的“隐含的读者”［J］．当代外国文学，1998（3）；朱刚．从文本到文学作品：评伊瑟尔的现象学文本观［J］．国外文学，1999（2）；朱刚．伊瑟尔的批评之路［J］．当代外国文学，2009（1）．

[3] 汪正龙．评沃尔夫冈·伊塞尔的文学人类学［J］．广西师范大学学报·哲学社会科学版，2004（4）；汪正龙．沃尔夫冈·伊瑟尔的文学虚构理论及其意义［J］．文学评论，2005（5）．

[4] 王宁．沃夫尔冈·伊瑟尔的接受美学批评理论［J］．南方文坛，2001（5）．

篇访谈录弥足珍贵。[1]访谈录的亲切和自由氛围让读者几乎可以触摸到暮年伊瑟尔的理论世界。

二、接受美学在中国文艺学领域中的研究和运用阶段

根据西方文论传入中国的三个阶段的一般规律，与接受美学在中国文艺学领域中的译介阶段不同，研究和运用阶段不好划定明确的时限。虽然运用比研究更进一层，但是具体到接受者身上，研究和运用往往交叉混合，难分你我，所以，这里把这两个阶段合在一起讨论。我们不以时间为绝对标准，主要以接受美学与中国异质的历史境况之间是否激起理论和实际问题，接受美学是否出现新的运用为标准来判定接受史的材料是否归入研究和运用阶段。正如萨义德所说“当理论从一地向另一地运动时，这种理论到底发生了什么情况这个具体问题本身就成了一个兴趣盎然的探讨题目。……假设由于具体的历史境况的缘故，出现了与这些境况相关的某一理论和观念，那它在不同境况中以及由于新的原因而再次使用，且在更加不同的境况中又再一次使用时，究竟会发生什么情况？就理论本身——它的界限、可能性和内在问题——而言，这能向我们说明什么，以及，就理论和批评为一方，同社会和文化为另外一方的双方之间的关系而言，它又能向我们说明什么？”[2]需要追问的是接受美学是否与中国语境发生对话。接受美学在中国的“旅行”过程中，经历了中国学者对这一理论经典作品的大量译介之后，接受美学算是“抵达”了中国这个异质的语境。不过，它只有真正介入中国文艺学重大问题域，和中国特有的社会文化背景产生碰撞、交流和融合，相应地发生适应性变异，并影响中国当下文论话语的转变，这样它才算是进入研究和运用的阶段，接受美学也才能“站稳脚跟”。可以说，只有“中国化”的接受美学才能生根发芽，茁壮成长。纵

❶ 单德兴．文化的诠释与互动：伊瑟尔访谈录［J］．南方文坛，2001（5）；金惠敏．在虚构与想象中越界——（德）沃尔夫冈·伊瑟尔访谈录［J］．文学评论，2002（4）．

❷ ［美］萨义德．世界·文本·批评家［M］．李自修，译．北京：生活·读书·新知三联书店，2009：405-406.

观30多年来接受美学和中国文艺学领域之间对话产生的研究和运用成果，笔者注意到几个学者麇集并且成果丰硕的“理论富矿”：接受美学和“重写文学史”、接受美学和“中国古代文论的现代转换”、接受美学和中国马克思主义文论的当下发展、接受美学和中国当代阅读接受理论的新建等。四个共时性的问题域贯穿一个共同的问题：接受美学中国化有什么重要成果和独特价值？根据笔者手中掌握的接受史材料，中国学者在前两个问题域中的研究深度和广度是非常明显的，值得重点研究；另外两个问题域的研究史，本书只做简单介绍，以待日后拓展。

（一）关于接受美学和“重写文学史”

从严格意义上讲，接受美学和1988年陈思和、王晓明在《上海文论》发起的“重写文学史”讨论并没有明显而直接的关联（不等于没有关联）。不过，本书对“重写文学史”的理解是广义的，即新时期以来由多次“重写文学史”讨论所引发的中国学者对整个文学史观念的重新考量和文学史文本的重新撰写。接受美学主将姚斯提出的文学接受史（效果史）模式引入中国之后，有效地促进了中国原有文学史观念的转变，而且直接触发了中国古代文学作家作品接受史撰写方式的涌现并取得了大量卓有成效的实绩。从时间上讲，最早提倡把文学接受史模式引入文学史研究的是朱立元和杨明，他们联名发表了《接受美学与中国文学史研究》（1988）。朱立元在专著《接受美学》（1989）中辟专章“文学历史观：文学接受与效果的历史之链”，大力推荐姚斯文学史观。接受美学的文学接受史观开始在中国生根发芽。一方面，它造成了中国学者一种新的文学史意识，有益于中国学者从新的角度把握整个文学史。从尚学锋等撰写的《中国古典文学接受史》（2000）中可见一斑。该著作有两个中心议题：一是考察中国自先秦以来每个时代的文学传播接受状况；二是考察每个时代的文学接受观念及其历史流变。这种以接受为重心的文学史框架就突破了传统的“时代—作家—作品”这一文学史套路。这方面的成果还有王卫平的《接受美学与中国现代文学》（1994）、马以鑫的《中国现代文学接受史》（1998）、邬国平的《中国古代接受文学与理论》(2005)、陈文忠的《中国古典诗歌接受史研究》(1998)、陈文忠的《文学美学与接受史研究》(2008)等。另一方面，从刘宏彬的《〈红楼梦〉接受美学论》(1992)开始，关于中国作家作品(尤其是古代名家名篇)的接受史研究一时成为博士论文选题和著作选题的大热门，其中缘由和趋势值得玩味。接受美学对当代中国的文学史研究理念、书写模式到底带来怎样的影响？这是本书第二编讨论的主要内容。

(二)关于接受美学和"中国古代文论的现代转换"

从20世纪80年代开始，面对西方文论大规模引进造成的压力和挑战，中国古代文论和当代文艺理论两个领域的专家都在思考中国传统文论在多元化的现代学术生态中如何生存和发展。正是中国理论界的这种"集体有意识"，1996年，中国中外文艺理论学会、中国社会科学院文学研究所和陕西师大中文系在西安联合举办了"中国古代文论的现代转换"学术研讨会。季羡林、杜书瀛、曹顺庆、张少康、蔡钟翔等学者围绕"什么叫做现代转换""如何转换""转换的目标和方向是什么"等一系列问题展开了热烈讨论。第二年，钱中文、杜书瀛、畅广元主编的《中国古代文论的现代转换》(1997)汇集会议论文，总结讨论成果。之后，"中国古代文论的现代转换"这一提法及其后续讨论成为中国文艺学研究领域的热点，这一话题从此具有更为自觉和成熟的问题意识。回顾这段学术史，自1983年张隆溪发表《诗无达诂》(1983)短文开始，一大批中国学者开始对接受美学和中国古代文论的概念、命题和运思方式进行比较研究，以期在中西方文论互渗互证中呈现和发展中国传统文论的现代性。本书第三编将重点考察接受美学如何引起中国古代文论的现代转换，趋势和利弊如何。从时间上看，关于接受美学和"中国古代文论的现代转换"，比较早的代表论文是董运庭的《中国古典美学的"玩味"说与西方接受美学》(1986)，而比较早的专著是加拿大华裔学者叶嘉莹的《中国词学的现代观》(1990)，作者在20世纪80年代中后期就鲜明指出王国维说词方式与西方接受美学的暗合。值得注意的是，国内学者蒋济永在《过程诗学：中国古代诗学形态的特质与“诗—评”经验阐释》(2002)中融合接受美学对文学历史性流变的认识，以“诗—评”关系经验为基础的“过程诗学”模式来阐释中国古代原生态文论和批评话语，并明确提出“古代诗学的现代转化”问题。在“接受美学和中国古代文论的现代转换”这一问题域中长期耕耘成果丰硕的两位学者是樊宝英和邓新华。前者有著作《中国古代文学的创作与接受》(1997，与辛刚国合写)，并有《论中国古代诗人的读者意识》(1996)等一系列论文。后者连续出版了三部专著[1]，还有大量论文。他们在这一问题域中的研究倾向、研究方法和理论创新是本书第三编考察的重点之一。同时，笔者将仔细梳理中国学者把接受美学和“诗无达诂”“意境”等古代文论重要概念命题做比较而聚集的成果，并细致研究中国学者对古代接受理论民族性特征的总体思考。

(三)关于接受美学和中国马克思主义文论的当下发展

20世纪80年代初，接受美学“旅行”到中国。30多年来，马克思主义文论作为主流话语对接受美学在中国的接受或多或少形成了语境压力。中国学者会站在怎样的马克思主义文论立场接纳或者否定接受美学呢？接纳接受美学对中国的马克思主义文论建设有什么用？从接受史角度探讨这些问题将有利于厘清接受美学中国化和马克思主义文论现代化的演进过程，辨析利弊，反思方法，整合资源，推动中国自主性文论话语的建设。从时间上讲，关于“接受美学和中国马克思主义文论的当下发展”这一议题最早的论文是张黎的《关于“接受美学”的笔记》[2]，最早的专著要算朱立元的《接受美学》[3]。大体上讲，中国学者从各自的“马克思主义文论期待视野”出发，在马克思主义文论研究中“阅读”接受美学可以分为三种情况：(1)逆向受挫；(2)先逆后顺；(3)同向相应(顺化或者同化)。第

---

[1] 邓新华.中国古代接受诗学[M].武汉：武汉出版社，2000；邓新华.中国传统文论的现代观照[M].成都：巴蜀书社，2004；邓新华.中国古代诗学解释学研究[M].北京：中国社会科学出版社，2008.

[2] 张黎.关于“接受美学”的笔记[J].文学评论，1983(6).

[3] 朱立元.接受美学[M].上海：上海人民出版社，1989.

三种情况居多。从较早尝试接受美学中国化的朱立元到倡导文论范式转型的金元浦，再到发掘马克思主义读者理论的谭好哲和童庆炳，还有章国锋、李心峰、张思齐、陈敬毅、马以鑫、张杰、杨健民等，马克思主义文论研究中一大批中国学者面对接受美学都采取了同向相应的接受态度，在不断调整马克思主义文论期待视野和深化马克思主义文论思考的过程中取得了丰硕的理论成果。

在同向相应的接受过程中，中国学者主动将接受美学和中国马克思主义文论互证互释，求同存异，整合创造，用马克思主义文论“改造”接受美学，反过来用接受美学推动中国马克思主义文论的发展。具体来说，按照问题域的不同，中国学者同向相应的接受在四个方面展开（重点考察共时性，兼顾历时性）。第一，中国学界积极论证接受美学和马克思主义文论的思想关联，使接受美学“合法”地融入中国马克思主义文论视野中。第二，中国学界辨析接受美学对马克思主义经典作家的某些误读，指明接受美学的理论失误，用马克思主义文论“改造”接受美学。第三，中国学者站在科学辩证的立场，肯定接受美学在方法论和文学观念上的价值，让接受美学给马克思主义文论注入新的活力。第四，中国学者整合中西理论资源，在对话基础上尝试“接受美学和中国马克思主义文论的结合”，实现异质文化的“联姻”，推进马克思主义文论的现代化。[1]

（四）关于接受美学和中国当代阅读接受理论的新建

阅读是如何发生的？在阅读接受过程中意义怎样呈现？读者介入的主动性和阐释的自由度有多大？阅读的效果在读者心理和行为上怎样表现出来？阅读和接受活动有什么区别？围绕这些基础性问题，接受美学直接刺激了中国当代阅读接受理论的发展，促使其形成新的解释批评话语。笔者逐渐认识到，“文学阅读”这个概念局限于读者对文学文本审美感知过程的描述，偏重于审美心理学视角，而“文学接受”则具有更大的外延，它

[1] 关于“接受美学和中国马克思主义文论”的接受史关联，笔者在发表的论文《论中国马克思主义文论对接受美学的接受》（《文艺理论与批评》2010年第3期）中有详细论述。见本书附录。

涵盖了普通读者、批评家、阅读文本之后再生产的作家对文学文本的阅读、批评、继承和反馈活动，而且接受不仅指阅读书本，还可以指听众聆听作家朗诵文学文本。总之，文学接受指接受主体在介入文学文本过程中的一系列审美反应、创造和思考活动。文学阅读是文学接受的基础，文学接受包括文学阅读，批评家和作家进行的文学接受活动是对文学阅读的延伸。从20世纪80年代开始，中国学者在接受美学提供的阅读模型的基础上展开阅读接受理论的探索。首先，接受美学直接促进广大读者对自身在文学活动中主体地位的体认，有益于“积极阅读”的普及；其次，它启示理论工作者认识到阅读接受活动存在可描述性和复杂性的辩证统一。从时间上看，最早涉及“接受美学和中国当代阅读接受理论的新建”这一议题的论文是汤伟民的《浅议接受美学中的反馈思想》，作者认为接受美学对阅读接受过程的论述贯彻了控制论的反馈思想。[1] 而最早涉及这一议题的著作是张汝伦的《意义的探究：当代西方释义学》，在该书第七章第四节，作者阐发了姚斯关于文学意义和阅读的新观点。[2] 综观国内学界这一议题的研究，张杰的《后创作论》、金元浦的《文学解释学》和龙协涛的《文学阅读学》这三部著作具有鲜明的创新色彩，各自构建了完整独特的阅读接受理论。

本书第二编和第三编将就30年来接受美学与“重写文学史”、接受美学与“中国古代文论的现代转换”两大问题之间的关联史展开细致的剖析，以窥见接受美学和当代中国文论转型发展的对话历史。

---

[1] 汤伟民．浅议接受美学中的反馈思想［J］．学术研究，1985（4）．

[2] 张汝伦．意义的探究：当代西方释义学［M］．沈阳：辽宁人民出版社，1986.

第二编　接受美学与“重写文学史”

第三章　接受美学与“重写文学史”的两种理解

关于“重写文学史”这一命题，历来颇有争议。有人用它来概括一场学术讨论，也有人把它视为文学史家抱有的一种述史态度，还有人认为它特指对中国现当代文学史的“重估”。比如，张颐武在《“重写文学史”：个人主体的焦虑》一文中就提出了对“重写文学史”的两种理解：第一种理解是广义的，即指1978年以来人们对现当代文学史的再认识再评价；第二种理解是狭义的，特指1988—1989年《上海文论》的讨论及其造成的影响。[1]总的来说，张颐武把“重写文学史”限定在现当代文学的范围之内，固然是正本清源，把握主线，但是，30多年来在“重写文学史”这一理论呼吁中取得的文学研究实绩已经证明：“重写文学史”这一口号源于中国现当代文学学科，同时又辐射到整个中国文学研究领域甚至波及中国当代思想文化领域。正如朱德发在《评判与建构：现代中国文学史学》中所说，“当年这一口号提出的时候，许多提倡者、参与者都认识到，这一口号和概念所产生的影响，已不仅仅局限于现代中国文学研究领域”。[2]至少，在整个文学研究界，“重写文学史”逐渐内化为当代知识分子重建理性的精神诉求，表达了他们伸张文学自主性的话语欲望。“重写文学史”的内涵已经在悄然变化。我们认为，从发展的眼光看，张颐武关于“重写文学史”的理解可以适当扩展。

---

❶ 张颐武．“重写文学史”：个人主体的焦虑［J］．天津社会科学，1996（4）．

❷ 朱德发，贾振勇．评判与建构：现代中国文学史学［M］．济南：山东大学出版社，2002：365．

第一节　接受美学与狭义的“重写文学史”

一、“重写文学史”和两场讨论

从狭义的角度看，“重写文学史”可以特指两次学术讨论：一是1988—1989年陈思和、王晓明在《上海文论》主持的以此为题的专栏讨论；二是2001—2002年章培恒、陈思和在《复旦学报》(社会科学版)发起的“中国文学史分期问题讨论”。就“重写文学史”这一话题的渊源而言，王晓明说：“其实，在1985年北京召开‘中国现代文学研究创新座谈会’以后，‘重写文学史’的工作就已经开始了。”[1]在另一处谈话中，他补充道：“正是在那次会议上，我们看清了打破文学史研究既成格局的重要意义，也是在那座充当会场的大殿里，陈平原第一次宣读了他和钱理群、黄子平酝酿已久的关于‘二十世纪中国文学’的基本设想。”[2]王晓明此言非虚，后来以这个设想为基础，黄子平、陈平原、钱理群三人联名发表了《论“二十世纪中国文学”》[3]一文，反响强烈，直接触发了《上海文论》开启“重写文学史”的专栏。三学者的这篇长文破旧立新，大胆建议打通“近代文学”、“现代文学”和“当代文学”的旧有格局，提出以“二十世纪中国文学”这一整体化概念来把握中国文学的现代化进程。他们试图打破以政治历史事件划分20世纪文学的书写模式，依据一个世纪以来中国文学由古典向现代转化的客观历史过程来建构文学史景观。“二十世纪中国文学”这一概念冲击了20世纪80年代以前占据中国文学史研究统治地

[1] 陈思和，王晓明.关于“重写文学史”专栏的对话［J］.上海文论，1989（6）.

[2] 陈思和，王晓明.主持人的话（关于重写文学史）［J］.上海文论，1988（6）.

[3] 黄子平，陈平原，钱理群.论“二十世纪中国文学”［J］.文学评论，1985（5）.

位的政治意识形态化的文学史观，实际上拉开了“重写文学史”的序幕。

1988 年下半年，陈思和、王晓明在《上海文论》上正式“开坛设论”，主持“重写文学史”专栏讨论，从 1988 年第 4 期到 1989 年第 6 期一共 9 期，持续了一年半的时间。这个专栏吸引了王瑶、唐湜、赵园、王富仁、夏中义等学者纷纷撰文来稿，畅所欲言，先后有 40 余篇文章在专栏上刊载。各路专家学者分析锐利，敢说敢言，饱含着冲破旧规的学术冲动和思想激情。大家围绕现当代文学史上的作家或者作家群（诸如柳青、丁玲、赵树理、鸳鸯蝴蝶派等）和经典作品（诸如《青春之歌》《子夜》《女神》等）展开大胆的重读重评，“是非颇谬于定评”。他们试图探测作家作品背后普遍的创作倾向和思想文化根源。比如学者们细致解剖了柳青现象、赵树理方向、《子夜》模式、何其芳文学道路（思想进步，创作退步）等文学史现象的历史根源。除了作家作品外，他们还“重估”了 20 世纪中国文学发展中的众多思潮、批评理论和美学思想。比如“别车杜”的革命民主主义美学在中国接受语境中的沉浮、胡风现实主义理论的利弊、现代文学中宗派主义的源流等。《上海文论》“重写文学史”专栏的思想锋芒和学术勇气刺激了整个中国文学研究界，这一口号引起了学界同仁的广泛讨论。一时间“重写”和“重估”成为文学界和思想界的一个热点。不过，一些“重写文学史”研讨者在建构文学史新观念的同时，忽视了革命文学、革命叙事的特殊历史语境和独特贡献，对这些作品的思想性和艺术性有不恰当的苛责。20 世纪 90 年代初，《文艺报》等报刊发文措辞严厉地批评“重写文学史”讨论违背和否定 1942 年《在延安文艺座谈会上的讲话》精神，贬低中国现当代文学史上的革命文学和社会主义文学。这场“重写文学史”的讨论便暂时中止。

综观这场讨论，从理论倾向和方法论价值的角度看，主要有三大特点：一是在文学史书写模式上突出以前被遮蔽的艺术性（审美性）标准而批判将政治性标准唯一化的趋势，反对政治意识形态对文学史的“非正常”干预；二是在文学史书写态度上寻求当代性和历史性的辩证统一；三是力求在文学史本体（客观性的文献材料）和文学史主体（富有主体性的

文学史家）之间保持适度平衡。从“重写文学史”栏目文章的理论视角看，他们主要针对具体作家作品和理论现象，呈现出“微观”研究的特点。学界对这场讨论扯出“重写文学史”这样一面大旗而实际上侧重于“微观”研究、缺少宏观视角，提出了建设性批评。十多年之后，章培恒、陈思和在《复旦学报》(社会科学版）开辟“中国文学史分期问题讨论”的专栏（专栏文章从 2001 年年初到 2002 年年底，整整两年）延续了“重写文学史”的讨论，着力从宏观视野重构文学史。中外学者金学主、章培恒、骆玉明、严家炎等围绕中国文学史的分期展开了热烈讨论。如果说 1988 年《上海文论》的“重写文学史”讨论侧重于对现当代作家作品的重新评价，准确说应该是“经典重读”的话，那么 2001—2002 年《复旦学报》上的大讨论则侧重于中国文学史的分期及其标准问题，直击文学史的宏观架构和文学史观念，反而适合“重写文学史”这一命名。《复旦学报》的讨论中现当代文学仍然是热点，但是关于近代文学、古代文学的问题在这场论争中也逐渐热起来。这两场讨论之间的学术关联是显而易见的。章培恒、陈思和在《复旦学报》2001 年第 1 期“中国文学史分期问题讨论”专栏的《主持人的话》中就说：“从开展‘重写文学史’的讨论以来，十余年过去了。在这期间，中国文学史的撰写有了重大的进步。但要取得新的突破，还面临着许多必须解决的问题。中国文学史的分期就是这样的问题之一。”❶他们还强调在十多年“重写文学史”实践的基础上探讨文学史分期的成熟条件和历史意义。纵观这两场“重写文学史”的讨论，前者吹响了在中国现当代文学研究阵地“重写文学史”的冲锋号，思想锐利，但不免偏颇，也缺乏足够的学理性沉淀；后者则奏响了世纪之交文学史宏大叙事乐章中的一个高潮，兼具思想创新性和学理谨严性，理论成果更加辩证圆融。

二、接受美学和狭义“重写文学史”的关联

细致考察狭义的“重写文学史”视域下的两场讨论，接受美学和“重

❶ 章培恒，陈思和．主持人的话［J］．复旦学报·社会科学版，2001（1）．

写文学史”没有直接的关联，但是表现出微妙的间接关系。就笔者现在能看到的材料而言，接受美学代表人物姚斯的名字仅仅在夏中义的《别、车、杜在当代中国的命运》[1]一文中出现过一次，而且论者并没有提及姚斯的文学接受史观念，而是把姚斯和荣格、萨特、韦勒克等并列为现代西方先锋理论，指出它们逐步取代别、车、杜的美学思想从而影响当代中国文坛。值得注意的是，中国学者在两场讨论中虽然没有直接引介西方接受美学思想来透析文学史现象，但是他们却表现出自觉而鲜明的文学接受意识。他们在批判客观主义（实证主义）、强调文学史家的主体性、经典作品的超越性和叛逆性、理解历史的当代性、文学期待视野（视界）客观化等具体问题上和姚斯的思想产生了惊人的理论共鸣。从平行研究的视角看，中国学者的这些思考和接受美学思想之间具有相似性和相通性。具体来说，姚斯在《文学史作为向文学理论的挑战》中旗帜鲜明地批判兰克为代表的客观主义（实证主义）历史观。姚斯尤其反感客观主义把文学史和艺术史弄成文学事实的编年史或者作家作品的简单罗列。他批评道："在传统文学史中不断堆积、持续增长的'文学素材'正是这一（研究）过程的产物：这种研究仅仅是对过去（文学）'事实'收集和分类，因此不能称其为历史而是伪历史。将这堆文学素材视为文学史的人，都没能看清艺术品具有的事件性特点和（静态的）历史事实之间的区别。"[2]传统的客观主义迷信文学史是一成不变的客观对象，他们用僵化静止的历史观看待文学现象，姚斯则从动态发展的视角把握文学史。姚斯所谓的"文学的历史性"并不是一堆"文学事实"的编组，而是读者（包括普通读者、批评家和文学史研究者、阅读后再生产的作家）对文学作品的阐释经验的集合。对于作品阅读者和文学史研究者而言，他不是站在真空中"不偏不倚"地观察文学史，他必然以自身的主观经验和立场介入文学史，形成新的阐释，可以说，读者（包括文学史家）的主体性构成文学史新的组成部分。从一代代读者的历史经验考察，文学史实际上就是一部部文学作品的接受

[1] 夏中义.别、车、杜在当代中国的命运［J］.上海文论，1988（5）.

[2] Jauss, Hans Robert. Literary History as a Challenge to Literary Theory［J］.New Literary History，1970，2（1）.

史和阐释史，处于永不完结的“重写”之中，这是文学接受史的必然。姚斯因此坚信文学史是不同读者建构的“当代的存在”。有趣的是，1988年中国学者陈思和与王晓明也是从批判客观主义和凸显文学史家主体性的理路指明“重写文学史”的必然性，这就和姚斯不谋而合。他们断言：“从新文学史研究来看，它决非仅仅是单纯编年式‘史’的材料罗列，也包含了审美层次上对文学作品的阐发评判，渗入了批评家的主体性。”[1]那么，不管是普通读者还是以批评视角介入作品的文学史家，他们因为必然的主观差异，对文学作品的每一次阐释和评价都是“重评”或者“重写”。为了给“重写”找到更为充分的依据，参与1988—1989年讨论的另一位学者丁亚平在《重写与超越》[2]中也详细论证了文学史主体（研究者）在构建文学史时的主导作用。当然，中国学者之所以标举文学史家的主体性以至于有些矫枉过正，主要缘于中国学人比20世纪60年代的姚斯多一层历史语境和现实困境：中国学人急需冲破20世纪80年代以前受到“极左”思潮钳制而呈现为一体化集体性的文学史著述模式，这种模式严重窒息了研究者的思维个性，所以中国学者有的放矢地倡导“解放”文学史研究者的主体性，有利于形成重构文学史的理论支点和多元生态。

姚斯在考察中世纪文学时发现：经典作品往往“反”经典，一部新的作品要想获得成功，不能一味地迎合读者的期待视野，也不能简单地重复经典类型，而要在可接受的范围内变换、扩展和矫正旧有的期待视野和习惯的类型结构，所以，“伟大的作品远远超越其类型的惯例”。[3]巧合的是，中国学者蓝棣之在批判《子夜》模式时也认为经典作品会超越某一具体的期待水准而具有无限的阐释潜力。[4]蓝棣之提出了与姚斯的“期待视野”相似的“期待水准”这一概念。他暗示，经典作品超越某一“期待水准”并与之保持适度的审美距离，造成作品主题的不明确性，吸引读者探寻玩

[1] 陈思和，王晓明．主持人的话（关于重写文学史）［J］．上海文论，1988（4）．

[2] 丁亚平．重写与超越［J］．上海文论，1989（6）．

[3] ［德］姚斯，［美］霍拉勃．接受美学与接受理论［M］．周宁，金元浦，译．滕守尧，审校．沈阳：辽宁人民出版社，1987：119.

[4] 蓝棣之．一份高级形式的社会文件：重评《子夜》［J］．上海文论，1989（3）．

味，正是“距离”赋予了作品超越时代的艺术魅力和阐释潜力。这就和姚斯的“审美距离说”暗合。值得注意的是，另一位中国学者丁亚平在《重写与超越》中提出“期待视界”的概念，也与姚斯的“期待视野”概念相似。他认为“期待视界”源于文学史主体的历史性，它是“在历史与现实之间生成的，作为主动的、可塑的、易变的因素。具有积极的建构和消解作用”。每个文学史主体总是把文学史材料放在自己的“期待视界”中审视，即“置诸自己的参照系统、时代意识和价值体系的考量、体认、思索之中”。因此“期待视界”对建构文学史具有不可忽视的导向作用，这就与姚斯关于读者“期待视野”的建构功能相似。❶

最后，我们谈谈理解历史的当代性。“重写文学史”专栏主持人重视批评的“历史主义”，指明人们对历史（包括文学史）的理解具有不可避免的当下性和相对性。关于这个问题，西方思想界自克罗齐、柯林伍德、伽达默尔到姚斯多有深刻阐释。姚斯就曾借用柯林伍德的经典名言“历史什么也不是，只是在历史学家的大脑里，将过去重新制定一番而已”来论证文学作品是不同时代读者阅读经验中的“一种当代的存在”。陈思和与王晓明也抱有相似的历史观和文学史观。他们在为专栏辩护时指出，人们所知道的某段历史，都不过是先人或者我们对历史的一种记载、叙说和转述，不等于历史真相本身。因为这种不可超越的主观性，所以从学理上讲完全还原历史真相是不可能的。“因此，那些我们以为是客观历史的东西，实际上都只是前人对历史的主观理解，……实际上也只是前人的‘当代意识’而已。”❷既然理解历史必然具有当下性，那么我们站在今天的视角恰当地运用时间距离，摆脱文学作品产生时代的具体限制，反而可以获得一个相对客观的参照系，就有可能实现文学史理解的历史性和当下性的统一。综观对于“当下性”的两种相似理解，如果说姚斯的观点源于一种欧洲的思想传统的话，那么，中国学者则力图破除固有传统而独立思考，最终在激烈的争辩中迸发出思想的火花，为“重写文学史”找到了一定的理

❶ 丁亚平．重写与超越［J］．上海文论，1989（6）．

❷ 陈思和，王晓明．关于“重写文学史”专栏的对话［J］．上海文论，1989（6）．

论根据。

从批判客观主义（实证主义）到研讨“当代性”，中国学者在两场“重写文学史”的讨论中没有引用德国接受美学的理论而独立自觉地运用接受视角研究文学史，具有明显的“先锋”意识，虽然零散细碎，但是它也为我们冲破思想樊篱吸纳接受美学奠定了良好的基础。

第二节　接受美学与广义的“重写文学史”

一、接受美学和广义的“重写文学史”的关联

在本选题研究中，笔者主要是从广义角度将“重写文学史”理解为一股学术思潮。从广义的角度看，“重写文学史”是20世纪80年代以来中国文学界和思想界一股强大的学术思潮，是对“文革”中武断粗暴的“极左”文学观念的一种反拨。它不仅涉及新时期文学研究界对现当代文学史的重估，而且包括新时期尤其是1988年“重写文学史”口号提出以来中国学者对古代文学史、近代文学史的一系列“重写”，还包括中国学者在“重写”口号感召下对文学史理论的深入研讨。这就远远超出了两次“重写文学史”大讨论的成果，涉及整个文学观念和学术生态的重大变革。从更深层的文化心理看，“重写文学史”还折射出中国的文学史研究者一种破旧立新的理性精神和兼容并蓄的开放姿态。它饱含了文化转型时期的中国学者冲破旧规的学术冲动和思想激情，体现了他们在文学意识、学科意识和学术环境等方面的独立诉求。在“重写”的理论思考和书写实践中，他们力图回溯中国知识分子独立自由的精神谱系，扬弃传统，引进西学，自觉更新文学史观念，重铸文学审美话语用以消解政治意识形态的钳制；他们倡导当代性和历史性的统一，以便破除客观主义和实证主义的迷误；

推动力和不可或缺的外部环境，政治和经济视角也是书写文学史的重要维度，这本无可厚非，但是，20 世纪 50 年代到 70 年代末 80 年代初的中国文学史模式却将政治和经济因素绝对化，定其于一尊，排斥其他的文学史建构要素，这就使文学史模式陷入了独断论的误区。

（2）集体化、格式化写作模式淹没了文学史家的主体性和创造性。和第一个特点紧密相关，20 世纪 50 年代到 70 年代末期，在一个接一个批判运动形成的政治高压下，文学研究者的主体性被严重扭曲异化。20 世纪三四十年代文学史著述中个性化、独立性的风格逐渐被集体化、格式化写作模式取代。一个突出的例子就是刘大杰的《中国文学发展史》经历了多次修改。总括起来，这 30 年文学史著述的集体化、格式化模式主要表现在：①私家撰写的文学史几乎销声匿迹，绝大多数都是名家挂帅的集体班底写作，从指导思想到编写方法逐渐统一；②严格按照朝代更迭和重大政治历史事件为标准划分文学史，文学审美形式的发展轨迹被忽视；③文学史章节内部板块化，大致都是套用“历史背景—作家履历—思想内容—艺术形式”四大板块结构模式；④作家作品成为文学史阐释的重心，忽视读者接受活动对文学史建构的意义。同时，文学史对作家作品的评价形成两大参照系统：一是政治斗争编年史的参照系统，一是作家政治履历参照系统。[1]

（三）文学史理论和文学史书写上的新成果

以上谈了广义的“重写文学史”要“破”的对象，那么“立”表现在哪里呢？

笔者认为主要表现在两个方面。一是文学史理论上的突破创新。比如朱立元、马以鑫等一批学者借鉴西方接受美学形成的中国化文学接受史观；骆玉明倡导的以人性的发展为核心价值的文学史观念；许总、韩经太主张建立基于文学本体的文学史；林继中提出“文化建构文学史”的

[1] 关于文学史参照系统，参看：刘再复．文学研究应以人为思维中心［N］．文汇报，1985-07-08.

主张。二是文学史书写上的实绩。“重写文学史”口号提出之后，许多学者潜心钻研，锐意创新，一系列具有新理念、新面貌的文学史著作涌现出来。整体文学史的代表有：章培恒、骆玉明主编的三卷本《中国文学史》，袁行霈主编、近三十位撰写者合作完成的《中国文学史》，钱理群等合写的《中国现代文学三十年》，朱德发的专著《二十世纪中国文学流派论纲》，谢冕主编的《百年中国文学总系》，陈思和的《中国当代文学史教程》，洪子诚的《中国当代文学史》等。断代文学史的例子有：王钟陵的《中国中古诗歌史》、林继中的《文化建构文学史纲（中唐—北宋）》等。当然，其中接受美学研究者在文学史撰写实践上的成果也相当突出，他们用事实证明了接受美学对“重写文学史”的历史价值。比如，刘宏彬的《〈红楼梦〉接受美学论》、高中甫的《歌德接受史（1773—1945）》、王卫平的《接受美学与中国现代文学》、陈文忠的《中国古典诗歌接受史研究》、马以鑫的《中国现代文学接受史》、尚学锋等的《中国古典文学接受史》、李剑锋的《元前陶渊明接受史》。还有一大批以中国古代作品作家的接受史为选题的专著和博士学位论文。接受文学史或者效果文学史模式逐渐成为“重写”话语体系中一支不可忽视的力量。下文中笔者要专门论述。

第四章　文学史范式的转向之一：从政治到审美和历史的统一

第一节　接受美学和当代中国的“重写”话语体系

从上一章的分析可知，德国接受美学思想和狭义的“重写文学史”（讨论）没有直接关联，但是陈思和、王晓明、丁亚平、蓝棣之等学者在批判客观主义（实证主义）、研讨“当代性”等问题上表现了自觉的文学接受史观，与姚斯的接受美学暗合。这就说明源发于德国的接受美学思想和它“旅行”并扎根的中国当代文论语境之间存在“异质融合”的可能性。狭义的“重写文学史”为中国学者冲破旧的文学史观念、引进接受美学打下了良好的思想基础。20世纪80年代以来，中国学者在广义的“重写文学史”学术浪潮中敏锐地侦测到接受美学对更新文学史书写理念和范式的价值。有学者指出：“当中国传统的文学史撰写因缺少生机而面临困境时，接受美学的引进打破‘撰写’循环的传统成规而为‘重构文学史’指示了新方向。”[1]有的学者则具体指明姚斯的理论有助于学界“在作者、作品和读者的三维结构中构建美学与历史相互交融的文学史”。[2]在“鉴定”了姚

[1] 朱丽霞．清代辛稼轩接受史［M］．济南：齐鲁书社，2005：1.

[2] 陈祖君．重温姚斯与20世纪中国文学史的重写［J］．学理论，2009（10）.

斯理论的价值之后，中国学者努力从文学史理论和书写实践两个方面移植并扬弃德国接受美学思想，结合中国的文学传统和文学研究现状，逐步形成中国化的接受文学史或者效果文学史范式。姚斯理论本身，在学界的历史语境中出现适应性变异之后，也日益“中国化”。从 20 世纪 80 年代以来的一系列文学史成果来看，文学接受史范式已经成为当代中国“重写”话语体系中一支不容忽视的力量。

接受美学的文学史观主要体现在姚斯的文学接受史（效果史）构想中，前文第一编已有详论，概括来说就是三点：（1）文学活动中读者具有主体地位，读者对文学存在具有本体论意义。一部作品的意义和价值不是客观地存在于作品之中，而是产生于一代代读者阅读经验的历史交流之中。（2）建构以读者阅读接受为中心的文学效果史或文学接受史。文学史既可以视为不同时代读者对文学作品的接受史，也可以看作文学作品在不同“期待视野”中产生影响和效果的历史。（3）文学接受史就是“期待视野”在新旧交替更迭中不断客观化的历史。对于如何具体完成这一构想，姚斯提出了三点建议：一是考察文学作品在不同时代读者接受视野中的历时性和它在同类型作品系列中的历时性；二是考察文学作品在同一时代与其他类型的作品相存共处的共时性；三是考察文学类别史和整个社会历史的关系。在三个方面的考察中，作为接受者的文学史家不能局外中立，他的历史经验和主观倾向也要纳入文学接受史中。

姚斯的理论正逢其时，它对文学历史性和审美性的双重珍视，它对读者和研究者主体性的钟爱，正合 20 世纪 80 年代中国的精神气候。在中国学者问题意识的“催化”之下，姚斯的理论逐步介入中国广义的文学史“重写”话语建设中。由上一章的论述可知，从 20 世纪 50 年代到 80 年代初期，中国的文学史研究有一套固有的范式，这种范式以政治意识形态为轴线，放大文学的政治历史功能，推行庸俗社会学的叙史方法和集体化、格式化的写作模式，遮蔽了文学的审美性和独立性，湮灭了文学史家的主体性。20 世纪 80 年代以来有志于“重写文学史”的学者们借鉴姚斯理论来革除文学史原有范式的弊端，形成了中国化的文学接受史（效果史）范式，这一范式针对旧有文学史格局实现了两大转向：一是由政治标准凌驾于艺术（审美）标准的文学史范式逐渐转向审美和历史统一的文学史范式，其中读者的接受活动发挥关键的调节作用。二是由作家作品为重心的文学史阐释体系转向以文本和读者的交流关系为重心的文学史阐释体系。文学史理论是中国文论一个重要组成部分，文学史范式的转变同时也反映了中国当代文论话语由工具论向自主化和审美性的转变，文论开始摆脱外在他律因素的过分束缚，回归文论的自律性。本章笔者从接受史视角重点探讨第一大转向现象及其原因和意义，第五章探讨第二大转向现象及其原因和意义。第一大转向主要呈现为以下几个子问题域：（1）“文学史悖论”和中国问题；（2）为文学接受史正名；（3）文学接受史范式中读者主体地位；（4）中国学者眼中的文学接受现象的民族特性。

第二节 “文学史悖论”和中国问题

美国学者马丁·P·汤普逊在《接受理论和历史含义的阐释》中指出姚斯的文学史理论“在强调文学‘文本’的历史真实的时候，又不舍弃作为‘文学’文本的艺术特征”。[1]文学史研究一直面临一个棘手的问题：文学的历史性和审美性（艺术性）之间的悖论。姚斯的理论思考正是从解决这一“文学史悖论”开始的。文学史研究如果注重文学的审美性（艺术性），那么文学的发展主要表现为风格、类型、体裁、手法等审美形式的继承、改造、超越和对立的演变过程，独立于一般的社会历史因素；但是文学又具有不可避免的历史性，文学作为一定时代的文化形态和精神形式，总是某个民族和地域文化群体主体精神的审美表达，它从内容和形式必然受到一般历史情境的影响，这是文学发展的一个二律背反。面对这一悖论，文

[1] ［美］马丁·P·汤普逊. 接受理论和历史含义的阐释［A］// 陈启能，倪为国. 书写历史（第一辑）. 上海：上海三联书店，2003：184.

学史研究中研究者偏执于文学的审美性或者历史性都会以偏概全，丧失对文学及其发展的全面把握。姚斯敏锐地发现，欧美学界流行的形式主义和庸俗化的马克思主义之所以抱住文学审美之维和历史之维不放，各执一端，缘于他们只看到文学可以归于生产美学或者形式美学的圈层，而姚斯认为文学还可以属于接受美学，文学还有一个我们熟悉却不重视的接受影响之维。正是这一维面，紧密连接文学的审美特征和社会历史功能。姚斯坚信，如果文学史研究重视接受之维和读者主体地位，通过文学接受史的方法我们将有可能调节文学的美学性与历史性的对立。因为："文学与读者的关系有美学的也有历史的内涵。美学蕴涵存在于这一事实之中：一部作品被读者首次接受，包括同已经阅读过的作品进行比较，比较中就包含着对作品审美价值的一种检验。其中明显的历史蕴涵是：第一个读者的理解将在一代又一代的接受之链上被充实和丰富，一部作品的历史意义就是在这过程中得以确定，它的审美价值也是在这过程中得以证实。"❶这样，读者的阅读接受既连接文学作品审美自律的一端，又受历史他律的制约，从接受史角度研究文学，可以调和审美和历史的裂隙，在读者接受的历史进程之中把握文学的真实存在形态。这样，一切文学研究都不再是静态分析而富有接受史的性质。在接受美学看来，文学研究就是文学接受史研究。

在理论的源发语境中，姚斯的文学接受史观较为成功地解决了"文学史悖论"。那么姚斯"旅行"到中国文艺学视域中，他会给中国文学史研究带来新的东西吗？中国接受美学研究的先行者朱立元、杨明在《接受美学与中国文学史研究》一文中指出姚斯理论将文学的美学思考和历史思考统一于一体，这对纠正20世纪50年代以来文学史研究中偏向政治历史极的庸俗社会学不无裨益。❷确实，从20世纪50年代到20世纪80年代初期主导我国文学史研究的旧范式，严重偏向文学的历史极，片面夸大文学的社会历史功能，实际上是取消文学固有的独立地位和自由精神。文学最

---

❶ ［德］姚斯，［美］霍拉勃．接受美学与接受理论［M］．周宁，金元浦，译．滕守尧，审校．沈阳：辽宁人民出版社，1987：24–25．

❷ 朱立元，杨明．接受美学与中国文学史研究［J］．文学评论，1988（4）．

终沦为政治意识形态的附庸和宣传工具，它必然服从于现实政治形势和政治观念的需要。在这种文学工具论和文学意识形态化批评范式的钳制下，文学史评价体系必然是政治标准凌驾于艺术（审美）标准，文学史方法也是庸俗社会学套路，文学史很容易写成阶级斗争史或者思想政治史。不言而喻，这种旧的范式已经严重阻碍中国文学史研究的健康发展。作为对旧有文学史范式的激烈反拨，20 世纪 80 年代中国文学史研究出现纯审美话语，走向另一个极端。这种纯审美话语主张文学具有毫不依附政治、历史、伦理和经济的独立地位；突出文学的超功利性和自由本性；强调文学审美艺术形式具有自足的存在状态和发展轨迹。❶旧文学史范式固执于文学历史极而新审美话语却钟情于文学审美极，孰是孰非？姚斯在德国文学界遇到的“文学史悖论”和困境在 20 年后的中国戏剧化地再现。可喜的是，中国学者获得了一个有力的“阿基米德支点”，他们在姚斯解决“文学史悖论”的睿智和勇气中受到了莫大的启发。当他们检视了姚斯接受史的问题视域之后，针对中国文学史新旧转换的历史拐点，坚定地指出：“从读者接受的角度来研究文学现象，就可以把文学的审美自主性与其历史依存性更好地统一起来，更利于全面地、辩证地把握文学艺术的本质。”❷

当然，并不是所有的中国学者都举双手赞成姚斯的文学接受史范式对于中国问题的理论效用。比如，钱中文在《文学原理：发展论》中一方面肯定姚斯的文学史观念独有的特点和贡献，指明姚斯倡导的“读者的文学接受史，它无疑扩大了原有文学史的理解”，但是他又批评姚斯的文学史观念是“侧重主观精神的历史相对主义理论”，建立在极不稳定的基础之上，缺乏一个能够涵盖文学整体的文学理论轴心。最后钱中文质疑包括接受美学在内的读者反应批评对总体文学史撰写的价值。❸与钱中文相比，朱立元对文学接受史范式的“应用前景”较为乐观。他认为姚斯把文学的

❶ 关于这种纯审美话语的内涵，参见：姜文振．中国文学理论现代性问题研究［M］．北京：人民文学出版社，2005：63.

❷ 陈福升．柳永、周邦彦词接受史研究［D］．上海：华东师范大学，2004.

❸ 钱中文．文学原理：发展论［M］．北京：社会科学文献出版社，1989：390.

审美性和历史性统一就避免了庸俗社会学偏执地抓住文学的历史属性和社会功能不放，避免把文学和文学史都紧紧捆在现实政治的马车上，为中国新的文学史写作找到一个坚实的支点。至于文学接受史在中国的具体应用，他坚称在中国文学史“重写”建构中引入姚斯的接受美学文学史观，总体上是合理可行的，而且对具体的操作应用抱有乐观支持的态度。[1]还有一些学者如张冬梅[2]和温潘亚[3]也肯定了姚斯理论作为文学史研究的新范式，对于中国文学史“重写”的全新价值和革命意义。

第三节　为文学接受史正名

姚斯提出以接受美学或者影响美学为基础建立文学接受史的理论框架，调节文学的历史极和审美极之间的矛盾，启发了中国学界在面临“文学史悖论”时积极实现新旧范式的转变。但是，历史和审美统一的文学接受史具体是怎样一个面貌呢？中国的文学接受史如何具体操作，研究对象、研究方法和研究步骤怎样界定？姚斯那里找不到现成的答案，他没有清晰地界定文学接受史（效果史）的具体内涵，而且到目前为止，西方学界也还没有出现一部完整的文学接受史，中国学者没有一个可资借鉴的典范。在这样的情况下，富有开拓精神的中国学人，为文学接受史正名，立意于“重构”，从中国传统学术研究领域中推陈出新，考辨剖析，犁出一片文学接受史的“新田地”，并切实发展了姚斯的接受美学。从宏观上讲，中国学者在30年的理论探索和书写实践中逐步形成了自觉的文学接受史意识，他们明确将文学接受史（效果史）与中国传统意义上的文学研究史、文学批评史、学术史区别开来。前者聚焦读者（包括普通读者）对

---

[1] 朱立元．接受美学［M］．上海：上海人民出版社，1989：328.

[2] 张冬梅．推倒文学的围墙——论姚斯的接受文学史观［J］．学术交流，2005（8）.

[3] 温潘亚．在期待视野的融合中透视文学的效果史——接受美学文学史模式研究［J］．河北学刊，2006（4）.

具体作家作品的阅读审美反应，考察历时性的审美经验是研究重心。后三者都偏重对文学现象、概念、范畴、命题的抽象性研究，关于具体作家作品的批评阐释不是研究重点。总体来说，后三者是对文学审美经验的超越和提炼。显然，文学接受史（效果史）的研究是新的理论增长点，而后三者在我国传统学术领域中早已取得了丰硕的成果。笔者注意到，虽然都看重读者接受之维和阅读审美经验，但是中国学者对文学接受史的具体界定却有细微差别，其中四种"文学接受史"的界说具有代表性和影响力，在"重写文学史"的书写格局中占据重要位置。试分析如下。

一、朱立元在"三合一"的总体文学史构想中区别文学接受史（效果史）和批评史，将接受史视为民族审美经验的演变史，体现了文学作为审美形态和历史形态在读者接受历程中的辩证统一

针对古代文学史的旧格局，朱立元在1989年率先提出总体文学史的构想：即由文学史、效果史（接受史）、批评史三元构成总体文学史。文学史就是传统意义上的作家作品史，其中会涉及读者的阅读反应。效果史（接受史）则主要研究读者对作家作品的审美反应经验史和接受观念流变史，既涉及作家作品，又连接某一时代的文学批评理论和文学思潮。而批评史则是对效果史（接受史）进一步的理论整合和抽象归纳，主要研究古代文论范畴、命题、批评方式的发生发展史。这三元结构中，批评史为效果史（接受史）支起宏观理论架构。因为批评家的理论概括离不开读者群体审美阅读经验的积累和审美风尚浸润，这样效果史（接受史）就对批评史产生一定的制衡。效果史（接受史）地位特殊，它既联通文学史又影响批评史，发挥桥梁和纽带的作用。[1]朱立元在传统的古代文学史（作家作品史）和古代文学批评史之外，引入文学接受史这一新的内容，把它视为文学史和批评史之间的桥梁和枢纽，三个"史"之间互为犄角，连接渗

[1] 关于三元结构的阐释，参见：朱立元，接受美学［M］. 上海：上海人民出版社，1989：361–362.

透，形成一个有机统一体，这一新构想无疑有助于弥合文学史和批评史之间的脱节。朱立元不仅看到了三大“史”之间的联系，而且清醒地意识到它们之间的区别。接受史（效果史）和文学史（作家作品史）之间的区别比较明显，而接受史（效果史）和批评史则容易混淆。在朱立元看来，接受史（效果史）关心的是读者对具体作家作品的批评阐释等接受反应活动，而批评史关注的是中国古代文论发展史上出现的批评范畴、命题、方法和美学观念、理想、标准等，探究其中的规律和特征。这是对具体化的接受史（效果史）的提炼和总结。所以他说：“一般来说，批评史的理论层次更高一些，在某种程度上它是在‘效果史’基础上的进一步理论概括。”[1]这样，我们撰写古代文学接受史就必须在联系中把握接受史和批评史：前者紧扣所有读者对具体作家作品的阅读反应活动，贯穿着民族审美经验和时代审美风尚；后者则紧扣批评阐释文本中的概念、命题、范畴、方法，试图展现中国古代文学理论批评体系的发展历史和内在规律。前者是后者的基础和前提，后者是前者的延伸和深化。朱立元创设文学接受史，把它看成文学史和批评史之间的纽带。效果史（接受史）以读者历史性的审美阅读经验为基础，用反应模式介入具体作家作品的文学史，用反馈模式反应批评史的发展趋势和内在规律。效果史（接受史）中历代读者的文学审美经验和艺术感知可以融会零散的作家作品流传史和抽象的文学批评理论发育史。三个“史”之间互为支撑，勾连互渗，捏合成一个有机统一体，这一新构想当然有助于弥合批评史和文学史之间的裂隙。朱立元的“三合一”总体文学史构想补充了姚斯宏大理论创构的疏漏和短板，熔文学的审美属性和历史属性于一炉，初步探索了文学接受史范式“中国化”的道路。朱立元的理论构想很快得到学界的反应，他对文学接受史和批评史的判别首先不是在古代文学史研究中落地生根，而是被现当代文学史研究者所重视。王卫平在1994年出版的《接受美学与中国现代文学》一书中对“现代文学批评史和文学接受史（效果史）的区别”就化用了朱

---

[1] 朱立元．接受美学［M］．上海：上海人民出版社，1989：360-361.

立元构想。[1] 接着，尚学锋等在2000年出版的《中国古典文学接受史》中对“古代文学接受史与文学研究史”的区别同样沿用了朱立元的构想。到2002年，李剑锋在《元前陶渊明接受史》中与朱立元一样把接受史视为批评史的基础，而且论者还将整个接受史细化为五个历时形态：重点读者史、声名传播史、创作影响史、阐释评价史、视野史。论者通过对五个方面的考察全面透析陶渊明的元前接受史面貌，察知时代审美心理的具体变化。他依托陶渊明接受史的细致爬梳，准确界定和把握诸如“自然”“冲淡”等中国诗学批评术语的源流嬗变。所以，接受史研究对我国传统的批评史研究具有不可或缺的“铺垫”作用。不过朱立元沿用姚斯思路，将接受史和效果史视为相似的概念，使用时基本没有区别，但是多数中国学者却把接受史和效果史区别开来，将效果史看作接受史的一个部分。

二、陈文忠从“中国古典诗歌接受史”范畴出发，以历代诗话、词话等接受文本为基础，将文学活动中读者接受经验的审美性和接受经验的历史性（三大历史分支）统一起来。他从效果史、阐释史、影响史等三个互相联系的向度上考量文学接受史，将接受史界定为“接受者与作品的多元审美对话史”和“历代接受者的审美经验史”。他将接受史和“辨章学术，考镜源流”的学术史明确区别开来

陈祖君在《重温姚斯与20世纪中国文学史的重写》一文中曾说：“整个学界，只有朱立元对姚斯的效果文学史观作过深入的思考和新颖的构想，但朱作为一个文艺理论家的构想没有得到文学史家的反应。”[2] 笔者认为这一判定值得商榷。首先，如上文所述，朱立元的构想明显得到了学界的回应；其次，整个中国学界，除了朱立元，至少陈文忠、马以鑫、王卫平、尚学锋、高中甫等一大批学者都对姚斯的文学接受史观作过富有个性

[1] 王卫平.接受美学与中国现代文学［M］.长春：吉林教育出版社，1994：263.
[2] 陈祖君.重温姚斯与20世纪中国文学史的重写［J］.学理论，2009（10）.

的探索。比如，陈文忠的研究就值得注意，他依据中国古代文学史发展过程和研究方法的民族特点，划定文学接受史和学术史的界限，提出接受史的三元格局，并且陈文忠自己的接受史写作成功地运用了以上理论构想，树立了典范，在古代文学接受史研究领域引起很大反响。比较而言，朱立元和陈文忠对“文学接受史”的界定都重视文学审美经验和接受史的密切关联，但是陈文忠理解的接受史大于效果史，朱立元则基本上将接受史和效果史视为相似概念。朱立元的效果史范式实际上限于考察读者（批评家、作家）对作家作品的具体批评议论，而陈文忠的接受史“三大分支”还包括前后代作家作品之间的影响史研究。这样陈文忠就扩大了“文学接受史”的外延，有利于我们站在一个多元化的立场烛照整个古代文学史的全景。

陈文忠在1996年《文学评论》第5期上发表《中国古典诗歌接受史研究刍议》，倡导用接受史方法研究古典文学的新思路，引起众多学界同仁的共鸣。之后，他连续发表了《〈饮酒·其五〉阐释史与古代风格批评》《文学史体系的三元结构与多维形态》《从“影响的焦虑”到“批评的焦虑”——〈黄鹤楼〉〈凤凰台〉接受史比较研究》《接受史视野中的经典细读》《20年文学接受史研究回顾与思考》等论文，并出版两本专著：《中国古典诗歌接受史研究》（1998）和《文学美学与接受史研究》（2008）。20多年来，他较为系统地研究了古代文学接受史尤其是诗歌接受史的理论并付诸书写实践。总体来看，陈文忠对“文学接受史”的界定分为几个层面。（1）从演变过程看，文学接受史不是单向的作品评价，而是双向的对话过程：一是不同时代读者和杰出作品之间的审美性对话，二是文学史家和接受文本之间的反思性对话；（2）从参与主体看，文学接受史不只是批评家扮演独角戏，而是由普通读者、批评家和作家构成的多元接受群体共同参与；（3）从比较视角看，文学接受史与传统的学术史有不同的学术任务和文化功能。他认为这种区别主要表现在：“传统的经典学术史主要以创作活动为中心，除考察历代学者的价值评价，广泛涉及作品的本事考证、成书过程、版本源流以及作家的童年经验、文化学养、人生境遇等问题。接受史则以接受活动为中心，以多元对话中的审美经验为中心，集中考察历代读者的审美反应史、批评家的审美阐释史和艺术家的创作影响史，进而探寻审美观念和价值趋向的深层文化根源。”[1]传统的学术史要求学者放弃私见，还原事实真相，做不偏不倚的中立性研究，而接受史则需要学者在文献考据的基础上发挥自己的主体性，调节古今视野，充分地实现审美经验的沟通和交流，做参与性研究。这就要求文学接受史研究者将古典文献的考据功夫和现代学术眼光紧密结合起来。面对“接受文本”——保存在诗话、词话、文话、评点、选本、序跋、笔记和杂著等原始文献中的审美接受史料，研究者对文学接受史的考察主要包含前后联结的两个环节。一是从文献学角度整理考订接受文本。二是在前者的基础上从批评学的视角对接受历程进行现代阐释。中国古代文学体裁中，诗为大宗，诗歌无疑具有特殊重要的地位，而且古人留下了汗牛充栋的诗话、诗评，亟待整理研究。陈文忠的以上接受史构想首先就在古典诗歌接受史领域展开。在中国学界，他第一个全面界定“中国古典诗歌接受史”：“旨在借鉴接受美学的理论方法，以作为接受史料的历代诗话为学术基础，考察经典作品的接受史及其诗学意义。”[2]他最早提出古典诗歌接受史研究的三元格局：“以普通读者为主体的效果史研究；以诗评家为主体的阐释史研究；以诗人创作者为主体的影响史研究。”[3]其中，诗评家是理想读者，富有较高的艺术鉴赏能力和深邃的历史眼光，他们对作家作品的品评鉴赏和批评阐释往往发言精妙，字字珠玑，主导某个时代的审美风尚和经典作品的声誉显晦，所以阐释史是整个接受史的主体，阐释史研究也成为接受史研究的核心。这一点，陈文忠延续了文学接受史研究的一贯传统。接受美学家姚斯运用接受理论考察歌德和瓦莱里的《浮士德》主题，研究波德莱尔的抒情诗。他理论思考的主要依据就是颇具分量的批评家、哲学家的论断和他自己的阐释发挥。但是，陈文忠显然又改造补充了姚斯的接受史构想，尤其是明确

[1] 陈文忠．接受史视野中的经典细读［J］．江海学刊，2007（6）．关于接受史和学术史的区别，陈文忠在 2003 年的论文《20 年文学接受史研究回顾与思考》中已经明确提出。

[2] 陈文忠．中国古典诗歌接受史研究［M］．合肥：安徽大学出版社，1998：1.

[3] 陈文忠．中国古典诗歌接受史研究刍议［J］．文学评论，1996（5）.

和细化了读者类型。姚斯一直使用广义的读者或者接受者概念，他所指的读者包括：普通读者、受前代作家影响“设计”自己作品的作家、文学史家和批评家。[1]遗憾的是，姚斯在阐述读者期待视野的历史变化，考察文学作品接受过程中的历时性和共时性关联，具体分析波德莱尔诗歌接受状况时，又明显忽略了读者类型，笼统处理读者或者接受者的社会学性质，将他们的阅读反应视为均匀一致的整体。这在当时就受到西德学者的批评：“耀斯（姚斯）缺乏一个关于读者类型的定义。”[2]中国学者陈文忠从姚斯理论停滞的地方出发，他提出古典诗歌接受史研究的三元格局，主要依据中国古代诗歌授受相随、诗话史料丰富等民族特点，考察不同社会层次和不同艺术品位的读者（接受者），细致科学地划分中国古代诗歌接受者为普通读者、诗评家和诗人三种类型，然后依据三种读者类型的接受特点演绎成效果史、阐释史、影响史这三种相对独立的接受史，并指明其中阐释史的主导地位，随着具体研究对象的差异，三种“史”的学术价值和历史地位也会升降沉浮。可以说，陈文忠的三元格局其实就是读者接受的类型学。这一划分既符合中国古代诗歌发展的实际，又弥补了姚斯理论的漏洞，给整个文学接受史研究增添了一种新的参照系。他将姚斯笼统的读者类型观点细化为明确的读者类型学，使接受美学在中国研究语境中发生适应性变异和发展，是接受美学中国化的理论典型。陈文忠区分为接受史和学术史，而且他的接受史三元格局将文学活动中读者接受经验的审美性和接受经验的历史性（三大历史分支）统一起来，提出建构“三元合一”的接受史构想。这一构想不仅适用于古代诗歌接受史研究，也对整个古代文学接受史的理论和实践不无裨益，引起古代文学研究界和文学理论界的双重青睐。比如，安徽师范大学文学院（陈文忠所在单位）的喻晓、闻钟在《21世纪红学新路径之一：〈红楼梦〉接受史研究》[3]一文中提出的红学研究

---

[1] ［德］姚斯，［美］霍拉勃．接受美学与接受理论［M］．周宁，金元浦，译．滕守尧，审校．沈阳：辽宁人民出版社，1987：24，42．

[2] ［德］格林．接受美学简介（《接受美学研究概论》摘要）［J］．罗悌伦，译．文艺理论研究，1985（2）．

[3] 喻晓，闻钟．21世纪红学新路径之一：《红楼梦》接受史研究［J］．红楼梦学刊，2000（3）．

新方法就直接借用了陈文忠关于效果史、阐释史、影响史的三元格局。王玫在博士论文《建安文学接受史》[1]中明言援用陈文忠的三元格局考察建安文学的效果史、阐释史和影响史；李春英在博士论文《宋元时期稼轩词接受研究》[2]中考察稼轩词的社会接受（以普通读者为对象）、创作接受（以创作者为对象）、理论接受（以评论者为对象），实际上也效法了陈文忠的三元格局，依据接受者的类型划分接受史的三个层面；高日晖、洪雁在专著《〈水浒传〉接受史》[3]中对陈文忠的三元格局略有改造，他们提出中国文学接受史的研究范畴主要包括两个方面和四项内容：阐释史（文学批评和大众理解）、影响史（作家影响史和作品影响史）。简单说来，他们把陈文忠三元格局中的效果史归并到阐释史和影响史中。陈文忠关于接受史和学术史的区分，廓清了接受史在传统学术研究中的独立地位和价值，有助于中国接受史研究水平的提高。受其影响，仲冬梅在博士论文《苏词接受史研究》[4]中自觉区别接受史和学术史；黄桂凤在博士论文《唐代杜诗接受研究》[5]中也明确区别学术研究史和接受史，她认为接受可分为一般性的接受与研究性的接受，所以，接受史和学术研究史往往有重叠的地方，但不可等同。接受史以读者阅读审美经验为中心，学术研究史则以学术论题的源流嬗变为中心。接受史是学术研究史的前提，学术研究史是接受史的延伸与深化。无独有偶，陈伟文和黄桂凤一样，在其博士论文《清代前中期黄庭坚诗接受史研究》[6]中将接受划分为一般性接受（审美性接受）和研究性接受（学术考证活动），主张以审美性接受为主、研究性接受为辅勾勒出清代前中期黄诗接受的全貌。

[1] 王玫．建安文学接受史［D］．福州：福建师范大学，2002.
[2] 李春英．宋元时期稼轩词接受研究［D］．济南：山东大学，2007.
[3] 高日晖，洪雁．《水浒传》接受史［M］．济南：齐鲁书社，2006.
[4] 仲冬梅．苏词接受史研究［D］．上海：华东师范大学，2003.
[5] 黄桂凤．唐代杜诗接受研究［D］．北京：北京师范大学，2006.
[6] 陈伟文．清代前中期黄庭坚诗接受史研究［D］．北京：北京师范大学，2007.

三、尚学锋等提出区别接受史的研究和关于作品影响的研究，王兆鹏、黄桂凤等提出传播和接受构成文学史研究不可或缺的维度，这些思考都进一步细化了姚斯接受史的内涵，彰显了接受史研究的独立地位和特殊价值

虽然很多接受史著作和论文按照陈文忠的构想，把作家作品之间的影响史列为文学接受史三大板块之一，但是细心的学者已经觉察到源于比较文学领域的影响研究和接受美学视野下的接受史（影响史）研究还是有区别的，需要辨析两者，才能在接受史研究范式内科学使用“影响史”概念。尚学锋等在《中国古典文学接受史》中指出：“文学接受史与文学史研究中关于作品影响的研究也有所不同。人们谈论一部作品对后代的影响，是立足于作品本身所取得的成就，……在这种研究视野中，作品与后代文学的关系基本上是单向的施受关系。而文学接受理论把本文看作一个生生不息的对象化产物，认为接受活动是读者对作品主动选择、具体再创造并重新发现其意义的过程。”[1] 黄桂凤在博士论文《唐代杜诗接受研究》[2]中也承袭了尚学锋的以上观点，但指明接受史和影响研究也有交叉地方，作品对后代影响的证据往往也就是它接受的证据。一部新的作品出现，从影响研究的角度看是前代作家风格对后代作家的沾溉，换一个视角，在接受史（影响史）意义上看则是后代作家对前代作家的创造性接受。总的来说，中国学者自觉意识到，接受史（影响史）和影响研究虽然有着千丝万缕的联系，但是两者之间有着质的区别。影响研究关注的是作家作品对后代文学或者别国作家的单向施受关系，而接受史（影响史）关注的则是作家作品和后世读者（包括作家）之间的双向交流关系。在接受美学视域中，不管是整体的接受史研究还是专门的影响史研究，都必须坚持从双向交流的视角考究前后代作家作品之间的关系。

王兆鹏在 1998 年发表了论文《传播与接受：文学史研究的另两个维

---

[1] 尚学锋，等 . 中国古典文学接受史［M］. 济南：山东教育出版社，2000：2.
[2] 黄桂凤 . 唐代杜诗接受研究［D］. 北京：北京师范大学，2006.

度》，重点探讨了接受与传播的关系，使接受和传播之维进入文学史研究的视野。王兆鹏在论文中指出，20 世纪的中国文学史研究专注于对作家作品进行定性分析和定位判断，这是一种静态的研究方式，而实际上作家作品的价值意义、地位影响随着传播和接受发生着动态的流变。比如，在唐代，题壁这种文学传播方式促成了白居易名满天下，而不善题壁的李白和杜甫则未能家喻户晓，可是在现代接受视野中，李杜无疑又比白居易声名更大。由此，他主张："文学史研究，应该由作家—作品的二维研究逐步转向作家—作品—传播—接受的四维研究。"❶ 与王兆鹏相呼应，黄桂凤在博士论文《唐代杜诗接受研究》❷ 中重点阐述了接受史中传播和接受紧密的关系。她认为传播方式和传播效果的差异直接制约和影响着文学接受的效果。反过来，文学的传播者往往也是文学的接受者，他对于传播什么样的文学有主动权和选择权，这样文学接受就制约文学传播的广度和深度。文学的传播和接受，互为条件，互相影响，共同决定作家作品在一定历史时期内的声名显晦。比如杜诗在杜甫生前"未见有知音"，接受范围有限，这和杜甫的人际交往范围造成的传播不畅有着直接关系。

四、高中甫提出作家接受史的资格问题，实际上指明只有经典作家作品才会存在真正意义上的接受史。中国近 20 年文学接受史的写作实践也表明，学者的接受史选题确实更多地眷顾了经典作家作品

高中甫在《歌德接受史（1773—1945）》引言中谈道："从理论上讲，对任何一个作家都可以写出一部接受史的，然而实际上却不是任何一个作家都有资格得到这样一份荣誉。它的条件有二：一是作家本人的生命力的长久，作品辐射力的强大，本文中潜能的量多……；二是社会本身的需要，是读者的共感和认同，这也是一种真正的历史意识的表现。"❸ 笔者认

❶ 王兆鹏．传播与接受：文学史研究的另两个维度［J］．江海学刊，1998（3）．

❷ 黄桂凤．唐代杜诗接受研究［D］．北京：北京师范大学，2006.

❸ 高中甫．歌德接受史（1773—1945）［M］．北京：社会科学文献出版社，1993：1.

为，论者将作家本人生命力的长久作为享受“独家接受史”殊荣的条件值得商榷，因为像拜伦、雪莱、贾谊、李商隐、徐志摩这样英年早逝的作家仍然有巨大的接受史研究价值。不过论者的主要观点值得肯定，确实是经典作家作品才会存在真正意义上的接受史，因为“经典”的艺术生命力和历史延续性远胜于一般作家作品，蕴藏着巨大的意义潜能，获得了历代读者强烈的共感和认同，满足了众多的社会需求，积累了相当丰富的接受反应材料。从研究者的视角看，具备这样的基础才有可能写出一部富含学术价值的接受史。高中甫关于经典作家作品接受史的观念不是孤立的，我们只要略微检视一下近20年来中国文学接受史选题就知晓：陶渊明、李白、杜甫、苏轼、辛弃疾、陆游等经典作家，《诗经》《楚辞》《红楼梦》《水浒传》《金瓶梅》等经典作品高频“出镜”，二流、三流作家作品的接受史选题相对较少。

以上关于“文学接受史”的四种不同理解及其运用，都在为中国化的文学接受史正名，使其具备独立的学科地位和独特的研究价值。他们没有照搬姚斯原有理论话语，而是力求在“中国语境”中改造和化用接受美学，使其发生适应中国文学实际和问题意识的变形，日益“本土化”。这些努力表明了中国学者创造性地发展姚斯接受史范式的理论锐气和务实精神，他们力图弥合中国面临的“文学史悖论”，以接受史范式重写文学史，实现文学的历史性和审美性的统一。那么，接受史如何具体操作呢？是不是中国学人立刻就能写出一部完整的古代文学接受史或者现当代文学接受史呢？这是学界在理论和实践层面都必须面对的问题。从接受史范式的源发语境看，姚斯的新构想本来是为了应对德国文学史研究的危机，可是这一构想刚刚萌芽，自身就面临不小的“危机”。20世纪六七十年代姚斯承受了来自东德和西德阵营的激烈批评，其中一个重要的质疑就是接受史范式的可操作性。东德学者毫不客气地指出，研究批评家和作家的期待视野尚可，但个别读者并不一定能代表集体的期待视野。要探究在古代和近现代各种类型读者的集体期待视野则困难重重，因为文献和证据稀少，搜集难度大，可操作性不强。[1]西德学者格里姆也表示了担忧，在当时，姚斯的接受史仅仅应用于分析“单个的现象”，“一部植根于接受史基础的文学史还没有撰写：要写出这样的文学史，尚须克服难以计数的障碍”。[2]其实，接受史范式引入中国文艺学研究中之后，中国学界同样也面临操作上的困难。王卫平在《接受美学与中国现代文学》中判断目前总体接受史写作条件不成熟：“由于接受美学要考察历时读者和共时读者对作品的复杂反应，批评和评价，这就要求研究者必须从过去的史料中搜集寻找大量的原始材科，这是一个庞大的工程……目前这方面的工作还相当薄弱。”[3]基于以上困难，中国学者在理论思考和撰史实践中逐步形成共识：中国文学接受史以考察读者的阅读反应为中心，联系文学的审美性和历史性两个维度，将接受史上升到整个民族审美经验史、观念演进史的高度，但是具体操作必须务实稳健，首先需要掌握翔实的接受文献，然后由点到面、由局部到整体，推进到总体的中国文学接受史。朱立元、陈文忠、王卫平、高日晖、洪雁等学者在理论上都主张不必也不能马上写出一部完整的中国文学接受史，而现阶段可行的办法是先在“点”上下功夫，围绕经典作家作品写接受史，然后上升到面：分类和断代的文学接受史，比如诗、词、曲、赋、散文、戏剧、小说等体裁的接受史，唐代文学接受史，宋代文学接受史，1917—1927年文学接受史等，最后才可能构筑总体的中国文学接受史大厦，这需要相当长的研究时间和众多学者的不懈努力。从近20年文学接受史的撰写实践看，中国学者大致遵循了这种“渐进式”的叙史思维。笔者初步考察1992—2010年的45部文学接受史著作，其中36部是作家作品接受史，占到总体的80%，可见绝大多数的接受史都集中在“点”的研究上，以致“作家作品接受史研究”成了博士论文选题和课题项目申报的一个热门。可是中国的经典作家作品又何止36个呢？所以，这个领域的接受史开拓空间还很大。至于断代和分类的接受史则只有6部，即陈文

[1] 刘小枫，选编．接受美学译文集［C］．北京：生活·读书·新知三联书店，1989：130-131.

[2] 刘小枫，选编．接受美学译文集［C］．北京：生活·读书·新知三联书店，1989：114.

[3] 王卫平．接受美学与中国现代文学［M］．长春：吉林教育出版社，1994：257-258.

忠的《中国古典诗歌接受史研究》(1998)、杨金梅的《宋词接受史研究》(2003)、陈伯海等的《唐诗学史稿》(2004)、周玉波的《明代民歌研究》(2005)、查清华的《明代唐诗接受史》(2006)、胡连胜的《敦煌变文传播研究》(2008)，这明显少于具体“作家作品接受史研究”著作。最后，严格意义上的总体接受史著作还未形成。现有的4部具有宏观视野的接受史各具特色：王卫平的《接受美学与中国现代文学》(1994)的贡献在于灵活运用接受视角考察鲁迅、茅盾、赵树理等现代经典作家的接受历程；马以鑫的《中国现代文学接受史》(1998)追踪了现代文学的三个十年中接受观念和读者意识的变迁史；尚学锋等撰写的《中国古典文学接受史》(2000)明确意识到“古典文学接受史”作为一门学科的独立性，著作具有厚重的历史感，作者尝试从历时性的角度探讨历代文学接受行为的发生、发展、演变的过程及其在各个不同阶段的特点。这部著作准确地说应该是中国古典文学“接受形态的演变史”，或者说“接受意识演变史”，这与作家作品的阅读反应为考察中心的总体文学接受史还是有明显区别。邬国平的《中国古代接受文学与理论》(2005)实际上偏向从个案窥探中国古代接受文学的总体特点及其理论背景。为此，他精细地探讨陶渊明、李白和杜甫的接受史，还详细梳理了自宋代理学到近代常州词派以来有代表性的接受文学理论和批评。总之，4部著作尤其是尚学锋等撰写的《中国古典文学接受史》(2000)积极探索了总体文学接受史的写作路数，成果颇丰，但是这些著作都没有全面考察作家作品的历代接受状况(这项工作一个人难以完成，必须集合众人的研究成果)，没有延伸到民族审美经验史的总体性考察和历史性剖析。学术研究是累积性的工作，因为具体作家作品接受史、文学断代接受史、文学分类接受史的撰写尚未完全成熟，所以总体的接受史缺乏稳固的基础，目前难以一蹴而就。

第四节 文学接受史范式中的读者主体地位

一、从接受理论看读者主体地位

在姚斯的接受史观中，读者及其接受活动紧密联系并调节着文学的历史属性和审美属性，读者成为整个接受史中的纽带。姚斯新的文学史范式与西方旧的文学观念的重大区别在于真正把读者视为文学活动的主体，认为读者对文学存在具有本体论意义。他说："在这个作者、作品和大众的三角形之中，大众并不是被动的部分，并不仅仅作为一种反应，相反，它自身就是历史的一个能动的构成。"[1] 姚斯甚至直言"文学作品从根本上讲注定是为接收者而创作的"。读者在文学活动中的主体性集中表现在他是文学史的能动构成，他不是作者创作意图和作品内在意蕴的被动接受者，而是作品意义产生和传递的最终主导者。作品的艺术生命并不取决于作者的主观精神，也不凝结在作品形式中，而必然依赖于历代读者阅读经验的连接和传承。作品的审美性在阅读历史中产生，至于作品的历史性，那么任何作品只有经过读者审美阅读经验的中介和转化过程才有可能发挥社会历史功能。作品并不直接与一般历史和社会现实发生关系。这样读者及其接受活动对于文学作品的存在形态来说就是不可或缺的本体成分。我们以为，这是文学研究观念对读者地位判定的重大突破。另一位接受美学家伊瑟尔与姚斯一样将读者推向文学主体的地位。他在《隐含读者》中探讨18世纪欧洲小说的对话形式时指出，小说不仅是传统意义上的作家审美经验

---

❶ [德]姚斯，[美]霍拉勃．接受美学与接受理论[M]．周宁，金元浦，译．滕守尧，审校．沈阳：辽宁人民出版社，1987：24.

的产物，而且是读者的审美经验参与文本建构的结果。他说“读者与作者相伴而行，一起发现人类所经验的现实”，而在分析萨克雷《名利场》的审美效果时，他甚至明言“正是读者的批评构成了作品中的现实”。[1]这就将读者的主体性和能动性推向极致。对此，中国学者李建盛在《理解事件与文本意义：文学诠释学》中评价说，接受美学以前的西方文论只是重视读者，“而真正把读者和接受作为一种历史性的概念来理解，则集中体现在以哲学诠释学为美学基础的接受理论中”。[2]对比中国的历史语境，20世纪50年代到80年代初期的文学史范式以工具论为圭臬，文学和文学史研究一同成为政治的附庸。中国历来就有“以意逆志”的传统，可是在工具论范式下作者的主体性尚且被归化为阶级成分和思想倾向，至于读者及其接受反应，在文学史格局中则处于更加边缘和附庸的地位，甚至付之阙如。在当时的文学史宏大叙事中，作品意义的产生和传承并不取决于读者的接受活动，而取决于政治意识形态的需要和判定。如果一定要说文学史中还有接受者，那么也是一种以政治标准判定作品的独断的接受者。鉴于这种情况，中国学者自20世纪80年代以来就发现姚斯的读者观念对于我们纠正旧的文学史范式和“重写文学史”的价值。马以鑫在《中国现代文学接受史》中指出姚斯的理论探索启发我们把处于附庸地位的普通读者放在和作家平等的位置考察，重塑文学史的面貌，这是一种“人学”精神的复归。他说：“尧（姚）斯倡导的‘读者接受史’‘作品接受史’‘效果史’等，正源于对人的作用和地位的重新评价。”[3]

二、从文学史写作实践看读者主体地位

从重写文学史的实践层面看，30多年来中国学者逐步形成的中国化接受史范式已经将读者从附庸地位推向主体性角色。早在1989年，朱立

---

❶ Wolfgang Iser. The Implied Reader: Patterns of Communication in Prose Fiction from Bunyan to Beckett［M］. Baltimore and London: Johns Hopkins University Press，1978：102，113.

❷ 李建盛. 理解事件与文本意义：文学诠释学［M］. 上海：上海译文出版社，2002：231.

❸ 马以鑫. 中国现代文学接受史［M］. 上海：华东师范大学出版社，1998：8.

元、杨明在论文《试论接受美学对中国文学史研究的启示》中就尝试从读者接受的视角阐发作品的意义、说明作品的价值、解释某一文学现象文学流派或运动兴废的原因。他们举例探讨：古今读者对元白讽喻诗的迥异态度、玄言诗遭遇的热捧和冷遇、汉大赋与汉朝贵族及文人的喜好、南朝宫体诗与时人的审美趣味、盛唐气象与唐人对明朗劲健风格的追求等文学史个案，印证了读者“是一种创造历史的力量”。❶ 当然这都是简略分析，但是论者的尝试却往往得出精妙合理的结论，显示了以读者为主体性角色重构文学史的学术价值。如果说朱立元、杨明的研究还限于粗线条勾勒的话，那么，20 世纪 90 年代以来王卫平、马以鑫、杨新敏、黄桂凤的研究则是细致的接受史书写，借此将读者推向文学史的“前台”。王卫平坚信从读者接受之维编写现代文学史的构想将是一个全新的视角。他在《接受美学与中国现代文学》这部著作中从读者接受视角具体考察了中国现代文学史上 8 位作家及其作品的毁誉沉浮，尤其是关于赵树理创作和农民读者关系的分析，凸显了读者在接受史建构中的主体性地位。赵树理研究专家戴光中曾在“重写文学史”讨论中发表《关于“赵树理方向”的再认识》，批评赵树理创作的两大缺陷：“问题小说论”和“民间文学正统论”，指出后一缺陷尤其严重。他认为赵树理过分迁就农民欣赏习惯，“站在中国农民较低的审美层次上，力图维护和发扬农民的传统审美方式”。赵树理夸大民间文化传统的地位，拒斥“五四”新文学和西方文化，“反映出赵树理内心强烈的农民意识和艺术上的民族保守性”。❷ 而后郑波光在《接受美学与赵树理方向——赵树理艺术迁就的悲剧》中更加明确地指出赵树理简单化的艺术形式是“艺术迁就的悲剧”。❸ 与之对应，王卫平则肯定了赵树理“艺术迁就”的积极意义。他认为，无可置疑的是，在一定的历史时期内赵树理创造出了真正让农民喜闻乐见的小说，我们不能因为这些小说在今天读来不合胃口就一概否定它在当时的接受效果。可以说，在现当

❶ 朱立元，杨明．试论接受美学对中国文学史研究的启示［J］．复旦学报·社会科学版，1989（4）．

❷ 戴光中．关于“赵树理方向”的再认识［J］．上海文论，1988（4）．

❸ 郑波光．接受美学与赵树理方向——赵树理艺术迁就的悲剧［J］．批评家，1989（3）．

代文学接受史上，赵树理及其作品是成功的。王卫平发现，在现当代作家中，赵树理维护农民读者的阅读习惯恰恰说明他最具读者意识。他“为农民想”“为农民写”，农民读者在他心目中具有举足轻重的地位，农民读者的需求是他创作的驱动力，农民读者的喜好和趣味决定了他小说的题材内容和艺术风貌。反过来，农民读者的接受和传唱又使他的作品艺术价值得以显现，作品的艺术生命得以从解放区流布到全中国，大大提升了赵树理的声誉和影响力。所以王卫平总结说：“没有读者就没有现在的赵树理。”❶可以说，赵树理是农民读者捧红的一位作家。赵树理和农民大众的这种良性互动关系，启发了当代的通俗文学创作，显现了赵树理坚持通俗化、大众化方向具有的时代意义。笔者认为，关于赵树理创作的这段公案孰是孰非，不好简单判断，但是王卫平针对“重写文学史”讨论的再度“重写”却给学界启示：如果把读者推向文学史的主体地位，文学史研究将获得一个新的理论支点，研究者将更加全面地透析一些颇具争议的文学史现象。沿着这样一种接受史思维，王卫平为当代话剧艺术的困境“号脉”，他提出话剧要在了解观众、适应观众的基础上强化艺术家的主体意识与创造精神，与观众建立起一种和谐的适应关系以求发展。❷与王卫平的“重写”思路相似，马以鑫在《接受美学新论》中对既往文学史不提或者一笔带过鸳鸯蝴蝶派不满，因为从当时读者的接受实况看，鸳鸯蝴蝶派必然占据文学史的一席之地。同样，如果我们认清了读者的主体地位，那么新时期纪实文学和通俗文学的繁荣现象就很好理解，它们无非是顺应了读者群体对历史真相好奇（“文革”结束之后显得特别明显）和对娱乐消遣的需求。❸马以鑫的另一部力作《中国现代文学接受史》（1998）与王卫平《接受美学与中国现代文学》（1994）选题相似但重点不同，后者侧重对现代经典作家作品接受史个案的考察，前者则侧重宏观鸟瞰现代文学30年里文学接受意识和接受者地位的变化。马以鑫的《中国现代文学接受史》不走传统文学史写法的套路，不再围着作家作品绕圈子，转而以某个时期读者的文学

❶ 王卫平. 接受美学与中国现代文学［M］. 长春：吉林教育出版社，1994：238.
❷ 王卫平. 接受美学与中国现代文学［M］. 长春：吉林教育出版社，1994：255.
❸ 参见：马以鑫. 接受美学新论［M］. 上海：学林出版社，1995：192-206.

接受和接受反馈的影响效果为核心考察整个现代文学的走向。这种新颖的叙史思路带来了新的成果。论者历时性地梳理现代文学30年里《新青年》《开明》《现代》《文学》等著名文学期刊的读者反应状况和“为人生”“为艺术”“文艺大众化”“工农兵方向”等文学口号、论争、思潮中的读者意识。笔者认为，马以鑫的最大贡献在于用“启蒙”“正视”“主导”三个关键词精彩地概括了现代文学三个十年中作家和读者之间接受关系所呈现的时代特征，增强了我们以接受之维俯瞰整个文学史的可能性和自信心。在现当代文学接受史研究中，杨新敏的观点更为大胆。他在《接受美学与中国现代文学研究》一文中分析了曹禺《原野》起初遭遇的冷场、张恨水通俗小说的走俏，比较了同样受法国象征主义影响的李金发与戴望舒这两位诗人各自作品的接受情况，以此凸显读者大众在中国现代文学发展中的重要作用。论者大胆断言“从某种意义上说，中国现代文学的审美流变，正是在读者的制约下发生的”[1]。这实际上是主张把文学审美流变和读者经验联系起来构建中国现代文学史主线，把读者的主体性推向了极致。在古代文学接受史研究中，读者的主体性地位亦得到彰显。研究者取得了这样的共识：以往的古代文学史撰写中往往以现代研究者的价值观念和审美标准对作家作品进行定性和定位，而实际上任何古代作家作品都需要经过历代读者的中介作用才能到达现代阅读视野。读者的历史选择、阐释和创造性接受决定了作家作品的价值和意义在不同时代的涨落变化。比如古人喜欢用选本形式树立文学典范，解读作品意蕴，发现作品价值，激发读者的再创作。实际上众多优秀的作品只有经过了各路选家的评点和选录才获得了流布于今日的生命力。[2]所以，所谓的经典不是原作者一人独创的，而是在历代读者的接受中逐渐经典化的。正如王兆鹏在《传播与接受：文学史研究的另两个维度》[3]一文中揭示的那样，陶渊明、李白、杜甫和陆游等现在看来是古代文学史上的一流诗人，但是他们在各自所处的时代甚至在死后

[1] 杨新敏．接受美学与中国现代文学研究［J］．中国现代文学研究丛刊，1997（1）．

[2] 关于选本的接受史内蕴，详见：樊宝英．选本批评与古人的文学史观念［J］．文学评论，2005（2）．

[3] 王兆鹏．传播与接受：文学史研究的另两个维度［J］．江海学刊，1998（3）．

相当长时间内并没有得到很高的评价，他们的声誉显晦取决于不同时代读者的褒贬毁誉。黄桂凤则在博士论文《唐代杜诗接受研究》[1]中通过翔实的材料厘清大历诗人、韩孟诗派、张籍、王建、李商隐、杜牧、皮日休、杜荀鹤等唐代诗人或者诗派对杜诗的接受，用事实证明杜甫生前杜诗接受范围和影响极为有限。从唐代中后期开始，杜诗才声誉日隆，最后在中国古典诗歌史上大放异彩，奉为圭臬。这和后代诗人创造性接受和阐释有着莫大的关联。可以说，杜诗不是杜甫个人的创作成果，而是无数评杜者和创造性接受者共同完成的伟大经典。

不得不承认，读者之维的引入，极大激活了我们的文学史思维，刷新了我们对文学现象的陈陋之见。

第五节　中国学者眼中的文学接受现象的民族特性

30多年来在新旧文学史范式转换时，中国学者辨明文学接受现象的民族特性，表达了建设中国化文学接受史范式的理论诉求。姚斯的接受史范式不是放之四海而皆准的规则，姚斯曾经谈起他理解的"审美经验"和中国文学接受传统中的"鉴赏力"之间的相似性，但是他马上意识到中西之间的差异："中国人认为美和个人的感受一样是无法表达的。而在欧洲传统中，人们则一再试图用艺术语言来表述这种难以形容的东西，并在此过程中逐渐发现个人的感受。"[2]虽然姚斯不谙中国文化，但是这番谈话至少从一个侧面反映了中国文学接受活动具有不同于西方的独特之处。姚斯在研究作家作品之间影响史时强调前后代作家以"问答逻辑"展开跨时空对话。他专门分析了歌德和瓦莱里《浮士德》之间的关联，它们之间的接受影响关系实际上是提问与回答之间、问题与解决之间的诠释关系。姚斯

---

[1] 黄桂凤．唐代杜诗接受研究［D］．北京：北京师范大学，2006.
[2] ［德］耀斯．审美经验与文学解释学［M］．顾建光，等译．上海：上海译文出版社，1997：3.

认为歌德的《浮士德》是对莱辛《浮士德博士悲剧》关于“知识实现人类幸福”问题的回答和解决。[1]而瓦莱里的《浮士德》又是对歌德《浮士德》问题新的回答和解决：“推出一种幸福理论：把人堕落的神话置于邪恶之中。”[2]可见，这些作家作品之间的接受影响关系是围绕哲学问题展开的问答对话，这是西方强大的理性思辨思维在文学接受活动中的反映。可以说，姚斯所谓的“问答逻辑”在中国古代作家作品影响史中也存在，只是问答对话的内容不尽相同。以中国古代诗歌影响史为例，陈文忠曾在《中国古典诗歌接受史研究》中详细分析张继《枫桥夜泊》的影响史，后代作家作品对《枫桥夜泊》的接受对话融形式和内容于一体，主要体现在三个方面：直接借用；意象扩展；意象凝缩。[3]《枫桥夜泊》的影响史个案很大程度上反映了中国古代文学作家作品影响史的一些普遍特征。如果说很多西方文学作家作品之间的影响传承因子负载着深邃的抽象哲思的话，那么很多中国古典作家作品之间的影响传承因子则包孕着丰富的实用理性和感性体验。作家作品和后世作家作品的接受关联更多体现在文学意象、创作手法、审美趣味等方面。在自觉认识到中西方文学接受现象存在差异的基础上，中国学者在30多年的文学接受史书写中逐步辨明了文学接受现象的民族特性。因为古代文学的发展和它的接受历程都具有相当厚重的时间积淀，呈现出较为稳定的特性，所以，他们谈的民族特性，主要体现在古代文学接受史中。集合中国学者的研究成果，我们可以发现，中国文学接受现象主要有如下几种民族特性。

（1）从接受文本看，中国古人的接受意识并不凝结在一个专门的文类中（不像西方的剧评、诗评、小说评论、文论和美学著作那样专门化和规范化），而散见于诗话、词话、文话、曲话、选本、评点、集注、集说等接受文本中。如果把接受前代作家影响而创作的作品也算在内，那么，接

[1] ［德］姚斯，［美］霍拉勃．接受美学与接受理论［M］．周宁，金元浦，译．滕守尧，审校．沈阳：辽宁人民出版社，1987：152，173.

[2] ［德］姚斯，［美］霍拉勃．接受美学与接受理论［M］．周宁，金元浦，译．滕守尧，审校．沈阳：辽宁人民出版社，1987：174.

[3] 陈文忠．中国古典诗歌接受史研究［M］．合肥：安徽大学出版社，1998：192-199.

受文本就具有相当的广泛性、零散性和丰富性。这些接受文本中蕴含着历代接受者研读、鉴赏、批评文学作品时的审美经验，是文学接受史研究的基础。其中自宋代以来的诗话、词话，是古代抒情文学主要的接受文本，体现了我们接受方式的民族特色，尤其是清代诗话、词话在思辨性和系统性方面胜于前代，值得关注。另外，陈文忠在《中国古典诗歌接受史研究》中强调指出，历代的论诗诗、诗歌选本以及大量的诗词纪事，尤其是“集注”“汇评”性的历代诗歌选本，集中反映了历代理想读者的阐释经验，是我们研究诗歌接受史的宝贵资料。[1]而评点无疑是中国古代小说最主要的也是最具民族特色的接受文本。高日晖、洪雁在《〈水浒传〉接受史》考察了自明代到清代，诸如余象斗、叶昼、金圣叹、王望如等人的《水浒传》评点。他们一致认为，评点是小说接受文本中最细致、最真切地表达读者接受意识的一种方式。这些理想读者的评点活动意义非同小可，“读者同时阅读小说本文和评点文字，形成了本文—评点—读者之间的三方交流互相影响，这是中国古代小说接受的特殊性”。[2]同样，宋华伟在博士论文《接受视野中的〈聊斋志异〉》[3]中的研究也表明，如果没有小说评点这一民族化接受文本的帮助，没有冯镇峦和但明伦的《聊斋志异》评点，那么这部作品就不可能由“合残丛小语”的稗官野史跃升为文学经典。当然，以上接受文本都具有审美性。有学者认为，读者的阅读反应和接受意识也可以出现在非审美性的接受文本中。比如，中国古代学人的考据笺疏和版本校订著作。王玫在《建安文学接受史》[4]中把它归为“以章句解诗”的批评范式。虽然这类考据类文本主要属于学术史和研究史范围，但是许多中国学者在接受史研究中也把它列入考察对象，因为其中细微的辨析和文字钩沉也包含着学者一些独到的接受意识。

（2）从接受阐释的语言表达看，中国古人的话语直观感性多于抽象思辨，细言碎语多于长篇大论，具有诗化语言的特点，饱含着接受者的切

---

[1] 陈文忠．中国古典诗歌接受史研究［M］．合肥：安徽大学出版社，1998：337-340.

[2] 高日晖，洪雁．《水浒传》接受史［M］．济南：齐鲁书社，2006：12.

[3] 宋华伟．接受视野中的《聊斋志异》［D］．济南：山东师范大学，2008.

[4] 王玫．建安文学接受史［D］．福州：福建师范大学，2002.

身体验，创作和接受往往高度统一。我们可以把这种话语称为“点悟批评”“直观神悟批评”或者“意象批评”。这与西方的文学接受者惯用系统性、逻辑性很强的语言表达自己的接受意识有着明显的区别。陈文忠、李剑锋、王玫等学者抱有大致相似的看法，即中国古代文学接受者强调并亲身实践熟读讽诵、反复涵咏、玩味义理的文学阅读方式，主张对作品“活参”而不可“死抠”。他们表达自己见解的最佳方式是微言大义、点到为止而不是鸿篇大论，善用感性的诗化语言直抒胸臆。当然，这种语言表达风格也使得文学接受文本流于随意和印象，缺乏系统性和逻辑性。同时，中国古人重视文学接受的体验性和鉴赏性，文学接受者往往具备优秀作家和优秀鉴赏家的双重身份。他们由丰富的创作经验生发“入味入理”的评鉴水平，由精深的批评经验来促发自身的艺术创造能力，文学创作和文学接受互相渗透。这点在古代诗歌史中表现得特别突出。正如陈文忠在《中国古典诗歌接受史研究刍议》中所说：“授受相随，历史悠久。诗歌创作和诗评诗话写作的双线并行、互为推进，是中国诗歌史的独特景观。”❶

（3）从接受的价值标准看，中国古代接受者对文品和人品的批评同一化，反映了中国文化鲜明的伦理道德取向。这与西方以审美形式为中心的风格批评有绝然差别。中国学者李剑锋、王玫、陈福升在各自的接受史选题研究中都发现，古代的文学接受者往往打破作者与作品之间的界限，将人物品评与作品鉴赏合二为一，实际上是对文品和人品的批评趋于同一化。比如，李剑锋在《元前陶渊明接受史》❷中发现后世对陶渊明作品的接受和对他人格的接受同等重要，以至于他在探讨陶渊明作品的效果史时不得不把陶渊明人格的效果史联系起来考察。陈福升在《柳永、周邦彦词接受史研究》❸中对柳永词、周邦彦词接受史的考察也印证了词的接受者信奉“词如其人、人如其词”的批评原则，将词品和人品联系起来鉴赏词。中国学者还进一步深挖“文品和人品批评同一化”的根源。他们发现这一文学接受标准尤其重视文学内容的纯正和作家道德情操的“纯正”。批

❶ 陈文忠．中国古典诗歌接受史研究刍议［J］．文学评论，1996（5）．

❷ 李剑锋．元前陶渊明接受史［M］．济南：齐鲁书社，2002.

❸ 陈福升．柳永、周邦彦词接受史研究［D］．上海：华东师范大学，2004.

评家有时甚至将伦理道德的标尺“凌驾”于审美标准之上，用伦理批评取代诗学批评。这一接受标准或者倾向深受具有伦理化色彩的儒家文化的影响。王玫关于“建安文学接受史”的研究表明，以儒家纲常观念为主导的中国文化动辄以道德的尺子评诗品人，形成了“以道德伦理评诗”的批评范式。以忠奸为标尺，判“三曹”之优劣，那么篡汉奸贼曹操的作品就受到他人品的牵连，在接受史上不断受到“冷遇”和指摘。同样，建安文学接受史上“抑丕扬植”的状况也是伦理道德取向所致。曹丕是政治斗争的胜利者，但是沾上了“残害兄弟”的道德污点，而曹植是政治斗争的失败者，受到兄长的多重迫害抑郁而终。接受者往往从道德上同情曹植、谴责曹丕，这种人格批评直接影响了后人公正地看待“二曹”作品艺术上的优劣。[1]中国学者清醒地意识到“文品和人品的批评同一化”这一接受标准的弊端。陈福升结合词的接受史指出：“过分地强调词品和人品的统一……以是否符合伦理道德标准为其接受的准则，从而使对词人和词作的评价，进入一种非审美的误区，进而影响到对作品之艺术成就作出客观的评价。”[2]在西方学术界，法国思想家布封提出“风格即人”，也将作品和个人联系起来，但是他强调的是作家作品里包含不同于他人风格特征的独特内核，并没有将作品审美形式的批评和道德伦理的评价混为一谈。

（4）从作家作品影响史看，仿作、和作、用典等文学接受行为普遍存在，成为中国古代作家作品影响史上的一大“亮点”。李剑锋通过对陶渊明接受史的研究发现，自南朝鲍照到北宋的苏轼延至元前，历代诗人热衷于拟陶、和陶，化用陶典、陶诗，形成一股潮流。不仅是陶渊明，其他杰出诗人的接受史上也发生过类似的现象。论者提醒我们不能简单地把这一接受现象判定为泥古不化、不求进取。因为，仿作、和作、用典虽然表现了崇古复古的文化心理，但其中亦有求新求变的因子。而且，这一现象对前代和后世作家造成双重有利影响：首先，从后世作家方面来看，模仿等是后世作家（同时也是接受者）汲取前代作家艺术精神和创作技巧的直接

---

❶ 王玫．建安文学接受史［D］．福州：福建师范大学，2002.

❷ 陈福升．柳永、周邦彦词接受史研究［D］．上海：华东师范大学，2004.

途径，也是他们形成个性化艺术风格的必经阶段。其次，从前代作家方面来看，作者及其作品的文坛影响和文学史地位在相当程度上受制于后世接受者的学习和模仿，因为后人的这种接受行为可以扩大前代作家作品的影响并凸显其经典价值。[1]可以说，如果没有苏轼大量创作拟陶、和陶、化用陶典的诗文，陶渊明及其作品不会在宋代地位骤升，达到“渊明文名，至宋而极”的显赫声誉。作为后代接受者，“老坡发明其妙，后学方渐知之”，以苏轼在宋代文坛的领袖地位和精深的鉴赏水平，他对陶渊明的模仿和推崇，自然是振臂一呼，应者云集。反过来，苏轼的创作尤其是乌台诗案之后的创作，正是在陶文陶诗的浸染之下达到“平淡自然，旷达超脱”的高妙境界。这是一个“双赢”的结果。

（5）从接受的传统看，受中国传统“信史”观念的影响，有些接受者抓住文学的历史属性，以史证诗，变诗评为史评，但往往偏离了文学的审美内核和虚构特质。中国古代有着成熟的叙史传统，有着严谨的信史观念，中国保留了比西方任何一个国家都要完整的历史记载系统。“不隐恶、不饰美”的历史意识渗透到中国文化的各个层面。正如王玫在《建安文学接受史》[2]中所阐发的那样，中国的“信史”观念在文学接受领域的主要表现就是“以史证诗”：接受者将作品内容和作家履历，与历史事实联系，以辨别真假，追求历史事实和作品内容的吻合。解诗者抱有浓厚的历史兴趣和猎奇心理，在诗文作品中寻找现实事件的影子，往往发展为附会穿凿。比如对《洛神赋》主题的解读。另一位学者陈文忠从分析《长恨歌》的曲折接受史中也看到了“信史”观念对文学接受活动的“干预”。他的研究昭示：《长恨歌》很长一段时间内遭到误解，一个重要的原因就是接受者把“安史之乱”这一历史事件和唐明皇的爱情故事这一文学事件混为一谈，把叙事长诗的虚构者白居易的创作态度和现实中的唐朝臣子的职责本分混为一谈。陈文忠逐条分析了两宋诸家的“史家”批评后说：“总之，在他们看来，《长恨歌》只是对‘唐明皇天宝时事’的‘纪录’；因此，对

[1] 李剑锋．元前陶渊明接受史［M］．济南：齐鲁书社，2002：431-432.

[2] 王玫．建安文学接受史［D］．福州：福建师范大学，2002.

诗旨作意的指摘和创作态度的抨击，往往‘以诗人为史臣，变诗评为史评’。”❶

从以上五点可以大致窥测到中国古代文学接受现象的民族特性。一定程度上说，这些特性与我们重视体验直觉、强调伦理道德、尊重先贤权威和坚守信史观念等民族文学传统直接相关。这些民族特点是中国古人形成独特的文学接受理论的前提和基础。这个问题在本书第三编中将重点讨论。当然，这些民族特性并不是绝对的，如果不加分析地将之套用到中国古代文学接受的任何现象上反而会得出错误的结论。

笔者认为，中国学者把握接受史书写对象的民族特性，对“重写文学史”的意义是明显的。

第一，抓住接受史书写对象的民族特性，避免削足适履直接套用接受美学的固有模式。坚持民族性才能立足自身实际，将西方理论范式引入“重写”话语体系中后方能落地生根，写出中国特色的文学接受史，促使接受史范式成为“重写”话语体系的成熟力量。

第二，抓住接受史书写对象的民族特性，总结出中国文学接受的特定规律和时代趋势，可以直接服务于中国文学批评史和中国诗学理论的研究，尤其有助于学界对古代接受诗学（理论）的认识和建构。后面这个问题在本书第三编中将重点讨论。笔者注意到，李剑锋的陶渊明接受史研究树立了典范。他的研究表明，中国文学批评和诗学理论中一些常用术语，如真古、旷远、平淡、豪放、自然、味、韵等的内涵，往往是在对陶渊明的接受中显示出来的。中国学人和诗人在陶渊明接受中对人品和文品的双重接受，对“模仿”陶渊明的高度热心，采用多样化的接受文本，对陶诗的反复涵咏和玩味，等等，这些颇富民族色彩的接受现象蕴含着内在的接受规律，揭示这些规律，有利于我们烛照整个中国古代诗学理论体系。❷

第三，抓住接受史书写对象的民族特性，深入剖析其中的缘由和影响，可以合理地解释大量文学史争议和谜案。同时，这也就给学者提供一

❶ 陈文忠．中国古典诗歌接受史研究［M］．合肥：安徽大学出版社，1998：99.

❷ 关于接受现象的民族性论述，详见：李剑锋．元前陶渊明接受史［M］．济南：齐鲁书社，2002：9.

个反观自身文化症候的独特视角。比如研究者把握文学接受中“文品和人品的批评同一化”这一特点，就可以合理解释“陶谢优劣论”“李杜优劣论”等文学史争议。同时研究者必须清晰地辨明人格批评和权威崇拜在作家作品接受史中发挥的作用，认清中国文化中道德伦理取向的正反两面，以利于学界真正以艺术水准和历史眼光来重审纷繁复杂的文学接受现象。陈文忠对《黄鹤楼》《凤凰台》接受史的比较研究就是一个典型案例。论者注意到大诗人李白的《凤凰台》和小名家崔颢的《黄鹤楼》孰优孰劣，成为文学接受史上的争议焦点。之所以众多李白崇拜者以“强者批评家”的立场，为李白大唱赞歌，源自“论诗捧大家，以鉴赏为瞻仰”[1]的文学接受心理。他认为，这种文学接受心理是中国特有的人格批评向作品批评渗透的结果，反映了民族文化根深蒂固的道德伦理取向。

[1] 陈文忠.从“影响的焦虑”到“批评的焦虑”——《黄鹤楼》《凤凰台》接受史比较研究[J].安徽师范大学学报·人文社会科学版，2007(5).

第五章 文学史范式的转向之二：阐释重心的变化

30多年来中国学者将接受美学引入“重写文学史”的话语建构和书写实践中，形成中国特色的接受史范式，这一新范式实现的第二大转向是：由作家作品为重心的文学史阐释体系转向以文本和读者的交流关系为重心的文学史阐释体系。

通过对第一个“转向”的详细考察可见，中国化接受史范式冲破了工具论和政治意识形态化的文学史观念，将读者推向文学史建构的主体地位，以期调节文学审美极和历史极的矛盾，这为“重写文学史”奠定了坚实的方法论基础。接下来的问题是，从20世纪50年代到80年代初期，中国文学史的撰写都沿用作家作品为中心的套路，[1]没有读者的位置，如何使用接受史方法论为读者争得一席之地？姚斯以“期待视野”为纽带的文本—读者交流模型为中国学者提供了“重写文学史”的理论依据。我们认为，文学史的核心问题是价值标准，判定文学作品意义和价值的具体标准不同，文学史的面貌就会截然不同。姚斯在1979年的一次访谈录中总结了接受美学和传统客观主义或者历史主义研究的差异。他认为接受美学不再把搜寻文本“表述”背后所隐藏的重要意义作为研究目标，也不再追寻所谓“客观意义”。“相反，它们认为文本的意义取决于一种潜在的作品结构和（人们）对结构不断更新的阐释。”[2]姚斯独具慧眼地发现，文学作

[1] 详见本书第三章第二节关于重写对象的论述。

[2] Rien T. Segers. An Interview with Hans Robert Jauss [J]. New Literary History，1979，11(1).

品的意义和价值既不源于作家主观精神，也不源于文学作品自身，而是源于潜在文本和读者的交流互动之中，具体表现为读者的期待视野和文本视野的互动融合。因为时空跨度的存在，两个视野之间很难重合，必然出现审美距离。距离造成文本不断挫败和扩展读者熟悉的经验，造成视野的更新修正，逐步形成新的期待视野，客观地体现在普通读者的阅读反应、批评家和文学史家的阐释评价、后代作家的模仿和创造之中，集合为期待视野的客观化。当新的期待视野已经达到较为普遍的交流和认同时，它就能够取代旧的期待视野改变时代审美标准，推动整个文学风尚和文学思潮的变化，影响文学史的总体发展趋势。期待视野在不断变化更新，那么文学史也不断被刷新重写。从这个意义上讲，文学史就不是单线的作家作品的发展史，而是文学文本和读者期待视野之间的交流史，具体表现为期待视野在新旧交替更迭中不断客观化的历史。姚斯成功地实现了文学史阐释体系的“重心转移”。对此，法国批评家让－伊夫·塔迪埃高度赞赏：“接受美学因此而成为我们时代的非马克思主义文学社会学最富革新意义的创举，同时也刷新并活跃了文学史的观念，转移了文学史的重心。”[1]另一位接受美学家伊瑟尔虽然对文学的历史性缺乏兴趣，但是他的“两极”交流理论同样挑战了文本中心和作家中心的文学阐释模型，有力地佐证了姚斯理论。伊瑟尔在《阅读活动》中反对作家作品中心主义和客观主义倾向的传统阐释规范。他以为文学文本不同于历史文献，它不是对时代精神、作家经历、社会生活的直接记录和反映，而是虚构现实而形成的意向性客体，时刻等待读者的意向性投射去激活“休眠”状态，实现文本和读者之间的交流。所以，文本的根本特性是它的交流性而不是它的反映性（对于外在现实）。这样，文学作品的意义根本就不是一个可限定的实体，它既不等于作家“原意”和作品“本意”，也不等于阅读时纯粹的读者心理事实，而是文本和读者两极之间发生的一次不可重复的事件。离开两极互动

[1] ［法］让－伊夫·塔迪埃．20世纪的文学批评［M］．史忠义，译．天津：百花文艺出版社，1998：206.

关联孤立地谈文学作品的意义根源，只会滑向虚假的客观性。[1]接受美学的理论颇有创见但是绝非孤立的观点，他们不乏“同路人”。连一贯和接受美学保持距离的美国学者韦勒克和沃伦也批判文学史理论中一味追求还原作者真实意图和作品内涵的“重建论”（reconstructionists）。他们说：“一件艺术品的全部意义，是不能仅仅以其作者和作者的同时代人的看法来界定的。它是一个累积过程的结果，亦即历代的无数读者对此作品批评过程的结果。”[2]姚斯比韦勒克和沃伦更进一步，他推出“期待视野”这一概念来详细描述历代读者如何实现文学作品意义和价值的“重构”。纵观30多年的文学接受史探索历程，中国学者正是以“期待视野”为理论支点，实现了以作家作品为中心的阐释体系向文本和读者的交流关系为重心的阐释体系的重大转移。

第一节　破旧立新的理论信号

中国学者旗帜鲜明地批判以作家作品为重心的文学史旧有格局，积极主张引入姚斯的“期待视野”概念来重划文学史版图。

朱立元最早发出这一理论信号。他在《文学研究的新思路——简评尧斯的接受美学纲领》[3]和《接受美学与中国文学史研究》[4]两篇论文中指出西方以往作家作品研究的最大弊端就是将文学史理解为作家作品的静态陈列史，严重忽视了文学的交流性和整一性。姚斯的理论，开始改变这样一种陈旧的研究思维。姚斯认为文学作品史是文学事件史。文学事件和历史事件（政治事件）的区别在于历史事件不管观察者参加与否对下一代都会产

[1] 伊瑟尔关于文学文本的以上论点，参见：Wolfgang Iser.The act of reading : a theory of aesthetic response［M］.London and Henley：Routledge & Kegan Paul，1978：12 –14，21– 23.

[2] ［美］韦勒克，沃伦．文学理论．刘象愚，等译［M］.北京：生活·读书·新知三联书店.1984：35.

[3] 朱立元．文学研究的新思路——简评尧斯的接受美学纲领［J］．学术月刊，1986（5）.

[4] 朱立元，杨明．接受美学与中国文学史研究［J］．文学评论，1988（4）.

生无可逃遁的影响，而文学事件则必须依赖历代读者的阅读反应才能对后世发生影响。这样，“文学的有机统一性取决于当下和以前的读者、批评者和作者以不同的审美视野（将阅读经验）汇集整合成连贯的文学事件。（我们）能否将审美视野客观化决定了（我们）是否能够理解和展现文学史特有的历史性”。[1]简而言之，孤立的文学作品只有借助读者的“期待视野”及其对象化才能获得历史连贯性和统一性。在阐发了读者“期待视野”[2]的关键作用之后，朱立元力主将这一概念应用于中国文学史研究，弥补旧的文学史阐释体系的缺陷。他说：“从由读者群体的审美经验期待视界（视野）及其改变所决定的社会审美时尚出发，可以更合理、贴切地解释某些文学现象、文学流派或运动兴废盛衰和交替更迭的原因。”[3]如果说朱立元对作家作品为重心的中国文学史阐释体系抱有补正态度的话，那么，刘宏彬的批评则显得直截了当。他批评红学研究中“索隐”求真，笃信文本原义的传统阐释方法，积极主张借用接受美学的方法创造性地解读《红楼梦》。[4]同时他对姚斯的“期待视野”概念也作出了富有个性的阐发：“‘期待视野’既是读者对作家与作品不断突破先前艺术水平的要求，也是对即将进行的艺术接受活动的预期与憧憬。”[5]刘宏彬实际上是侧重于姚斯原概念中“审美距离”的内涵，强调文学史研究中对经典作品的阐释如果注重考察历代读者的期待视野和作品之间审美距离的变化消长，那么，研究者就会探明作品经典化的历史过程和潜藏的艺术魅力，看到一种新的文学史景观。紧接着，20 世纪 90 年代来中国讲学的荷兰学者瑞恩·赛格斯也指明了接受美学对旧的文学史阐释话语的挑战。接受美学作为广义的读者反应批评的重要力量，它对读者及其期待视野变化的考察，明显扭转了

[1] Jauss, Hans Robert. Literary History as a Challenge to Literary Theory [J].New Literary History, 1970, 2（1）.

[2] 姚斯的概念“Erwartungs horizont”（德文）翻译成英文为“horizon of expectations”，译成中文的说法很多，比如期待视野、期待视界、期待视域、期待水准线等，我们在文中统一使用“期待视野”这一译法。但引用别人中文原文时依照著者的译法，不作改动。特此说明。

[3] 朱立元，杨明．接受美学与中国文学史研究［J］．文学评论，1988（4）．

[4] 刘宏彬．《红楼梦》接受美学论［M］．郑州：河南人民出版社，1992：5-6.

[5] 刘宏彬．《红楼梦》接受美学论［M］．郑州：河南人民出版社，1992：28.

旧文学史以作者和文本为重心的书写模式。❶由于瑞恩·赛格斯是国际资深的接受美学研究专家，他曾经和另一位荷兰学者佛克马成功运用姚斯的理论进行“文学测试”，用以考究一个学术圈层内学者文学观念和批评标准的差异程度。他的理论判断和研究实践增强了中国学者以读者期待视野为理论支点重构文学史的信心。到2002年，李剑锋和王玫几乎是异口同声地表达了对以作者作品为中心的旧文学史写法的不满，积极主张在陶渊明接受史和建安文学接受史中引入“期待视野”概念。❷

第二节　以“期待视野”重组文学史

中国学者在理论和实践中大都辩证地看待读者审美期待视野和文本意义潜能之间的互动关系，积极实现文学史阐释体系的转换，有效“重组”了中国文学史。

中国学界明确了文学史阐释体系转换的方向，接下来的工作就是如何实现这种转向。在这方面，朱立元又是开路先锋。在20世纪80年代的论文中，他首先探明了以期待视野为核心的文学接受史（效果史）的基本原则：一部文学史就是新作品与读者旧期待视野从对立到统一，再从新的对立到新的统一，呈现为不断破坏旧稳定、恢复新稳定的变化历程。在视野的改变中，作品的文学价值得到体现，读者理解作品的意义。❸按照姚斯的理解，新作品要获得时代的认可，必定在某些方面要顺应（满足）读者原有的期待视野，这是两者统一的一面。但是杰出的文学作品往往又要打破和超越读者期待视野熟悉的惯例类型，推陈出新，自成一格，这是两者

❶［荷兰］瑞恩·赛格斯．读者反应批评对文学研究的挑战［J］．史安斌，编译．文艺研究，1993（2）．

❷ 详见：王玫．建安文学接受史［D］．福州：福建师范大学，2002；李剑锋．元前陶渊明接受史［M］．济南：齐鲁书社，2002．

❸ 朱立元．文学研究的新思路——简评尧斯的接受美学纲领［J］．学术月刊，1986（5）．

对立的一面。在对立和统一关联中作品和读者期待视野之间要保持一个合理的度，即审美距离不能太大，否则作品遭到拒绝；审美距离不能太小，那样作品过于平庸最终也会在接受中被淘汰。最佳的状态是作品既满足读者期待视野的某些需求，又打破和更新读者期待视野中的陈规旧习。朱立元把姚斯的理论细化为公式："新作品—打破读者旧视界—读者建立新视界—新视界普遍化，形成新的审美标准时，重又转化为旧视界，新作品也成为旧作品——又出现新作品。"[1] 那么，接受史撰写者要实现阐释体系的根本转变，在操作接受史时就应该参照这一公式，紧扣文学作品和读者期待视野之间对立统一的关系这个轴心来描述文学史循环往复的发展轨迹。接受史撰写者有必要全面占有关于作家作品的背景材料和关于读者阅读反应的文献，详细考察两者之间产生的顺应、受挫、亲和、疏远、震惊等历史关联，并把这一关联提升到审美期待视野变换的高度来理解，认真厘清文学作品原初的期待视野和不同时代读者群体的期待视野之间"视野交融"的程度。这样才能管中窥豹，清晰显现各个历史时期审美趣味和价值取向的变化曲线。当然，研究者还要把这一变化曲线和宏观的历史文化情境链接，追根溯源，将文学接受史演绎成民族文化心理结构演变史和审美经验的发展史。接受史呈现出复线交织的历史模态。这就与以作家作品发展源流为轴心的单线文学史判若云泥。作为中国接受美学研究领域的开拓者之一，朱立元率先系统总结了期待视野为核心的效果史（接受史）公式，有助于中国学者的接受史撰写实践。自 20 世纪 90 年代初期以来，中国学者直接或者间接地借用朱立元的接受史公式，以文本和读者期待视野的交流为文学史主线，开拓了中国文学接受史撰写的繁荣局面。在现当代文学史研究领域，王卫平、马以鑫、杨新敏等学者在这方面的研究可圈可点。王卫平对现代文学史上的鲁迅等 8 位作家接受史的研究，紧扣这些作家作品的意义潜能和时代精神主潮影响下的读者期待视野之间的关系。比如他对鲁迅接受史的考察就表明，鲁迅在中国现代文学接受史上被构筑成多重形象：从 20 世纪 20 年代"文学的鲁迅"到 20 世纪 80 年代后期至 90

[1] 朱立元. 接受美学［M］. 上海：上海人民出版社，1989：345.

年代“文化的鲁迅”“复杂的鲁迅”，等等，不一而足。出现这种复杂现象，一方面是因为近 80 年来中国时代精神主潮出现了波诡云谲的变换和冲突，直接影响了不同时代读者期待视野的巨大变化，使得他们“各取所需、不及其余”，对鲁迅文学价值的选择和判定出现巨大差异；另一方面是因为鲁迅作品本身的特质：具有丰富的潜势、意蕴空间和意义空白，存在复义性、潜在性等，具备多重解读的前提。这样，复杂多义的文本和复杂多变的期待视野之间的历史碰撞，必然产生复杂多义的鲁迅形象。[1]王卫平的细致研究提示学界，抓住文本和读者期待视野的交流关系，将有可能准确观测到文学史复杂现象的动因。

如果说中国现代作家作品的接受史因为明显的时间“瓶颈”（接受史不超过 100 年）而给研究带来困难的话，那么，经历漫长接受时间洗礼的中国古代文学则拥有接受史研究的优势。21 世纪初以来，以文本和读者期待视野的交流为主线重构古代文学史蔚然成风，掀起一股不小的学术热潮。比如，王玫的《建安文学接受史》[2]从宏大的历史视角展现了建安作家作品所体现的期待视野和汉末英雄主义精神主导下的读者期待视野之间复杂的交融关系，透露了建安文学“彬彬之盛”背后蕴藏的慷慨悲凉而积极进取的民族气质和诗性精神，并且论者详细探讨了“抑丕扬植”的文学现象和期待视野的关系。曹植擅长五言、“词采华茂”，曹丕工于七言而以“清绮”“清越”见长。那么，六朝时期崇尚骈俪，注重词采，并且五言诗盛行，七言诗不兴，在那样的文体期待视野中，文人自然高扬曹植而贬抑曹丕，以至于抑丕扬植贯穿于整个建安文学接受史。从现代的期待视野看，曹丕的文学成就在很多方面是不逊于曹植的。李春英、罗春兰和王玫一样抓住了英雄主义精神对读者期待视野的影响。李春英在《宋元时期稼轩词接受研究》[3]中探明：因为英雄主义精神在南宋孝宗时期空前高涨，士大夫

---

[1] 详见：王卫平．接受美学与中国现代文学［M］．长春：吉林教育出版社，1994：88-118；王卫平．鲁迅接受与解读的接受学阐释及重建策略——鲁迅接受史研究［J］．鲁迅研究月刊，2001（11）．

[2] 王玫．建安文学接受史［D］．福州：福建师范大学，2002.

[3] 李春英．宋元时期稼轩词接受研究［D］．济南：山东大学，2007.

群体积极进取的期待视野和稼轩词正好相合，稼轩词自此大受欢迎，声誉日隆。罗春兰在《鲍照诗接受史研究》[1]中详细考察了鲍照文本所蕴含的期待视野与唐代读者期待视野之间的复杂关联，解开鲍照诗歌在唐代备受青睐的接受之谜。从意蕴期待看，倡导事功立业的鲍照诗，切合了盛唐时期人们充满英雄主义激情和入世精神的期待视野，激起了唐人强烈的共鸣；从风格期待看，唐代平民文学的崛起，扭转了时代审美倾向，由六朝时期推崇繁缛纤秾转向推崇简易质朴，富有平民质朴精神的鲍照文本很容易受到这一新的期待视野的欢迎；就文体期待而言，擅长乐府诗的鲍照在唐代乐府诗繁荣的条件下颇受欢迎。有趣的是，古代作家作品接受史研究之间蕴藏着微妙的关联。鲍照在唐代受到青睐的原因正好可以解释为什么杜诗在唐代遭到“冷遇”。黄桂凤的《唐代杜诗接受研究》[2]表明，唐人“冷遇”杜诗，一个重要的原因是杜诗和唐人期待视野之间“过大的距离”。从意蕴期待看，早期杜诗的意蕴不符合盛唐建功立业、充满自信的开元风骨；从形式期待看，杜诗沉郁顿挫的诗风也与大历诗坛婉丽的风格不合；杜诗对字句的刻意锤炼与盛唐流畅自然的诗风不合；杜诗叙事性的“诗史”精神与盛唐诸公自我抒怀的写意指向相左；杜诗以丑为美的特点与盛唐其他诗人清新亮丽的诗歌格调不协。李园和张毅则用文本和期待视野之间的交流关系来探索古代接受史上的争议。学术界对孟浩然到底是热衷功名的俗人还是归隐田园的高士，颇有争议。李园的《孟浩然及其诗歌研究》[3]不急于下结论而着力于客观展现孟浩然“灞桥骑驴、踏雪寻梅”的隐士形象如何在宋金元明清的读者尤其是下层民众的期待视野中逐步定性渐成定论的历史过程，以至于真实的孟浩然形象到底怎样反而变得扑朔迷离了。这就为学界重审这段文学史公案提供了新的视角。与孟浩然形象的争议一样，在中国诗歌接受史上陆游及其创作也充满争议，陆游到底是“战士”还是“隐士”？张毅的《陆游诗传播、阅读专题研究》[4]提供了一种解读：充满

[1] 罗春兰．鲍照诗接受史研究［D］．上海：复旦大学，2004.
[2] 黄桂凤．唐代杜诗接受研究［D］．北京：北京师范大学，2006.
[3] 李园．孟浩然及其诗歌研究［D］．南京：南京师范大学，2007.
[4] 张毅．陆游诗传播、阅读专题研究［D］．上海：复旦大学，2008.

感激悲愤忠君爱国之气的陆游诗歌能成为日常平凡生活高雅化的教科书，“战士”陆游形象身上能够映射出“隐士”形象，有赖于明朝中后期以来绅士群体的审美趣味和期待视野的选择。在古代文学作品经典化的过程中，期待视野同样发挥了不可或缺的推动作用。唐会霞的《汉乐府接受史论（汉代—隋代）》[1]研究证实：汉乐府由新声俗乐蜕变为文学经典，正是文本所蕴含的审美价值与读者在不同期待视野下的积极接受共同造就的。同样，古代作家的经典化也有赖于读者期待视野这一“历史推手”。陈福升、陈伟文的博士学位论文在这个问题上作了有益的探索。陈福升的《柳永、周邦彦词接受史研究》[2]表明：从北宋到清代，周邦彦在士大夫的批评圈子里由声名隐晦到“词中老杜”“极词中之圣”这样的令名，主要源于不同时代词学“标尺”影响下的期待视野对清真词的不同反应。陈伟文的《清代前中期黄庭坚诗接受史研究》[3]显示，宋代江西诗派的盟主黄庭坚在清初的宋诗热中反遭贬抑，归根到底是因为黄诗文本和清初读者期待视野的“距离”有关。而黄庭坚能在清代中后期大受追捧奉为经典也与那时读者期待视野的扩展和更新有关。到这时，黄诗的本质意义和读者的现实感知才达到高度的契合。所以，无论是文学作品的经典化还是作家的经典化最终取决于作品意义和读者期待视野的磨合。正如姚斯所说：“一个作品的潜在意义可能要经历漫长的时间才能被（我们）认识到，一直到文学演变（创造出）新的形式拓宽了我们的视野，人们才重新发现以前久遭曲解的旧形式的意义。”[4]

以上研究涉及的其实都只是集体期待视野。除此之外，中国学者还清晰地看到了集体期待视野和个体期待视野的对立统一关系。早在20世纪90年代，刘宏彬在《〈红楼梦〉接受美学论》[5]中的研究表明，王国维、胡适对《红楼梦》富有个人期待视野的解读超越和突破了原有集体期待视

---

[1] 唐会霞．汉乐府接受史论（汉代—隋代）［D］．西安：陕西师范大学，2007.

[2] 陈福升．柳永、周邦彦词接受史研究［D］．上海：华东师范大学，2004.

[3] 陈伟文．清代前中期黄庭坚诗接受史研究［D］．北京：北京师范大学，2007.

[4] Jauss，Hans Robert. Literary History as a Challenge to Literary Theory［J］. New Literary History，1970，2（1）.

[5] 刘宏彬．《红楼梦》接受美学论［M］．郑州：河南人民出版社，1992.

野，最终推动了红学研究的范式转变。邬国平在《中国古代接受文学与理论》❶中认为，萧统个人对陶渊明怀有仰慕之情，为他撰写传记，整理诗文。他在《陶渊明集序》中高度评价陶渊明“文章不群，辞采精拔”，“抑扬爽朗，莫之与京”。可是萧统主编的《文选》采录陶氏作品数量不多，看不出“偏爱”。这种矛盾源于《文选》不是萧统一人包揽，而是集体编选，很大程度上反映了南朝文人的集体期待视野。所以《文选》对陶氏作品的“吝选”和南朝文人普遍以为陶渊明缺乏词采而列为“中品”的看法一致。实际上，萧统对陶渊明的矛盾态度表现了个人期待视野和集体期待视野的对立统一关系。基于同样的原理，王卫平在鲁迅接受史研究中则指明读者的个体期待视界（视野）和群体接受（集体期待视野）之间的互动关联，主张接受主体应该积极实现期待视野由个人向集体、个人向个人的继承和超越。他评价说：“在国内，王富仁是对陈涌的超越，钱理群是对王富仁的超越，汪晖是对钱理群的超越。应该说，由于主体的不同和客体的丰富，对鲁迅认知上的超越是无止境的。”❷

30 多年来中国学者不遗余力地运用文本和读者期待视野的交流关系这一阐释模型，对中国文学尤其是中国古代文学作家作品、流派思潮和争议焦点进行了大量富有新意的研究。虽然总体意义的文学接受史尚未建成（难度很大），但是这些局部研究和个案研究已经撼动了以“作家作品”为阐释中心的文学史旧格局。笔者也注意到，在朱立元总结的姚斯接受史公式里，作品文本和读者期待视野之间存在既对立又统一的关系。其实姚斯在原有理论范型中比较强调新作品和读者旧视野之间对立的一面（要有较大审美距离），这样才能造成阅读新颖感和惊奇感。姚斯的这一思想主要源于形式主义的“陌生化”理论和阿多诺的否定美学，而且姚斯理论针对的是中世纪传奇文学和现代派文学（这些文学本来就带有新奇晦涩、朦胧多义等特征）的阅读经验。当中国学者将姚斯的接受史范式运用到中国古代文学史时发现，相比西方文学，中国古代文学没有那样明显的求怪

❶ 邬国平．中国古代接受文学与理论［M］．哈尔滨：黑龙江人民出版社，2005.

❷ 王卫平．鲁迅接受与解读的接受学阐释及重建策略——鲁迅接受史研究［J］．鲁迅研究月刊，2001（11）．

求险倾向，继承性多于突变性。所以，中国学人适时改造了姚斯的原初理论偏向，在把握中国古代作品文本和读者期待视野之间关系时偏向统一的一面，主要强调经典作家作品对读者的期待视野的适应，其次才是突破。这说明，姚斯理论在“中国土壤”中发生了顺应环境的变异，日益“中国化”。

第三节　作家影响史研究

中国学者大力推行把作家视为特殊读者的影响史研究，深入探究文本和读者的交流关系。

姚斯曾说：“即使对于判断一部新作品的批评家来说，那些根据对先前著作的肯定或否定的标准来设计自己作品的作者……都是最早的读者。”[1]作家也是读者或者说接受者，这点在中国古代文学史中表现得特别明显。如果说姚斯的原有理论范式中，并没有把作为接受者的作家放在一个特别突出的位置研究的话，那么中国学界却根据中国文学发展特征将作为接受者的作家提升到接受史研究的核心位置。这是姚斯理论“移植”到中国后发生的适应性变异。具体来说，在中国古代，理想读者和作家合二为一的情况最为常见，大多数一流作家同时也是一流的鉴赏家和理想读者，他和文本之间的交流具有多重性。首先，后代作家会对前代作家作品（文本）赏析评价，这种接受会直接影响前代作家作品的地位声誉；其次，前代作家作品直接影响后代作家的创作，从后代作家来看这是一种创造性接受；最后，前后代作家的交流取得的成果又会影响更后一代作家对前代作家的接受。正如我们在前文中所探讨的那样，中国学者自觉意识到，接受史范式下的影响史关注的是作家作品和后世作家作品之间的双向交流关

[1] ［德］姚斯，［美］霍拉勃. 接受美学与接受理论［M］. 周宁，金元浦，译. 滕守尧，审校. 沈阳：辽宁人民出版社，1987：24.

系，而比较文学领域的影响研究（影响史）关注的是作家作品对后代文学或者别国作家的单向施受关系。简言之，传统的影响研究（影响史）以作家作品为中心，而接受史范式下的影响史则以作品文本和作家（理想读者）的交流为中心。因为作家是特殊的读者，他对文本的接受阐释往往扮演“意见领袖”的角色，他的创造性接受也会对文本声誉和后世文本形成直接影响。为了真正实现文学史新旧阐释体系的转换，深入探究文本和读者的交流关系，中国学人就很有必要研究接受史范式下的影响史。

20 世纪 90 年代初，刘宏彬开始从事这方面的探索，他通过比较分析发现，曹雪芹作为读者受到“定向期待”的影响，接受了前代作家作品（比如《西游记》《水浒传》）塑造人物形象时常用的真假对立模式，但是他又受到“创新期待”的触动，把“真假对立”由小伎俩推向大结构，创造出甄、贾宝玉形象，烘托“真假难辨、世事无常”的虚空观念，贯穿于整部小说的艺术精神之中。曹雪芹的创造性接受使真假对立模式对后世影响更加深远。[1] 如果说刘宏彬的研究着眼于影响史上的一个“点”，那么李剑锋的研究开始铺向影响史的“面”。在专著《元前陶渊明接受史》[2] 中，李剑锋对陶渊明创作影响史的探究超出传统作家作品影响史的范畴，重点瞄准后代作家作为特殊的接受者对陶渊明的创造性接受和对后代接受进程的影响。论者的研究辐射到作家、普通读者、批评家、文学史家四者之间的交叉影响关系。比如作者深度研究了陶渊明影响史上的理想读者苏轼。苏轼在艺术精神上接受陶的衣钵，自言“渊明形神自我”，“我即渊明，渊明即我也”；在文学创作上自觉地和陶、拟陶，化用陶文，自觉追崇陶诗的平淡美、自然美。他对陶渊明的创造性接受极大丰富了陶渊明式的田园诗系列和陶诗接受前景。因为苏轼文坛领袖的特殊地位，他的崇陶、尊陶行为深刻影响了同时代甚至后世的读者、批评家。正是他的“历史推手”把陶诗推入一流作品的行列中。李剑锋对苏轼和陶、拟陶的研究，无疑向学界释放了一个新的信号：研究前代作家对后代作家的影响固然重要，如

[1] 参见：刘宏彬 .《红楼梦》接受美学论［M］. 郑州：河南人民出版社，1992：137.

[2] 李剑锋 . 元前陶渊明接受史［M］. 济南：齐鲁书社，2002.

果反过来研究后代作家对前代作家的创作性接受，那么，我们就有可能看到作家作为特殊读者对整个接受史产生的巨大影响。这构成中国接受史研究的一个新维度。李剑锋的新信号在罗春兰、李东红、李春英、朱丽霞那里得到了有力的响应。罗春兰的《鲍照诗接受史研究》[1]细致解读了特殊读者群体李白、杜甫、韩愈、李贺等杰出诗人在创作上对鲍照的接受，他们各取所需，或因为鲍照的平民精神而引为同道，或因为鲍照的奇险诗风而大加赞赏，但是有一点很明显，这种接力棒式的接受直接把鲍照推上一流诗人的位置。没有这群特殊读者和鲍照文本的交融关系，鲍照就不可能在诗歌史上取得那样高的地位。李冬红的研究[2]也表明，正是一千多年来历代作家（特殊读者）的不断学习模仿和接受传播使得《花间集》成为词体的本色代表。而李春英和朱丽霞的研究课题[3]正好可以互补，她们分别考察了辛弃疾在宋元和清代的接受史，而且两者有一个共同点就是聚焦作家（特殊接受者）对辛弃疾的"创作接受"。她们详细分析了宋（金）元时期的陈亮、刘过、刘克庄、陈人杰、刘辰翁、蒋捷、姜夔、吴文英、元好问和清代的王船山、吴梅村、孙枝蔚、吴汉槎、丁澎、蒋士铨、王士祯等词人在创作上对稼轩词的全面接受。正是这种接受有力地促进了稼轩词的经典化。她们的研究再次呼应了李剑锋在研究陶渊明接受史时释放的新信号。

第四节　共时性和历时性方法的运用

受姚斯启发，中国学界主张文本和读者的交流关系为主线的接受史应

[1] 罗春兰．鲍照诗接受史研究［D］．上海：复旦大学，2004.

[2] 李冬红．《花间集》接受史论稿［D］．上海：华东师范大学，2004；李冬红．《花间集》接受史论稿［M］．济南：齐鲁书社，2006.

[3] 李春英．宋元时期稼轩词接受研究［D］．济南：山东大学，2007；朱丽霞．清代辛稼轩接受史［M］．济南：齐鲁书社，2005.

该放在共时性和历时性两个向度上考察，这样可以防止对作家作品作孤立静态的分析。

众所周知，姚斯的接受美学通过恢复文学史的历史维度来解决 20 世纪 60 年代德国深重的文学研究危机。不过，他理解的历史维度或者说历史性并不等同于历时性。文学的历史性是历时性和共时性融合基础上的时空统一。作品（文本）只有和读者交流才会具有历史连贯性，那么，文学史研究就必须要考察某一特定历史时刻读者对作品的审美反应（共时性），同时又必须考察这一历史时刻之前历代读者对作品的理解历史（历时性）。姚斯对此作了精辟的概括：“文学的历史性在历时性与共时性的交叉点上显示出来，因而它也就能使某一特定历史时刻的文学视野得以理解：与同时出现的文学相联系的共时性系统能在非同时性的联系中获得历时性的接受，作品也因流行与否，诸如时髦的、过时的或经久不衰的，成功早的或滞后的而被人接受。”[1]传统文学史研究偏重于文学共时性向度，只从某一静止的历史时刻对作品作孤立的分析；即便是关注历时性向度，实际上也是作家作品的罗列史或者时代精神的演化史，完全忽视了作家作品是接受链条中的历史流传物。姚斯试图打破传统的静态思维，运用立体思维来统筹文学史的研究架构，把文学放在历代读者视野组成的纵横交错的时空体系网中。这样，伴随着读者接受视野而流传的文学就呈现出特定阶段的稳定性和总体趋势上的流变性。总的来说，姚斯没有将这一方法滞留在纯理论层面，他在具体分析歌德和瓦莱里的《浮士德》、波德莱尔的《厌烦》《天鹅》等作品时较为成功地运用了共时性和历时性统一的接受史方法。可以说，姚斯在理论和实践上的探索启发了中国学界。从 30 多年的研究历程看，中国学者自觉地从共时性和历时性两个向度上综合考察接受史，以此辩证地梳理文本和读者的交流关系，一定程度上“重塑”了文学史面貌。

早在 20 世纪 90 年代初期，王卫平对现代文学史上鲁迅、茅盾等 8 位

[1] ［德］姚斯，［美］霍拉勃．接受美学与接受理论［M］．周宁，金元浦，译．滕守尧，审校．沈阳：辽宁人民出版社，1987：46.

作家及其作品的研究就很好地贯穿了历时性和共时性相统一的方法。特别是他针对20世纪80年代末期《上海文论》"重写文学史"讨论中对茅盾作品《子夜》和"赵树理方向"的否定性结论提出异议。他指出这些"重评"文章实际上只是从当下共时性的接受视角，以纯审美的眼光看待《子夜》和赵树理作品，这是一种静态孤立的分析方法，明显忽视了从这些作品历时性的接受过程判定它们的经典地位和文学价值。比如，"重评"文章❶对《子夜》的"主题先行"和"二元对立"模式等提出尖锐批评，质疑《子夜》的可读性和经典地位，甚至认为《子夜》应该被逐出现代文学经典系列。王卫平认为仅从当代个人接受的视角判定《子夜》是"失败的作品"或者"非艺术的伪长篇"是不充分的，"因为《子夜》的效果史和读者的接受史已经验证了《子夜》的成功与伟大，说明《子夜》是一部不容低估的作品。不顾这些事实，而如此地主观否定，显然不是实事求是的态度"。❷同时，王卫平认为"重评"文章以纯审美价值为尺度从当下共时性的层面判定《子夜》，忽视了这部作品在原初接受和历时接受语境中承载的社会、政治、历史、认识等多元价值。其实《子夜》是特定历史环境和作家特定气质结合的产物。只有从历时性和共时性接受相结合的尺度上我们才能得到"历史与现实相结合"的判断。可以说，《子夜》从诞生到当下对中国现实主义文学、对中国文化界产生的积极影响是文学接受史上不可抹杀的事实。❸笔者认为，关于《子夜》争议双方的观点不好简单判定，但是王卫平的研究较好地把共时性和历时性结合起来，避免孤立静止地分析作家作品，这无疑给中国化文学接受史的撰写树立了良好的典范。继王卫平之后，陈福升、高日晖、洪雁在古代文学接受史领域的"两结合"研究亦各具特色。陈福升自觉意识到柳永词和周邦彦词的接受史呈现为曲折复杂的变化过程。学界只有在历时性和共时性的交叉点上才能把握好柳、

❶ 蓝棣之．一份高级形式的社会文件：重评《子夜》[J]．上海文论，1989（3）；徐循华．对中国现当代长篇小说的一个形式的考察[J]．上海文论，1989（3）．

❷ 王卫平．接受美学与中国现代文学[M]．长春：吉林教育出版社，1994：157.

❸ 参见：王卫平．接受美学与中国现代文学[M]．长春：吉林教育出版社，1994：134–158.

周词的整体风貌。比如从北宋接受语境这个共时面上看，柳词的俗艳风格在民间大受欢迎而在士人眼中受到贬斥，但是不能就此得出一个孤立的论断：士人不爱柳词之俗。其实，研究者只要稍稍把研究视角推向历时的纵深，就会知晓："一直因俗艳而备受批评的柳永词，能够在明代地位飙升，备受推崇，就是由于明代士人对词具有完全不同于前代的审美风尚和审美趣味所致。"❶陈福升的研究昭示学界，研究像柳词这样具有丰厚接受史积淀的作品，必须从历时性和共时性结合的角度考量文本和读者接受历程之间的关系，最后才能对作品风格下一个辩证的判断。在古代文学接受史探索中，研究作品风格和读者的互动关系需要"两结合"，研究作品主题和读者接受的关系也需要"两结合"。关于《水浒传》的主题接受史，高日晖、洪雁的《〈水浒传〉接受史》❷围绕"忠义"和"诲盗"两种截然对立的理解，仔细考辨从金圣叹"腰斩水浒"到清王朝禁毁"水浒"再到1975年"水浒"大批判的历时进程，展现了数百年来《水浒传》主题接受史复杂难辨的历时性特征，也凸显了同一时代的共时横断面上众声喧哗的读者声音。这就为读者全面理解《水浒传》的主题开拓了丰富的阐释空间。笔者认为，中国学者运用"两结合"的方法研究文本和读者之间的接受关系，主要还局限于经典作家作品的文本接受史。笔者相信在不久的将来，在这些文本接受史累积得到足够丰富和成熟之后，断代和类型文学接受史将会和盘托出。

总括以上"两大转向"，笔者认为，狭义的"重写文学史"为中国学者冲破旧的文学史观念、引进接受美学打下了良好的思想基础。自20世纪80年代初期以来，在文学史研究领域旧的文学工具论和文学意识形态化批评范式偏向文学的历史极，而新的审美话语又偏向文学的审美（艺术）极。面对两极对立构成的"文学史悖论"，中国学者大胆引进以解决"文学史悖论"而著称的接受美学，打破旧的文学史范式，重构中国文学

❶ 陈福升．柳永、周邦彦词接受史研究［D］．上海：华东师范大学，2004.

❷ 高日晖，洪雁．《水浒传》接受史［M］．济南：齐鲁书社，2006.

史。从 20 世纪 80 年代以来的一系列文学史成果看，中国化的文学接受史范式已经成为当代中国“重写”话语体系中一支不容忽视的力量。同时姚斯的原初接受史理论在中国“异质语境”中也日益被改造补充，发生一定的变形，逐步“中国化”。

这一新的接受史范式对文学史的“重写”主要表现在针对旧的文学史格局实现了两大转向。

第一个转向是由政治标准凌驾于艺术（审美）标准的文学史范式逐渐转向审美和历史统一的文学史范式，其中读者的接受活动发挥关键的调节作用。中国学者借用姚斯的理论，利用读者之维调节文学的历史极和审美极。姚斯并没有清晰地界定文学接受史的具体内涵，也没有写出一部完整意义的接受史。中国学人开拓创新，补充和发展姚斯的接受史理论，使其发生“中国化”的变异，最终从中国传统学术研究领域中犁出“新田地”。他们明确将文学接受史（效果史）与中国传统意义上的文学研究史、文学批评史、学术史区别开来，提出四种“文学接受史”的界说并运用于叙史实践。这些努力都是为中国化的文学接受史正名，使其具备独立的学科地位和独特的研究价值。从宏观上讲，中国学者在 30 多年的理论探索和书写实践中逐步形成了自觉的文学接受史意识，使读者摆脱附庸地位，在接受史中扮演主体性角色，并辨明了文学接受现象的民族特性，改造姚斯的原有理论模型以适应中国的特殊语境。可以说，文学接受史（效果史）的研究逐步成为中国文艺学领域新的理论增长点。

第二个转向是由作家作品为重心的文学史阐释体系转向以文本和读者的交流关系为重心的文学史阐释体系。纵观 30 多年的文学接受史探索历程，中国学者正是以“期待视野”为理论支点，实现了文学史阐释体系的重大转移。中国学者在理论和实践中大都辩证地看待读者审美期待视野和文本意义潜能之间的互动关系。姚斯在原有理论范型中比较强调新作品和读者旧视野之间对立的一面（要有较大审美距离）。中国学人适时改造了姚斯的原初理论偏向，在把握中国古代作品文本和读者期待视野之间关系时偏向统一的一面，以适应中国古代文学接受史的实际情况。同时，中国学者大力推行把作家视为特殊读者的影响史研究，深入探究文本和读者的交流关系。受姚斯启发，中国学界主张文本和读者的交流关系为主线的接受史应该放在共时性和历时性两个向度上考察，这样可以防止对作家作品作孤立静态的分析。在具体作家作品的文学史撰写中，姚斯的原有理论范式显出了日益明显的“中国化”特征。

笔者认为，文学史理论是中国当代文论一个重要组成部分，中国化的文学接受史范式实现了两大转向，实际上反映了中国当代文论话语由工具性向自主化的转变。在30多年的理论和实践中，中国化的文学接受史理论日益成熟，逐渐变成“重写”话语体系中不可忽视的声音。这一理论从辩证圆融的角度厘清了作者、文本、读者和社会历史因素之间的复杂关系，消弭了文学的历史他律性对审美自律性的钳制。这从一个侧面反映了中国当代文论话语正在逐步融合外在他律因素和内在自律因素。

当然，中国学者在引进姚斯的接受史理论时也清醒地看到了它的缺点，中国学界正是在辨明这些缺点的基础上改造利用，丰富和发展了接受美学，构筑了中国化的文学接受史范式。从姚斯创立接受美学以来，他的接受史理论就遭受了各种理论阵营的炮击。从赫洛卜的《接受理论引论》、霍拉勃的《接受理论》和格里姆的《接受学研究概论》中可以倾听到这些批评之声。大致说来，中国学者对姚斯接受史理论缺点的“指摘”也与以上批评之声大同小异，主要表现在：

（1）姚斯在突出读者主体地位的同时，相对忽视了作者的主体性，遮蔽了作家创作的意义和价值。为此张自文在《论“期待视野”兼及新时期文学》一文中对姚斯的“唯读者论”提出批评：“接受美学把文学史定义为接受主体的历史是不能被人理解的。……接受者至多只在接受过程中激发了文学创作的需要和动机，但本文创造的直接实践者和完成者终归是作家而非读者。”[1]

（2）姚斯的接受史模式和期待视野等概念过分依赖读者主观审美经验而忽视文学意义和审美标准的客观性，这就有可能将文学史主观化和随意

[1] 张自文．论“期待视野”兼及新时期文学［J］．理论与创作，1990（2）．

化，滑向相对主义的泥潭。高日晖、洪雁曾指出："接受美学主张的是一种'绝对的相对主义'。由于接受美学把作品价值的判定权完全交到读者的手里……势必造成读者以绝对自由的批评取代对作品客观面貌的解释的接受格局。"❶

（3）姚斯对读者的理解过分笼统，对读者的社会学基础缺乏认识。正如温潘亚所批评的那样，接受美学"缺乏一个读者类型的定义和从社会学角度对读者进行划分与分析，还缺乏对读者的文学基础的调查"。❷

（4）姚斯在运用核心概念"期待视野"时，因为过分相信形式主义的"陌生化"概念和阿多诺的否定性美学，往往强调作品视野和读者期待视野之间的对立性，夸大文学对现实的否定意义。正如王丽丽分析的那样："'期待视野'也随之暴露了一个隐而未现的大缺陷：它内在包容的否定性限制了它对'肯定文学'的理解与欣赏。"❸

正是因为对姚斯理论缺点的清醒认识，中国学界在运用姚斯理论构想时一直在对其进行辨别、补充和改造，使其适应中国文学发展的实际，让姚斯理论日益"中国化"。30 多年中国文学接受史研究表明，接受美学介入中国文艺学研究并不意味着开拓了未知的领域，更多的是方法论的启示。学界运用并改造接受史的新观点烛照中国文学（尤其是古代文学）这一旧领域，呈现中国文学接受和影响的独特历史进程，"重构"中国文学史的景观。

---

❶ 高日晖，洪雁．《水浒传》接受史［M］．济南：齐鲁书社，2006：3.

❷ 温潘亚．在期待视野的融合中透视文学的效果史——接受美学文学史模式研究［J］．河北学刊，2006（4）.

❸ 王丽丽．文学史：一个尚未完成的课题——姚斯的文学史哲学重估［J］．北京大学学报·哲学社会科学版，1994（1）.

第三编　接受美学与“中国古代文论的现代转换”*

* 第三编中关于伊瑟尔理论的部分内容与笔者发表的两篇论文《伊瑟尔理论中的文本事件性初探》（《中国文学研究》2010年第2期）和《巴赫金和伊瑟尔文本理论之比较》（《求索》2010年第7期）有重合，特此说明。

通过第二编的讨论，笔者发现，20 世纪 80 年代初接受美学横穿中西异质文化的阻隔，抵达中国文艺学研究的视域，便与“中国的文学史悖论”结缘。如果说接受美学的接受史范式通过读者接受之维调节文学的审美性和历史性，促进了中国当代文论话语逐步摆脱外在他律因素的过分束缚，回归文论的自律性和独立性，那么，接受美学介入“中国古代文论的现代转换”议题，则恰好顺应了中国学者运用中西比较融合的方法活化古代文论资源的问题意识和理论热情，引发了中国特色的古代接受诗学（理论）体系的建设。这就直接推动了中国当代文论的本土化、民族化进程。可见，接受美学的理论因子和中国文艺学的实际问题发生碰撞，促发了饱含问题意识的中国学人在“重写文学史”和“古代文论的现代转换”这些“历史难题”上的理论焦虑和创新激情。他们融合中西产生的理论成果切实地影响了中国文论和文化的当代转型。

第二编讨论的“中国文学接受史”（主要成绩在中国古代文学接受史领域）新范式和第三编将要讨论的“中国古代文学接受理论”联系紧密，相辅相成。前者是后者的前提和基础，后者是前者的延伸和深化。正如第二编讨论中国古代文学接受现象的民族特色时所指出的一样，抓住接受史书写对象的民族特性，总结出中国文学接受的特定规律和时代趋势，可以直接服务于中国文学批评史和中国诗学理论的研究（包括中国古代文学接受理论或者诗学）。中国学人在重写文学史学术潮流下引入接受史范式，详细研究中国古代文学接受现象和行为，这就直接为建构中国古代文学接受诗学（理论）提供了理论素材。反过来，深入探赜古代文学接受诗学的理论发展脉络和精髓，可以深化对文学接受现象的把握，有利于从烛照全局的理论视点“重构古代文学接受史”面貌。这样，本书第二编和第三编的内在联系就清晰可见。

第六章　简说“中国古代文论的现代转换”

在探讨接受美学和中国古代文论的现代转换的具体关联之前，有必要略述“中国古代文论的现代转换”议题的来龙去脉。关于“中国古代文论的现代转换”的开始时间、具体内含、总体目标和途径方法，学界共识很多，分歧也不小，这些共识和分歧形成了中国学者思考接受美学和中国古代文论的现代转换问题的理论背景。

第一节　“中国古代文论的现代转换”议题的时限和理论背景

一、“中国古代文论的现代转换”议题的时限

学界关于“中国古代文论的现代转换”起始时间至少有三种看法。

（1）第一种看法，也是最流行的看法是“中国古代文论的现代转换”起始于1996年，依据是1996年中国中外文艺理论学会、中国社科院文学所和陕西师范大学三方在西安联合举办了“中国古代文论的现代转换”学术研讨会。这次会议的论文后来结集为《中国古代文论的现代转换》于1997年出版，在中国学界引起强烈反响。这样，很多学者认为1996年的西

安会议标志着“中国古代文论的现代转换”这一学术思潮的开启。王泽庆、张金梅等学者撰写“中国古代文论的现代转换”综述时就持有这种看法。❶

（2）第二种看法认为，“中国古代文论的现代转换”作为一个公共的学术话题和理论热点，确实是在1996年之后蔚然成风，震动学界，但是1996年以前的20世纪学术史中，其实有一些具有前瞻性视野的学者已经做了大量现代转换的工作。那么，广义的“中国古代文论的现代转换”学术史起始时间应该是梁启超、王国维所处的19世纪末期和20世纪初期。钱中文、童庆炳、朱立元、张海明等学者就持这种看法。❷

（3）第三种看法为古风提出20世纪“中国古代文论的现代转换”至少有三次（转换目标和重心不一样）：第一次是20世纪初至1942年老舍、朱光潜等学者探索古代文论向现代文论转换；第二次是1942—1979年罗根泽、郭绍虞等学者探索古代文论向马克思主义文论转换；第三次是1979年中国古代文论学会成立至今，郭绍虞、钱中文等学者研究古代文论如何在中西古今文论的对话中重生和活化。❸那么，最近一次“中国古代文论的现代转换”是在20世纪70年代末80年代初提出的，对此，陈定家也抱有相似看法。❹

综合以上三种意见，笔者采用古风的看法，即“中国古代文论的现代转换”学术思潮自20世纪70年代末80年代初开始延续至今。这并不意味着其他两种看法错误，笔者沿用古风的看法主要基于以下两点考虑。一是虽然自20世纪初以来古代文论的现代转换意识就已经在一些中国学者甚至海外汉学家心中萌生，但是那毕竟是个别学者的“超前眼光”。只有

❶ 王泽庆．“中国古代文论的现代转换”十年巡礼［J］．东方丛刊，2007（1）；张金梅．中国古代文论现代转换研究十年［J］．湖北民族学院学报·哲学社会科学版，2007（6）．

❷ 参见：钱中文．文学理论反思与“前苏联体系”问题［J］．文学评论，2005（1）；童庆炳．再论中华古代文论的现代视野［J］．中国文化研究，2002（4）；朱立元．走自己的路——对于迈向21世纪的中国文论建设问题的思考［J］．文学评论，2000（3）；张海明．古代文论和现代文论——关于建设有中国特色的马克思主义文艺学的思考［J］．文学评论，1998（1）．

❸ 古风．中国古代文论的现代转换［A］// 钱中文，杜书瀛，畅广元．中国古代文论的现代转换．西安：陕西师范大学出版社，1997：138-153.

❹ 陈定家．从古代传统到当代资源：“中国古代文论的现代转换”研究述评［J］．求索，2001（4）．

到了新时期（20 世纪 80 年代初以来），“中国古代文论的现代转换”才真正成为大多数学者的群体性焦虑和研究动向。它是 20 世纪 80 年代初以来中国学者群体对抗文化帝国主义的理论呼声，同时也是民族复兴诉求的文化表征，这一学术思潮直接反映了新时期中国学者群体日益增强的民族自尊心和自信心。二是 1992 年开封的“中外文艺理论研讨会”和 1996 年西安的“中国古代文论的现代转换”研讨会无疑标志着“现代转换”这一动议的正式提出，但是这并不能说“现代转换”自 1992 年或者 1996 年开始，连这一理论倡议的正式提出者钱中文也认为，从 20 世纪 80 年代初到现在，蒋孔阳、李泽厚、张少康、蔡钟翔等学者的“中国古代文论的现代转换”研究就已经取得了不俗的成绩。[1] 所以，笔者理解的“中国古代文论的现代转换”这一学术思潮的时限既不是 20 世纪初到现在，也不是 1996 年或者 1992 年到现在，而是 20 世纪 70 年代末期 80 年代初期到现在。巧合的是，1983 年张隆溪在《文艺研究》上发表《诗无达诂》，借鉴接受美学思想阐发中国古代文论精髓。接受美学也是从 20 世纪 80 年代初期开始介入“中国古代文论的现代转换”问题。

二、“中国古代文论的现代转换”提出的理论背景

（一）中国当代文论的危机

100 多年来中国文论在“西学东渐”的总体趋势下，吸收了西方文论的理性因子和逻辑架构，建立了一个初具规模的文艺学知识结构和言说模式，形成了独立的学科地位。但是 20 世纪末期以来，中国学界逐步觉察到一个严重的问题，中国学人努力学习西方文论和苏俄文论，从译介到研究，学习越来越认真，但是创造能力和自主意识反而越来越差，日益受制于西方文论话语模式，出现了曹顺庆所说的文论“失语症”：“所谓‘失语’，并非指现当代文论没有一套话语规则，而是指她没有一套独属于自

---

[1] 参见：钱中文．文学理论反思与“前苏联体系”问题［J］．文学评论，2005（1）．

己而非别人的话语规则。”❶“失语症”是一种文化病态，根本症结在于自“五四”以来我们过分依赖西方文论话语，一定程度上和传统文论的“气脉”断裂，没有完整的继承传统，又未能充分地消化西学，处于尴尬的处境。我们的文论一旦离开西方话语系统就没有办法言说。从理论术语到观念意识，中国当代文论实际上是“西学为体”，民族化的文论术语最多只是一些点缀和例证。这样，患了“失语症”的中国当代文论就不可能在世界文论讲坛上发出独立的声音。曹顺庆对于中国当代文论“失语症”的判定和反思引起了许多中国学者的共鸣。童庆炳、张少康、顾祖钊、樊宝英、古风、苏冰等学者纷纷指出中国当代文论“进口”西方太多，模仿太甚，自主创造和建设太少，他们纷纷提出改变中国文论弱势局面的迫切性。

当然，不少学者对曹顺庆的“失语症”提出质疑。季羡林在《门外中外文论絮语》中就指出：“专就西方文学而论，西方文论家是有‘话语’的，没有‘失语’；但一谈到中国文学，我认为，患‘失语症’的不是我们中国文论，而正是西方文论。”❷季羡林站在中国文学和文化的立场，敏锐地发现，曹顺庆所谈到中国文论“失语症”的真正渊薮是中国文论家大力引进的西方文论对中国文学的阐释效力值得质疑，问题的症结是西方文论对中国实际问题的“失语症”。当然他和曹顺庆开出的药方其实是一致的：中国学者首先应该认真整理和阐释自己的传统文论，梳理自己的话语体系，然后再与西方文论对话。朱立元则认为“失语症”的说法带有西方中心说的意味，而且判定中国当代文论的危机不应该局限于文论话语之间的比较，还应该把文论话语放在现实语境中去检验它的效用。他判断说：“当代文论的根本危机不是‘失语’而是疏离文艺发展的现实。”❸笔者认为，不论是“失语症”问题还是文论与文艺现实脱节的问题，总之中国当代文论出现的危机促使中国学人不断反思话语工具的合理性和文艺现实的

❶ 曹顺庆. 中外比较文论研究的基本目标和重建中国文论话语［A］// 钱中文，杜书瀛，畅广元. 中国古代文论的现代转换. 西安：陕西师范大学出版社，1997：321.

❷ 季羡林. 门外中外文论絮语［A］// 钱中文，杜书瀛，畅广元. 中国古代文论的现代转换. 西安：陕西师范大学出版社，1997：6.

❸ 朱立元. 走自己的路——对于迈向 21 世纪的中国文论建设问题的思考［J］. 文学评论，2000（3）.

特殊性，着眼于发展独立自主的文论并规划新的理论探索蓝图。

（二）中国古代文论研究和当代文艺理论研究之间的鸿沟

长期以来，中国古代文论界和当代文艺理论界具有各自的学科分工和研究路数。前者往往“以古解古”，与当代文艺现实和时代呼唤绝缘，古代文论逐渐成了“死传统”。后者则借用西方的话语工具分析问题，往往漠视传统文论资源，即便引用古代文论也是抓来几个古代概念或者例证来补充整体。面对这一状况，中国古代文论界和当代文艺理论界的学者如何跨越古今文学传统和中西方文论话语的鸿沟，激活传统文论的思想因子，吸纳西方思想资源，将古老的东方智慧融入当代中国人的文学经验和审美意识中，这将是极富挑战性的课题。

当中国学者运用接受美学介入中国古代文论的现代转换时，同样感受到中国当代文论的危机，感受到中国古代文论研究和当代文艺理论研究之间的鸿沟。为了应对这些问题，他们在拒斥全盘西化又主动放眼西方的矛盾心态下，细致地梳理接受美学和中国本土理论资源的“异中之同”“同中之异”，找到两大理论融通契合之处，借用接受美学对古代潜在的接受理论体系进行创造性阐释，以期构建民族特色的古代接受诗学，融入当代文论话语之中。中国学人学术努力的最终目标是建设独立开放的民族性文论以卓然屹立于世界文论讲坛。具体问题在第七、八、九章中展开讨论。

第二节　何谓“转换”和怎样“转换”

一、何谓“转换”

为了积极应对中国当代文论的话语危机，跨越中国古代文论研究和当代文艺理论研究之间的鸿沟，自 20 世纪 80 年代以来中国学界提出了“中国古代文论的现代转换”这一学术策略，拥护者很多，当然反对者的声音也不绝于耳。拥护者关于“中国古代文论的现代转换”的总方针和总目标保持高度的一致：即古代文论为建设中国特色的当代文艺学体系服务。钱中文关于“现代转换”的理解在学界影响很大。他认为“现代转换”的实质就是古代文论与中国当代文论接轨的问题，把古代文论中“有着普遍规律性的成分，清理出来，赋予其新的思想、意义，使之汇入当代文学理论之中，与当代文论衔接，成为具有当代意义的文学理论的血肉”❶。这种转换不是对古代文论寻章摘句以点缀当代文论，而是要吸取古代文论的概念术语、内在特性和思想精神，充实当代文论以建构中国特色的文论体系，扭转在世界文论中的弱势局面。与钱中文的理解相类似，畅广元、陈伯海、顾祖钊❷等学者也是从“古今沟通、现代阐释”视角把握“现代转换”。与之对应，中国学界对“中国古代文论的现代转换”的反对和保留意见不少。胡明、郭英德、陈洪、张峰屹、蒋寅等学者纷纷撰文表达自己的看法。❸他们质疑的焦点是古代文论有没有现代阐释的必要性和可能性，而且他们担心“转换”的实际操作会陷入西方中心论和文化殖民主义的陷阱中。笔者以为，反对者或者持保留意见者对“转换”泼一瓢冷水未必是

---

❶ 钱中文 . 再谈文学理论现代性问题［J］. 文艺研究，1999（3）.

❷ 畅广元指出“转换”就是“对古代文论进行新的阐释，找出其当代价值”；陈伯海以为“转换”即是“使传统面向现代而开放其自身”；顾祖钊将“转换”概括为把“具有现代意义的古代文论的资料和因素提炼出来”。以上观点详见：畅广元 . 文气论的当代价值［A］// 钱中文，杜书瀛，畅广元 . 中国古代文论的现代转换 . 西安：陕西师范大学出版社，1997：269–288；陈伯海 . 从古代文论到中国文论——21 世纪古文论研究的断想［J］. 文学遗产，2006（1）；顾祖钊 . 中西融合与中国文论建设［J］. 文艺理论与批评，2005（2）.

❸ 有些学者乐观地认为传统文论将借此契机全面复兴甚至成为 21 世纪世界文论的主流，陈洪对此表达了谨慎的保留态度。张峰屹则怀疑传统文论难以适应当下文学“语境”。蒋寅则认为古代文论资源“活着的自然活着，死了的就死了”，不存在“现代转换”必要。而胡明则聚焦古代文论和现当代文论的内在对立，认为已做的“转换尝试”工作成绩不佳，“转换”难度很大。郭英德怀疑“失语”“现代转换”背后失衡的文化心态，他担心古代文论“面向现代”“服务当代”可能又陷入西方中心主义的误区。以上观点详见：陈洪，等 . 中国古典文论的现代转化（笔谈）［J］. 天津社会科学，1997（6）；蒋寅 . 古典诗学的现代诠释［M］. 北京：中华书局，2003：4；胡明 . 新世纪中国文学理论体系的建构伦理与逻辑起点［J］. 中国文化研究，2002（1）；郭英德 . 文学传统的价值与意义［J］. 中国文化研究，2002（1）.

坏事情，这些“反对之声”让学界清醒地看到难度和不足，至少可以减少“转换”思考中的民族主义和虚无主义的极端情绪。

学界关于“中国古代文论的现代转换”的可行性虽然存在明显分歧，但是这些争论异中有同：他们逐渐发现，中国文化要想走向世界，首先必须扎根传统、整理传统，要把眼睛向内转。那么，中国特色的当代文论建设就离不开古代文论资源，古代文论在中国整个文学理论的学术架构中扮演着越来越重要的角色。

总的来说，中国学人将接受美学和古代文论比较研究时是积极赞成“现代转换”的。他们也瞄准“现代转换”的总方针和总目标——古代文论为建设中国特色的当代文艺学体系服务，开始了学术征程。

二、怎样“转换”

据笔者掌握的资料看，自 20 世纪 80 年代以来拥护“现代转换”的学者总体目标大致相同，不过他们关于“转换”方法和途径的看法却不尽相同，具体来说：（1）在研究重心上，大家围绕当代文论建设是以今为主还是以古为主存在争议，这样直接影响到古代文论现代转换的当代意义。曹顺庆、张少康等学者推崇以古为主建设当代文论，古代文论的现代转换在当代文论体系中自然占有核心地位。[1]另外，钱中文、朱立元等学者则主张以今为主，立足于近百年来形成的现当代文论传统（虽然存在诸多问题），吸收古代文论和西方文论，重铸中国当代文论体系。[2]既然是以今为主建设当代文论，那么经过现代转换的古代文论在其中的地位就不是核心力量，而是重要力量。（2）在研究步骤上，大家提出了各色各样的“两步

---

❶ 参见：曹顺庆．中外比较文论研究的基本目标和重建中国文论话语［A］// 钱中文，杜书瀛，畅广元．中国古代文论的现代转换．西安：陕西师范大学出版社，1997：322-330；张少康．历史发展必由之路——论以古代文论为母体建设当代文艺学［J］．文学评论，1997（2）．

❷ 参见：钱中文．会当凌绝顶——回眸二十世纪文学理论［J］．文学评论，1996（1）；钱中文．再谈文学理论现代性问题［J］．文艺研究，1999（3）；钱中文．文学理论反思与“前苏联体系”问题［J］．文学评论，2005（1）；朱立元．走自己的路——对于迈向 21 世纪的中国文论建设问题的思考［J］．文学评论，2000（3）．

走”“三步走”或者“四步走”的方案，不过，总体研究思路无外乎两个步骤，一是认真清理和辨析古代文论遗产，全面细致地把握其范畴体系和文化表征；二是运用现代意识和跨学科的眼光创造性地阐释古代文论，选择其中富有生命力的部分融入当代文论中。清理是阐释的基础，阐释是“现代转换”的关键，清理和阐释并不是截然分开，在实际研究中往往水乳交融。这种研究步骤强调历史性和当代性的高度统一，用中国古话概括就是“望今制奇，参古定法”。（3）在研究原则方法上，大家各陈己见，不过归纳起来，主要是三大原则方法。一是历史还原法，它要求学者在古代文论现代转换的初始阶段“辨章学术、考镜源流”，尽量还原文论概念命题的原初语境，并且要遵守古人训诂文字、考辨史料的学术规范。这是进一步“转换”的坚实基础。❶二是中西对话法，它建立在历史还原法基础之上。它要求学者在熟稔中西文论的基点上对两种文论进行比较和辨析，不是简单的概念比附，也不是截然判定相同或者相异，而是追索话语系统深层的同中之异和异中之同，辨明中西文化精神的融通和隔阂之处，最终在中西文论互证互释中达到异质文化的高度融合。❷三是古今问题对接法，这一方法其实和中西对话法紧密联系。它要求研究者以问答逻辑和古代文论展开交流对接，以今人的问题意识和古人的原初视野交融渗透，形成效果历史，在吸收西方文论基础上实现中国文论话语的重建。❸（4）研究格局上，从

❶ 蔡钟翔提出的“历史主义的科学原则”、童庆炳谈到的“历史优先原则”和黄卓越提出的“着眼于对文论历史真性的揭示”都是历史还原法的不同表述。详见：蔡钟翔．古代文论与当代文艺学建设［J］．文学评论，1997（5）；童庆炳．中国古代文论的现代意义［M］．北京：北京师范大学出版社，2001：2；黄卓越．关于古代文论转换的学理性思考［A］// 钱中文，杜书瀛，畅广元．中国古代文论的现代转换．西安：陕西师范大学出版社，1997：69.

❷ 关于中西对话法具体论述见：王元骧．试论古代文论的“现代转换”［A］// 钱中文，杜书瀛，畅广元．中国古代文论的现代转换．西安：陕西师范大学出版社，1997：36–50；李衍柱．路与灯——论宗白华先生对中国现代美学建设的贡献［A］// 钱中文，杜书瀛，畅广元．中国古代文论的现代转换．西安：陕西师范大学出版社，1997：185–212；顾祖钊．论中西文论融合的四种基本模式［J］．文学评论，2002（3）；陈伯海，黄霖，曹旭．中国古代文论研究的民族性与现代转换问题（二十世纪中国古代文论研究三人谈）［J］．文学遗产，1998（3）.

❸ 朱立元、顾祖钊和左东岭三位学者对此方法有详细阐述，参见：朱立元．走自己的路——对于迈向 21 世纪的中国文论建设问题的思考［J］．文学评论，2000（3）；顾祖钊．中西融合与中国文论建设［J］．文艺理论与批评，2005（2）；陈洪，等．中国古典文论的现代转化（笔谈）［J］．天津社会科学，1997（6）.

古代文论史到文论概念范畴再到文论系统或者体系，三大板块互为犄角，步步深入。对此，多数中国学者抱有大致相似的看法：古代文论史的研究是转换的基础，目前的研究水平比较高，成果丰硕，王运熙、顾易生主编的七卷本《中国文学批评通史》是代表。古代文论概念范畴的研究是转换的深入，目前也取得了不小的进展。最困难的就是文论体系研究，很多学者以为古代文论体系的发掘或者重构是转换成功的关键。[1]

具体到接受美学和中国古代文论的现代转换研究，大家在研究重心上，围绕当代文论建设是以今为主还是以古为主也有不同看法；在总体研究思路上大体上也是两个步骤，资源清理和现代阐释；在原则方法上采用直接中西对比法、化用法、文化模子追踪法，而这三种方法其实是历史还原法、中西对话法、古今问题对接法的衍生；在研究格局上，他们对古代接受理论史和接受理论范畴命题的梳理比较详细深入，古代接受理论体系的研讨初见成效，有待加强。以上问题在第七、八、九章中会具体展开。

三、30 多年“中国古代文论的现代转换”的成果

从 1979 年中国古代文论学会成立时提出“古代文论研究和现代文论研究结合”以来，中国学者辛勤耕耘，不遗余力地推进“中国古代文论的现代转换”，已经取得了丰硕的成果。比如王运熙、黄霖主编的《中国古代文学理论体系》，童庆炳的《中国古代文论的现代意义》，曹顺庆等人的《中国古代文论话语》，梁道礼的《古代文论的现代阐释》，张少康的《文艺学的民族传统》，等等，这里例举的只是很少的一部分。关于接受美学和中国古代文论现代转换研究的成果也不少，比如叶嘉莹的《中国词学的现代观》，叶维廉的《中国诗学》，樊宝英、辛刚国的《中国古代文学的创作与接受》，邓新华的《中国古代接受诗学》，以上仅是列举，远不是全貌，在本书第七、八、九章中我们会涉及更多的研究成果。

---

[1] 参见：蔡钟翔．古代文论与当代文艺学建设［J］．文学评论，1997（5）；党圣元．论古代文论范畴体系结构［A］// 钱中文，杜书瀛，畅广元．中国古代文论的现代转换．西安：陕西师范大学出版社，1997：213-231.

第七章　接受美学对“中国古代文论的现代转换”的可能性

中国学者曹旭总结百年中国古代文论时指出，新时期以来，古代文论研究除了传统的社会学方法外，“被我们关在门外几十年的各种西方理论思潮，如结构主义、新批评、接受美学、阐释学，甚至原来属于自然科学的系统论、信息论、控制论，也成为古代文论研究的新式武器”❶。20 世纪 80 年代初期，接受美学引入我国，张隆溪、叶嘉莹和叶维廉等具有国际文论视野的学者较早开始进行接受美学和传统文论的平行比较。30 多年过去了，接受美学这一“新武器”在“现代转换”显出了多大的威力？中国学界不禁要问：中国古代有没有自己的文学接受理论？如果有，它自成体系吗？那么它有哪些重要的概念、范畴和方法？在接受意识、言说方式和文化架构上和西方的接受美学又有哪些异同？把接受美学和中国古代文论放在对话平台上比较、融合，能给中国当代文论建设带来什么新东西或者新启示？归根到底可以归纳为两个问题，一是接受美学对“中国古代文论的现代转换”的可能性；二是接受美学对“中国古代文论的现代转换”的有效性。先看可能性问题：接受美学能够介入“现代转换”这一中国本土理论问题并发挥积极作用，至少有三个方面的原因，分三节讨论。

❶ 陈伯海，黄霖，曹旭．中国古代文论研究的民族性与现代转换问题（二十世纪中国古代文论研究三人谈）［J］．文学遗产，1998（3）．

第一节　接受美学和中国古代文论的相似性

就20世纪西方文论发展趋势看，从胡塞尔现象学的“意向性”概念到海德格尔的“前理解”构想和英伽登的“具体化”理论，再到伽达默尔的“视域融合”“效果历史”等思考，最后是接受美学主将姚斯的“期待视野”和伊瑟尔的“隐含读者”等概念，这一脉相承的理论发展景观往往被人称为“人本主义”文论思潮。这一思潮最大的特征就是高度肯定和重视文学经验中人的主体性地位和作用，极力反对像科学主义文论那样排除人的“主观经验”，只对文学封闭自足的语言形式进行“解剖式”研究。接受美学在人本主义文论思潮中居于承上启下的关键点。

姚斯文学接受史观和伊瑟尔的阅读现象学将胡塞尔、英伽登的现象学美学变成一种具体的文学理论，同时他们把海德格尔、伽达默尔的现代阐释学推行到文学阐释学之中，以读者理解的历史性和主体性来重构文学文本的存在本体。可以说，接受美学发展了一种以读者为本的主体性文论。它的这一理论动向直接引发了美国读者反应批评家费什、布莱奇等对阅读主观反应的高度肯定，以至于费什最后完全抛弃文本客观性，把读者的主观理解看作文本唯一的“真实”，把自己的研究视为读者反应的再反应。费什的极端“人本主义”显然已经滑向绝对主义的泥潭。与之形成鲜明对比，姚斯和伊瑟尔在他们理论发展的后期不约而同地走向“交流理论”，强调文学活动是作家创作、潜在文本和读者主体三方以审美经验为纽带展开的交流循环过程，努力将文本的客观性和读者的主体性整合起来。这实际上是对前期读者主体性文论的一种补充和修正。不过，接受美学前后的理论变化并没有引起中国学者充分的重视，大多数研究者还是盯着接受美学的前期理论。

总的说来，接受美学从人本主义立场树立读者的主体性地位对于20世纪日益走向封闭的科学主义文论不啻是一种补救和反拨，其理论意义不言而喻。有趣的是，富有人本主义和主体性倾向的接受美学在中国古代的异质文化语境中找到了“知音”。中国古代文论把文学活动看作具有整体性和直观性的审美艺术空间。文论家聚焦人的文学感知和生命体验，将创作经验和接受鉴赏经验视为一个循环交流、浑然一体的整体来考察，积极倡导作家和读者“涤除玄鉴”“返虚入浑”，敞开主体心境去渗入、参与和拥抱审美对象，达到“神与物游”“俯仰天地”的高度自由性和主体性。如同接受美学倡导读者理解的历史性、参与性、差异性和能动性一样，中国古代文学和文论中的读者意识已经深深渗透到民族文学的共同体之中。在中国古代浩如烟海的“诗文评”文献中，富有主体性的接受鉴赏思想俯拾皆是，从先秦的“赋诗言志，余取所求”现象到清代王国维的“感兴”说词方式，从上古孟子的“以意逆志”到近古谭献的“作者之用心未必然，读者之用心何必不然”。可以说，虽然因为言说方式、文化架构和哲学思想上的差异，西方接受美学和中国古代文论所理解的读者主体性和人本主义的具体内涵旨趣有别，但是两者的理论趋势无疑具有相似性和共通性，两者具有平行比较的可能性。

笔者还注意到，中国固有的阐释学传统和接受美学的阐释学背景也具有相通之处。姚斯在《审美经验与文学解释学》的中译本序言中谈到接受美学研究的“审美经验是一种秘而不宣的、反形而上学的传统，完全可以把它与中国人一直在寻求并已达到的个人鉴赏力相比较，这种鉴赏力的发展渗透着道教的影响。我认为，这一鉴赏力的格式塔式的主观审美经验是我们两种文化所共有的基础”。[1]他认为中国自隋朝以来的科举取士就要求应试者写一篇阐释经典的漂亮文章，同时自汉儒解释五经开始中国一直延续着注释经典（比如《诗经》）的阐释学传统，这与阐释《圣经》和荷马史诗为启始的西方阐释学具有明显的相似性。中西方阐释学都明白，任何经典文本要在历史流变中永葆生命活力，就必须在不同时代语境中通过

[1] ［德］耀斯．审美经验与文学解释学［M］．顾建光，等译，上海：上海译文出版社，1997：3.

阐释和再阐释来更新其意义。笔者以为，西方阐释学无疑是接受美学直接的思想来源，中国古代以个人鉴赏力为基础的文学接受理论也深受自身阐释学传统影响。可见，中国古代接受理论和接受美学具有内在的思想契合点。这样看来，接受美学和中国古代文论虽然没有直接的影响关系，但是从平行比较的视角看，两者在读者主体性、人本主义和阐释学传统上具有许多相似相通之处。这是接受美学旅行到中国当代学术语境中，可能被接纳并介入“古代文论现代转换”研究的思想基础。

第二节　接受美学有助于“中国问题”的解决

20 世纪六七十年代接受美学风行欧美学术界时，美国学者韦勒克曾讥讽道：“文学作品的生存、效果和影响从来就是人们研究的课题，而目前学术界对接受问题的浓厚兴趣不过是一阵风而已。”[1]20 世纪 80 年代初接受美学在中国学界“热”起来的时候，也正值中国古代文论现代转换研究方兴未艾。那么，中国学者读到韦勒克的这番评价时，第一反应恐怕不是否定接受美学，而是要细细玩味琢磨韦勒克的前半句话。既然“接受研究”从来就有，那么矿藏丰富的中国古代文论中也有吗？经过认真思考和审慎辨析之后，中国学者的回答是肯定的。童庆炳曾考辨自孟子的“以意逆志”到王夫之的“作者用一致之思，读者各以其情而自得”这段中国古代接受理论的发展线索，以证明接受美学并非西方人“独创”。他总结说：“我发现‘接受美学’就其思想而言，在我们中国‘古已有之’，接受美学的思想幼芽产生于中国。”[2]虽然中国古代并没有“接受美学”这一概念，但是在浩如烟海的诗话词话选本评点等接受文本和《文心雕龙》《原诗》等纯理论著作，还有大量的诸子典籍中，都保留着丰富的文学接受思想，形

❶ 刘小枫 . 接受美学译文集［C］. 北京：生活 · 读书 · 新知三联书店，1989：213.

❷ 童庆炳 . 中国古代文论的现代意义［M］. 北京：北京师范大学出版社，2001：96.

成中国独特的文学接受理论。正如邓新华所说："只要我们以西方接受美学的理论为参照，来返观一下我国古代的文艺理论和美学理论，就会欣喜地发现其中确乎蕴含有一些接受美学的基本思想。"❶中国学者群体逐渐意识到，中国古代文论中富含大量文学鉴赏、阐释和批评的思想资源，存在一个潜在的接受理论体系，富有现代转换的价值，问题是如何整合和开发。作为方法论，接受美学对接受活动的系统研究给我们检视古代文论的范畴和体系提供了新的理论方法。可以说，接受美学为"中国问题"的解决提供了理论武器。这样，勇于开拓的中国学人便开始尝试借用接受美学的理论来烛照中国古代文学接受理论，在中西互证互释的基础上对传统文论资源进行现代阐释。早在 20 世纪 80 年代，张思齐就提出"中国接受美学"的概念。❷20 世纪 90 年代，樊宝英等的《中国古代文学的创作与接受》(1997)一书从理论史、作品、作者、读者四个向度勾勒了"中国古代接受美学思想的民族性"。❸金元浦也在辨析东方式接受美学特征的基础上提出"重建中国古代解释接受批评理论"构想。❹世纪之交，邓新华在《中国古代接受诗学》中翔实地考辨了中国古代文学接受意识自觉化和理论化的过程，并在中西比较的视野下凸显"玩味""品评"和"诗无达诂""以意逆志"等中国特色的文学接受方式。这表明中国古代确实存在独具东方民族特色的文学接受理论，而且表现出一些不同于西方接受美学的体系化特征（当然，很多学者认为是潜在的体系化特征）。邓新华提出在中西方文论互证互释的基础上"建构有民族特色的中国接受诗学"。❺到了 21 世纪初期，龙协涛也提出建构"东方民族特色的文学读解理论"。❻笔者认为，从张思齐的"中国接受美学"到邓新华的"中国接受诗学"，这些理论构想实际上表达了中国古代文论研究界和当代文学理论研究界"融化西学、自主创新"的普遍心声，指明了中国古代文论的现代转换在"接受理

❶ 邓新华."品味"论与接受美学异同观［J］.江汉论坛，1990（1）.

❷ 参见：张思齐.中国接受美学导论［M］.成都：巴蜀书社，1989：204-206.

❸ 樊宝英，辛刚国.中国古代文学的创作与接受［M］.东营：石油大学出版社，1997.

❹ 参见：金元浦.接受反应文论［M］.济南：山东教育出版社，1998：397-414.

❺ 邓新华.中国古代接受诗学［M］.武汉：武汉出版社，2000：5.

❻ 龙协涛.文学阅读学［M］.北京：北京大学出版社，2004：269.

论”这一特定领域的研究方向。既然中国古代文论的现代转换涉及中西文论之间的对话交融，而且“现代转换”的目标就是要建设有中国当代民族特色的文论，那么，接受美学介入现代转换这一问题域之后，就很自然地和中国古代文论的研究实际相结合，生发出一个新的“中国问题”：从局部到整体逐步建构有中国特色的文学接受理论（诗学），补充和发展西方的接受美学。而且，正如上一章所述，中国古代文论现代转换的格局中，中国古代文论“史”的研究已经成果丰硕，但是范畴、体系的研究有待深化，需要新的方法论发掘潜在的范畴和体系。既然我们潜藏着丰富的接受思想，那么借用接受美学这一新的理论武器，就可以考察核心范畴和衍生范畴的生成发展，窥见中国古代文论的内在精神和价值取向，清理出中国接受理论的体系，为整个古代文论的体系建设添砖加瓦。

第三节　中国学者的文化心态

接受美学能介入“中国古代文论的现代转换”问题和中国学者的文化心态也有密切关系。接受美学在中国的“理论旅行”并非畅通无阻，它不可能在文艺学研究的任何领域都大显身手。在当代的文艺学理论建构中，接受美学的理论话语必须要触碰中国学者的神经末梢，才会引起中国学人的理论兴奋度。正如萨义德在探讨“理论旅行”现象时所说：“如果没有任何方法论可以加之于一个本质上是异质的和公开的活动领域——文本的书写和释义——的话，那么，聪明的做法则是用适合于我们所处情境的方式，来提出有关理论和批评的问题。”[1]可见，接受美学作为方法论在中国这样的异质文化语境中并不能直接套用。中国学者应该借鉴接受美学“用适合于我们所处情境的方式”来提问，才会激起接受美学与中国理论问题

[1] ［美］萨义德．世界·文本·批评家［M］．李自修，译．北京：生活·读书·新知三联书店，2009：406.

的“对接”契合点。如上一编所述，接受美学的理论范式正好有助于弥合中国学者的“文学史悖论”之感，所以接受史就能逐步成为中国学界“重写文学史”的话语场域中一支独特的力量。同样，如前一章所述，20世纪90年代以来文论话语危机和两大学科研究的鸿沟困扰着中国学人。他们提出“中国古代文论的现代转换”的具体应对策略，表现了中国古代文论研究者和当代文艺理论研究者两大学术群体面对全球化态势而寻求“中国声音”的理论焦虑和思想诉求。这样的文化心态其实潜藏着明显的矛盾。一方面，要发展中国特色的当代文论，就不能老跟着西方跑，应该独立自主。研究者心中对西方文化和文论的霸权保持防范警惕的态度。另一方面，西学的知识谱系和思维方式已经内化在中国当代文论话语和学术研究范式中，马上抛开西学另起炉灶是不切实际的，所以，建设中国特色的当代文论，借鉴西学、中西融合是必由之路。中国学者在中学西学比较融合问题上往往又表现出宽容开放的心态。正是基于这种矛盾心态，中国学者在研究中既拒斥西化又主动放眼西方，不是所有西方新奇理论照单全收，而是选择性地吸纳。中国学者谨慎地将接受美学放在和中国古代文论对话的平台上，他们欣喜地发现，虽然两者文化背景和理论架构存在差异，但是接受美学和中国传统文论具有诸多相通之处。以前的古代文论研究较多地关注古代批评家关于作家“文心”和作品旨归的理论思考，恰恰遮蔽了中国古代读者的接受意识和接受理论的发展轨迹。“他山之石，可以攻玉”，处在矛盾心态中的中国学者群体借此坚定信心，他们大胆借用接受美学的理论方法和研究视角，尝试激活中国古代文论中潜藏的接受理论，把古代文论的隐在体系变成显在话语，重构中国接受诗学的理论景观。

第八章　比较视域下中国古代接受理论范畴命题的现代阐释

第一节　概　述

上一章笔者探讨了接受美学对“中国古代文论的现代转换”的可能性，那么，接受美学介入“转换”问题后具体发挥了哪些效用，取得了什么成果？这就涉及接受美学对“中国古代文论的现代转换”的有效性问题。笔者以为，30多年来，接受美学对“现代转换”的理论效用主要体现在形式、内容和研究历程三大方面。

首先，从形式上看，中国学者将接受美学引入中国古代文论研究，谋求建构中国接受理论（诗学）体系，主要存在三种方法类型：（1）直接中西对比法。中国学者直接把接受美学的概念、范畴和中国古代文论的概念、范畴作平行比较，细致清理并激活中国古代文论中潜藏的接受理论，呈现出中国古代特有的接受理论（批评）发展史。这是实现中国古代接受理论现代转换的基础和前提。（2）化用法。在澄清中国古代接受理论概念、范畴和发展史的基础上，中国学者不直接套用接受美学术语，而只是借鉴接受美学的理论视角和阐释方法，促成西方文论和中国古代文论的“对话”，揭示古代文论的现代意义，谋求构建中国特色的古代接受理论体系，使之有效地融入中国当代文艺学的整体框架中，推动中国当代文艺学的民族化进程。所谓化用就是如盐入水，接受美学是盐，中国古代接受理论是水，两者融合，双方都发生适应性变异。接受美学中国化，中国古代文论也呈现它的现代意义，最后形成当代特色的文论新质态。化用法还指很多学者积极探索化古为今，尝试运用古代接受诗学术语和方法服务于中国现当代文学的阅读和批评实践，彰显它的现代意义和价值。（3）文化模子追踪法。笔者认为，中西方文论的差异其实源自文化模子的不同，每一文化模子都承载着历史形成的批评理念和审美精神，往往是某些核心价值观念支配特定批评范式和话语体系（比如中国文论中的“道”“虚无”，西方文论中柏拉图的“理式论”、黑格尔的“理念论”）。中国学者在研究中西方接受理论的差异时，往往追踪到中西方文化模子的内在差异，并试图运用叶维廉倡导的“换位”之思来沟通中西方文化精神和审美意识的局限性，以期实现异质文化之间“否定之否定”的融合。上述三种方法其实都贯穿着第六章所讨论的三大方法（历史还原法、中西对话法、古今问题对接法）的精神。因为，无论是直接比较、化用西方理论还是文化模子的追踪，都必须先还原古代接受理论的历史语境，然后把接受美学和古代接受理论放在古今中西的对话平台上比较融合，借助这种综合广阔的视野研究者才会熔铸新知，有所发现。

其次，从内容上看，中国学者30多年不懈努力，在中西比较视域下借用接受美学对中国古代接受理论的诸多范畴命题进行了现代阐释，构成了一个历时性的序列。同时，他们在中西比较视域下借用接受美学全面揭示了中国古代接受理论的民族特性，初步形成了一个共时性的体系。从历时性的角度讲，中国学者融化西学，阐明旧知，对“诗言志”、“以意逆志”、“诗无达诂”、刘勰的“知音”论、钟嵘的“滋味”说、意境、王国维词学概念命题等进行了现代阐释，尤其是对意境的研究取得不小的突破，极大拓展了这一民族文论范畴的历史内涵和阐释效力。中国学者考察的范畴命题从先秦到明清，呈现出一个完整的历时性序列，反映了中国古代接受鉴赏理论逐步深化和日益自觉的发展历程。另外，从共时性的角度看，中国学者在中西比较中敏锐地发现中国古代接受理论的众多民族特性。

（1）从文学要素的关系看，与接受美学截然划分创作论、文本论、接受论不同，中国古人将创作—作品—接受三者融为一体，显出辩证圆融的东方思维特性。

（2）从接受活动特征和接受研究的思维方式看，与西方接受美学注重接受活动中的理性阐释和发现不同，中国古代接受理论将接受视为体验感悟为基础的整体化直观化活动，一个突出的表现就是中国具有发达的“味”论。

（3）从批评语体看，中国古人常用文学化的批评接受语体，与接受美学理论化的批评接受语体有别。

（4）从接受主体看，中西方理论都注意到读者“期待视野”构成的多元性，中国古人尤其看重虚静心态的修炼，这是中国接受理论的一大特色。

（5）从接受理论架构的具体运作看，中国古代具有独特的读解理论——出入说和古人把握到理想读者的阅读效应——自得说，同时中国学者还注意到汉语作为文学语言符号的特点（不同于拼音化的西方语言）诱发了读者阅读活动的自由性和灵活性。

（6）从理论整体架构到具体运作，中国学者概括总结了古代接受理论的以上五大特征。同时，他们通过文化模子追踪法逐步发现这些特征和差异背后的中西方文化根源。他们认为，首先，中西接受理论的差异与中西哲学文化的差距有关。其次，中国古代接受理论的独特性源自古代三大思想源头。

这些民族特性初步构成了一个共时性的体系。

总之，在中国古代接受理论历时性和共时性的研究过程中，中国学者之间针对具体观点出现赞成、反对和保留态度，构成了意味丰富、杂语共生的多声部对话，展现了中国学者群体在中西融合思考上的广度和深度。

最后，从研究历程看，从 20 世纪 80 年代以来，叶维廉、张隆溪、叶嘉莹、童庆炳、龙协涛等老一辈学者开启了中国古代文论和接受美学研究的中西融合之路，接着，樊宝英、邬国平、邓新华、蒋济永、刘月新等一大批中青年学者承继前学，开拓创新，灵活运用现代视角和问题意识激活古代原生态的文论资源，逐步将中国古代接受理论（诗学）研究由历史描述向范畴体系的纵深推进，释放了古代文论的阐释效力，活化了传统文化的独特精神，真正实现了中国古代文论的现代转换。就笔者现在搜集到的资料看，在“中国古代接受理论（诗学）”这一领域，邓新华研究的系统性和前瞻性比较突出。邓新华从20世纪80年代中后期撰写硕士论文《中国古代美学中的“品味”论》开始涉足中国古代接受理论，陆续在《文艺研究》《学术月刊》《北京大学学报》等刊物上发表《“品味”的艺术接受方式与传统文化》《〈知音〉篇是中国古代的“文学接受论”》《建构有民族特色的中国接受诗学》等20余篇论文，主要围绕中国古代接受理论展开。他先后出版有关中国古代接受理论的专著三部。[1]尤其是第一部专著《中国古代接受诗学》在翔实考辨古代文献基础上从纵横两个向度梳理了中国古代丰富而零散的接受美学思想。这部著作赢得了中国学术界的认可。樊宝英评价这部著作“标志着中国古代接受诗学的现代重构”，[2]童庆炳认为，“邓新华的学术努力是对中国古代文论研究的一个贡献，同时也是对现代形态文学理论一种重要的理论滋养，他的著作的学术价值无疑要受到高度的评价”。[3]邓新华最近从事的“诗学解释学”研究中心是“古代理论家批评家如何对文学作品进行理解和解释，以及他们对文学理解和解释活动特点、规律和方式方法的探索和总结”，[4]这种文学理解和解释活动说到底都属于文学接受活动。所以他的“诗学解释学”可以看作中国古代接受诗学的分支。本来笔者准备把邓新华的中国接受诗学研究作为经典个案写一

---

❶ 邓新华．中国古代接受诗学［M］．武汉：武汉出版社，2000；邓新华．中国传统文论的现代观照［M］．成都：巴蜀书社，2004；邓新华．中国古代诗学解释学研究［M］．北京：中国社会科学出版社，2008.

❷ 樊宝英．中国古代接受诗学的现代重构——评邓新华教授著《中国古代接受诗学》［J］．中南民族大学学报·人文社会科学版，2006（6）.

❸ 童庆炳写的序言，参见：邓新华．中国古代接受诗学［M］．武汉：武汉出版社，2000：1.

❹ 邓新华．中国古代诗学解释学研究［M］．北京：中国社会科学出版社，2008：15.

节，但是考虑到邓新华对“以意逆志”、“诗无达诂”、刘勰的“知音”论等范畴命题和“玩味”“品评”等古典接受鉴赏方式作了许多富有个性和创见的阐释，而这些范畴命题和接受鉴赏方式恰恰是中国古代文论和当代文论研究中的热点。如果把邓新华的研究和其他学者对于相似相关问题的研究放在一个问题域中比较辨析，或许能更清晰全面地展示中国学者群体关于“接受美学和中国古代文论现代转换”思考的广度和深度。

笔者认为，30多年来，从形式、内容和研究历程三个方面可以看出中国学者将接受美学引入“现代转换”研究的巨大热情，同时也取得了丰赡的成果。在具体理论问题上他们固然颇多争议，但是他们30年来学术钻研的总体目标却是一致的，即要借接受美学之石，攻古代文论之玉，让古人接受理论中的浑金璞玉能够在现代视野中凸显价值，大放异彩，并让古人之思如汩汩清泉融入中国特色的当代文论巨流之中。他们希望在世界文论讲坛上唱出中华文论的历史强音。

接下来，笔者以中国学者的研究内容为主线，具体探讨“比较视域下中国古代接受理论范畴命题的现代阐释”问题，下一章则探讨“比较视域下中国古代接受理论的民族特性”问题，至于“形式上的三种方法类型”和“研究历程”则融化到以上两大问题的探讨中。

第二节　先秦两汉“诗言志”等范畴命题和接受美学

一、“诗言志”和接受美学

接受美学最主要的理论贡献之一就是在西方文论史上第一次把读者及其接受之维视为文学存在的本体论构成。姚斯凸显读者在文学活动中的主体地位，他受到伽达默尔的阐释学影响，把人的理解视为艺术作品存在的必然因素。他严厉抨击了传统阐释学将作者与生产因素作为文学作品意义的唯一源泉，也批评了审美形式主义将语言结构和形式技巧视为文学作品的根本特征。他认为，文学作品的历史本质不仅受到创作主体（作者）的再现或表现方式的调节，而且必然受到消费主体的接受方式的调节，而且读者的接受最终赋予文学作品“过程性”的历史生命。所以姚斯坚信：“艺术作品的历史本质不仅在于它再现或表现的功能，而且在于它的影响之中。”❶这样，在作者、作品和读者关联中，读者是文学活动的能动主体和本体构成，读者的阅读不是对文本的被动反应，而是主动的再创造活动。接受美学另一位主将伊瑟尔虽然不像姚斯一样关心历史经验中读者的作用，但是在他的“微观审美反应”模型中，文学作品具有“两极性”，艺术极只是文本的潜在结构，它不能自我呈现，必须依赖审美极，也就是读者通过意向性投射对文本的“具体化”，最终构建起富有意义的审美意象。而且伊瑟尔极其重视的“隐含读者”也具有双重性，一方面，它是一种文本结构，预设了读者角色，另一方面它又不完全受制于文本结构，它包含了读者在阅读中把潜在文本构造成审美对象的主体性和能动性。所以，伊瑟尔认为：“读者领会文学本文（文本）不是一个被动的接受过程，而是一种生产性的响应过程。”❷

强调读者主体性和本体地位的接受美学引入中国古代文论的研究视野后，这一理论对我们重新检视古人鉴赏接受理论产生了不小的震动。毕竟，我们以往的古代文论研究大多关注“气”“文心”“神思”等作者范畴和“韵味”“品”“神”“质”等作品范畴，相对忽视了丰富的读者接受范畴或者说是文论范畴中的接受意蕴。有趣的是，以读者理论著称的接受美学一进入中国古代文论语境，就和古代文论的开山纲领“诗言志”发生碰撞，戏剧性地将“诗言志”这一创作论命题“转换”成接受论命题。一般认为，“诗言志”最早出现在《尚书·尧典》，是舜帝之言，包含了中国最

❶ ［德］姚斯，［美］霍拉勃．接受美学与接受理论［M］．周宁，金元浦，译．滕守尧，审校．沈阳：辽宁人民出版社，1987：19.

❷ ［德］伊泽尔．审美过程研究：阅读活动：审美响应理论［M］．霍桂恒，李宝彦，译．北京：中国人民大学出版社，1988：180.

早的创作论思想。历史学家顾颉刚很早就考证出《尚书·尧典》是汉人伪作，[1]文学理论家罗根泽根据“声律”说的起源时间否定了“诗言志”出现在舜帝时代的可能性，[2]这就动摇了“诗言志”作为最早创作论命题的历史地位。在此基础之上，20 世纪 90 年代初期，陈良运在《中国诗学体系论》中通过文字、诗论方面的比较考辨进一步确证“诗言志”不可能出自舜帝之口，而现存文献中关于“诗言志”的最早记载则出自《左传·襄公二十七年》中晋国权臣赵文子（孟）的一段话。陈良运敏锐地发现，赵文子这段“《诗》以言志”的发言反映了春秋战国时期“赋诗言志”的时代风尚和“断章取义，予取所求”的读者接受态度。也就是说，当时人们并不关心《诗经》创作来源和文本原意。更多的情况是在各种外交场合，把它当作历史文献随自己主观意愿创造性地“断章取义”，“含蓄委婉”地表达自己的主张和看法，达到言读者之志（不是作者之志）的实用目的。中国古人对《诗经》的最初接受正是姚斯所说的“批判的理解”和“积极接受”。通过历史还原，我们明白，“诗言志”最早并不是创作论命题。正如陈良运所说：“‘《诗》以言志’应是中国最早出现的接受理论。”[3]龙协涛、唐德胜、王志明等学者也持有相似的看法。[4]值得注意的是，邓新华在顾颉刚、罗根泽和陈良运考辨“诗言志”命题的基础上，把这一命题置于先秦接受诗学的背景之下考察。他发现两千多年前古人围绕“诗言志”展开的“献诗”“采诗”“引诗”“论诗”活动均是注重读者对《诗经》的主观发挥甚至随意曲解，而且诸子百家也都是从读者的角度和功利效果的视角谈诗。这无疑表明先秦接受诗学的早熟。它一方面说明早在两千多年前中国人就已经把读者置于文学活动的主体地位（比接受美学提出读者主体问题早了两千年），反映了中国文论中接受者意识的觉醒，这和接受美学有异曲同工之妙。另一方面，邓新华认为这种早熟其实也是不健全的表现，具

---

[1] 顾颉刚．从地理上证今本《尧典》为汉人作［J］．禹贡，1934（5）．

[2] 罗根泽．中国文学批评史［M］．上海：上海古籍出版社，1984：36.

[3] 陈良运．中国诗学体系论［M］．北京：中国社会科学出版社，1992：37.

[4] 龙协涛．中西读解理论的历史嬗变与特点［J］．文学评论，1993（2）；唐德胜．中国古代文论与接受美学［J］．广东社会科学，1994（2）；王志明．“诗言志”、“以意逆志”说和接受理论［J］．文艺理论研究，1994（2）．

体来说就是："先秦时期人们主要不是从审美的角度而是从实用功利的角度来接受和理解《诗三百》，他们强调的是文学对于社会政治、伦理道德的实际效用。"[1]也就是说"诗言志"为核心的中国先秦接受诗学因为把文学接受泛化到政治外交领域，遮蔽了文学接受固有的审美属性，这样，中国先秦接受诗学就只是关于文学的"接受理论"而不是"文学的"接受理论。另一位学者王志明也看到了先秦"诗言志"作为接受理论的弊端。他认为先秦"赋诗言志"的接受方法存在明显的随意性和主观性，并论证说孟子针对"赋诗言志"提出"以意逆志"就"避免了春秋以来割裂读者之志和诗歌文本之志"的片面性。[2]在下文讨论"以意逆志"和接受美学时这个问题会引起中国学者更深入的思考。总的来说，接受美学对读者主体的重视无疑启示了中国学者将"诗言志"这一命题从创作论的旧认识中解放出来，充分阐释它具有的接受美学思想，但他们在中西比较中也发现"诗言志"具有泛化接受、偏离审美属性和抛弃文本之志的弊端。古人如何克服这些弊端？这就促使中国学人将理论眼光投向"诗言志"之后中国漫长的接受理论发展史。

二、"以意逆志"和接受美学

"以意逆志"作为一个文论命题最早出现在《孟子·万章》中，它是孟子与弟子讨论如何准确理解《诗经》时提出的一种作品解读方法和原则。历来关于"意"和"志"的具体含义颇有争议，这里暂不赘述。从原初语境看，孟子提出这一命题正是针对当时盛行的"赋诗言志"风气。正如上文所述，"赋诗言志"作为接受理论隐含着弊端。孟子严厉批评了人们"赋诗言志、断章取义"以致曲解文本原意甚至以讹传讹、混淆是非的恶习，他认为"说诗者"要想达到"不以文害辞、不以辞害志"的理想效果，应该坚持"以意逆志"的方法。但是孟子也不赞同拘泥于章句小节

[1] 邓新华．中国古代接受诗学［M］．武汉：武汉出版社，2000：52.

[2] 王志明．"诗言志"、"以意逆志"说和接受理论［J］．文艺理论研究，1994（2）.

亦步亦趋的解读方法，他自己对《诗经》的引用就有巧妙地发挥。因此，孟子也注意到读者（阐释者和批评家）充分发扬“逆”的能动作用来达到“得之”的圆满结果。正因为孟子的“以意逆志”命题具有多义性的理论内涵，当中国学者从接受美学的视角进行“现代转换”时就产生了两种“对立”的看法。

一种意见认为“以意逆志”高扬了读者的主体性和能动性，实现了古今视野的融合。较早提出这种看法的是叶维廉，他在《中国诗学》中将作者创作和读者接受活动连为一体统称为“传释”。“以意逆志”这一命题表明作者和读者在“传释”活动中要想达到理想的对话效果，就必然要经历不断的调整和适应过程。其中读者不是简单地翻译作品以求作者原意，而是以自身独有的历史视野去“迎”“逆”作品所包孕的历史视野，在两种视野的磨合协调中达成理想的效果历史。所以他说：“假如我们说作者把心象表达于作品（传意）是一种‘写作’，那么读者去了解作品（诠释、释意）便是一种‘重写’”。[1]叶维廉在这里借用伽达默尔和姚斯惯用的“视野融合”概念，试图说明理解活动中读者的每一次“传释”都是一次“重写”，都负载着独有的主体性意味。如果叶维廉暗示了“以意逆志”中的读者主体性，那么后来的研究者邓新华则是明言这种读者主体性。邓新华在《中国古代接受诗学》中虽然把“以意逆志”归为偏于客观的文学释义方式，但是他认为孟子所谓的读者之“意”和作者之“志”之间必然存在时间距离，因此“意”和“志”之间的关系就是伊瑟尔所说的不对称的交流关系。要想达到“意”和“志”的重合是不可能的，只能出现读者期待视野和作品原初视野之间相对性的“视野融合”。这其中读者以“己意”来“逆”的释义行为就发挥调节古今、重建意义的关键作用，由此他认为“以意逆志”说“突出了接受者和阐释者在文学释义过程中的主体地位和主观能动性的发挥”。[2]叶维廉和邓新华的意见成为很多学者的共识，童庆

[1] 叶维廉．中国诗学［M］．北京：生活·读书·新知三联书店，1992：139.

[2] 邓新华．中国古代接受诗学［M］．武汉：武汉出版社，2000：308.

炳、周才庶、王志明等学者也阐明了相同的看法。[1]

与上述看法“对立”，另一种意见认为“以意逆志”遮蔽甚至否定了读者的主体性和能动性，固守作者（作品）中心论，不利于理解的多样性。早在20世纪90年代初，龙协涛在《中西读解理论的历史嬗变与特点》中就批判“以意逆志”发展到极致就是以古人之“志”为旨归，否定今人的创造或者“偏离”，是一种作者中心论。[2]紧接着唐德胜、尚永亮、王蕾在各自的论文中各陈己见，他们都紧紧抓住孟子对“志”的过分推崇，认定孟子以追求作者原义和文本客观性为文学阐释接受的最高目标。唐德胜以为“以意逆志”实际上否定了“批评家的主体性重构”[3]，而尚永亮、王蕾对照姚斯和伊瑟尔的读者理论细说了“以意逆志”的消极作用：“部分否认了作为接受主体的读者在阅读过程中的能动作用……形成对接受者阐释文学文本之能力的阻遏和遮蔽。……忽视了不同接受个体存在的‘先结构’的差异……造成了阐释单一化、狭隘化的弊端。”[4]他们还敏锐地发现，孟子在理论上坚持“以意逆志”，高举文本客观性的旗帜，而在实际的解诗活动中他自己也往往从儒家“仁政”“孝悌”观念出发曲解“文本之义”。这从一个侧面也说明了孟子这一学说否定读者主体性是不利于文本解读的。

有趣的是，中国学者关于“以意逆志”是否高扬读者主体性问题的争论，正反两方使用的现代立论工具都是接受美学和阐释学思想。他们以接受美学的读者本体观、视野融合观和多重性文本意义观来审视“以意逆志”这一古老命题，得出多义性的结论，本身就体现了接受美学倡导的接受主体性精神。笔者不准备就争论双方的论点做出高低轩轾的评断，但是笔者却发现中国学者在讨论“以意逆志”时存在一个明显的共识：“以意

---

[1] 童庆炳．中国古代文论的现代意义［M］．北京：北京师范大学出版社，2001：95；周才庶．孟子“以意逆志”论的阐释［J］．孔子研究，2009（6）．王志明．古代文论中接受理论的源头、发展及其民族特色［J］．兰州教育学院学报，1993（1）．

[2] 龙协涛．中西读解理论的历史嬗变与特点［J］．文学评论，1993（2）．

[3] 唐德胜．中国古代艺术接受主体重构论［J］．广州师院学报・社会科学版，1996（3）．

[4] 尚永亮，王蕾．论“以意逆志”说之内涵、价值及其对接受主体的遮蔽［A］// 王兆鹏，尚永亮．文学传播与接受论丛 二．北京：中华书局，2006：49-53.

逆志”对文本客观性的阐明实际上是对之前“诗言志”命题的补充和纠正。如果按照“诗言志”的接受方式，任何人都可以肆无忌惮地发挥《诗经》的意义，读者主体性发展到极致就是文学解读的相对主义横行，最终会毁掉《诗经》的经典价值。孟子敏锐地发现了这一危险，他提出“以意逆志”的文本解读策略和“知人论世”的历史还原方法，在读者之志的基础上提出作者之志和文本之志，拓展了文本解读的历史维度，避免了“赋诗言志”的极端随意性取向。❶

三、“诗无达诂”和接受美学

汉代大儒董仲舒在《春秋繁露·精华》中说“《诗》无达诂，《易》无达占，《春秋》无达辞”，他由此提出“《诗》无达诂”的经学命题，后来这一命题逐步转化为“诗无达诂”的诗学命题。在中国学者的研究视野中，往往把孟子“以意逆志”看作偏向客观的接受阐释方式，而把“诗无达诂”视为偏向主观的接受阐释方式。可以说，“诗无达诂”是中国古代典型的文本多义性和理解多义性（差异性）理论。姚斯在他的《文学史作为向文学理论的挑战》中指出文本的实质意义具有多义性，不可能在第一个读者的初始视野中就能被全部感知和理解，因为“现实意义和潜在意义之间可变的距离”❷，不同时代的读者经过多次感知和理解，才能把文本意义潜势充分释放出来，这样也就形成了读者理解的多义性（差异性）。而伊瑟尔在《文本的召唤结构》中说得更直接：“不同时代的不同的读者即使在将作品现实化的过程中（指向）现实的世界，他们对作品的理解也总是有所差异。”❸受到接受美学的启发，中国学者对“诗无达诂”命题的现代阐释主要集中在两个层面。

❶ 对此问题，参见：梁道礼．接受视野中的孟子诗学［J］．陕西师范大学学报·哲学社会科学版，2003（6）；周才庶．孟子“以意逆志”论的阐释［J］．孔子研究，2009（6）．

❷ Jauss，Hans Robert. Literary History as a Challenge to Literary Theory［J］. New Literary History，1970，2（1）．

❸ ［德］伊瑟尔．本文的召唤结构：不确定性作为文学散文产生效果的条件［J］．章国锋，译．外国文学季刊，1987（1）．

一方面，他们发现，“诗无达诂”与之前的“诗言志”和“以意逆志”相比，更加直接地点明了读者解读《诗经》的主体性，而且这种主体性衍生了文本的多义性和理解的多义性（差异性），这与接受美学的精神是一致的。早在20世纪80年代初，张隆溪就在《诗无达诂》[1]和《二十世纪西方文论述评》[2]中指出“诗无达诂”与西方阐释学和接受美学倡导的理解多义性理论归旨相似。中国古人早在汉代就认识到作者权威和作者原意的有限性，为读者的主体地位张本。读者主体性的张扬宣布照字面意思解经模式的终结，“诗无达诂”就“不可避免地为各种解释打开了缺口……导致承认作品结构的开放性”[3]。其后，唐德胜、李更盛在《中国诗学一个要深入研究的命题——“诗无达诂”学术研讨会述要》[4]中总结了1992年10月在华南师范大学召开的“诗无达诂”专题学术讨论，集中反映了一些中国学者对“诗无达诂”的现代解析。关于“诗无达诂”命题的内涵主要有三种意见：本质特征论、创作论、接受鉴赏论。刘伟林等学者尤其注意“诗无达诂”富含的接受鉴赏思想，因为以往对这一命题的研究偏向于创作主体方面。与之相呼应，樊宝英在著作中明确指出“诗无达诂”的接受鉴赏思想主要表现在“强调文学阅读活动中读者的积极参与和创造性。”[5]总结中国学者的研究，我们发现，因为言和意矛盾造成“言不尽意”这一中国语境中的阐释学现象，语言文字和接受主体之间存在历史距离。如何克服距离，达成理想的读解阐释？从先秦的“诗言志”到孟子的“以意逆志”其实都在探讨读者主体性发挥及其主观性尺度的问题，但是“诗无达诂”命题无疑把读者主体性问题推进了一大步。因为这一命题以明确的否定姿态破除了固守文本或者原义唯一性的教条，将读者接受文本的自由度拓展到“无达诂”境界。这就充分实现了姚斯所说的文本“意义潜势”，达到

---

❶ 张隆溪．诗无达诂［J］．文艺研究，1983（4）．

❷ 张隆溪．二十世纪西方文论述评［M］．北京：生活·读书·新知三联书店，1986.

❸ 张隆溪．诗无达诂［J］．文艺研究，1983（4）．

❹ 唐德胜，李更盛．中国诗学一个要深入研究的命题——“诗无达诂”学术研讨会述要［J］．华南师范大学学报·社会科学版，1993（1）．

❺ 樊宝英，辛刚国．中国古代文学的创作与接受［M］．东营：石油大学出版社，1997：159-160.

了伊瑟尔所言的“现实化的差异”。这样“诗无达诂”在文本多义性和理解多义性（差异性）上和接受美学达到高度的融通。

另一方面，中国研究者也清醒地看到董仲舒的“诗无达诂”存在由经学命题向诗学命题转化的复杂过程，这与姚斯和伊瑟尔纯粹从诗学角度探讨文本多义性和理解多义性（差异性）理论不可同日而语。在20世纪90年代初，孙立在《“诗无达诂”与中国古代学术史的关系》[1]中就详细阐述了这一命题的双重学术背景，之后20世纪初，张勇的《从“诗无达诂”论中国古代文学接受理论》[2]和刘明华、张金梅的《从“微言大义”到“诗无达诂”》[3]对此问题也多有阐发。笔者认为，中国学者是以严谨的“历史还原法”来实现对“诗无达诂”的现代转换的，并没有在和接受美学的比对中遗漏古代文论本有的学术语境。比如孙立、刘明华、张金梅在各自论文中都指明董仲舒的“《诗》无达诂”命题源于《春秋》“微言大义”的经学思想，它为汉代今文经学派的儒生们自出心裁地解读《诗经》提供了理论依据。所以，“《诗》无达诂”最初是一种带有功利性和伦理性的经学命题。只有到了宋明时期，“《诗》无达诂”才逐步转化为谈诗论性的“诗无达诂”，成为一个文学接受理论的命题。所以刘明华、张金梅指出：“文论家、美学家标举‘诗无达诂’与经学家们崇尚‘《诗》无达诂’的最本质的区别：前者侧重诗的审美、抒情功能，后者偏重诗的政治、伦理教育功能”。[4]这就提醒研究者，我们不能把董仲舒的“《诗》无达诂”简单理解为阅读《诗经》可以让读者随心所欲，因为董仲舒作为今文经学的代表，他的这一命题既然针对的是关乎政教风化的儒家经典——《诗经》的阐释问题，那么，它的原初意思就不是一种读解文学作品（《诗经》）的文学接受理论。这与姚斯和伊瑟尔探讨文本多义性和理解多义性不在一个理论视域内。一个明显的例子是董仲舒对《诗经》的“诂解”严格限定在今文经学所倡导的“天人感应”思维模式中，带有明显的政治化和伦理化色

[1] 孙立．“诗无达诂”与中国古代学术史的关系［J］．学术研究，1993（1）．

[2] 张勇．从“诗无达诂”论中国古代文学接受理论［J］．重庆师院学报·哲学社会科学版，2001（1）．

[3] 刘明华，张金梅．从“微言大义”到“诗无达诂”［J］．文学遗产，2007（3）．

[4] 刘明华，张金梅．从“微言大义”到“诗无达诂”［J］．文学遗产，2007（3）．

彩，对于其他学派的“诂解”他是坚决排斥的。基于同样的原理，张敏杰在《〈春秋繁露〉“诗无达诂”的历史语境及其理论内涵》中甚至大胆提出“诗无达诂”原初命意与“读者创造性的多元化理解是相悖的”。[1]

由此可见，中国学者一边运用直接中西对比法，揭示了“诗无达诂”命题和接受美学在文本多义性和理解多义性问题上的契合，同时他们又运用历史还原法，回溯“诗无达诂”的原初语境，揭示了这一命题诗学背景和经学背景的对立，展现它和接受美学的同中之异。中国学者灵活辩证的研究思维，避免了将中西理论问题简单地等同和比附。

第三节　魏晋南北朝唐宋的钟嵘“滋味”说等范畴命题和接受美学

一、钟嵘、刘勰理论范畴命题和接受美学

中国学者在古代接受理论的现代转换中富有鲜明的历史意识。他们普遍认为，“诗言志”“以意逆志”出现的先秦时期是古代接受理论的萌发阶段，而“《诗》无达诂”出现的两汉时期则是经学教条控制文学接受的过渡阶段，只有到了魏晋南北朝时期，文学和诗学的高度自觉才导致纯粹文学性的接受鉴赏理论的成熟。这种成熟的重要标志就是钟嵘以“滋味”说、“品第”说为基础的接受理论和刘勰以“知音”论为核心的接受理论。他们各自运用的范畴命题形成了一个小系统。中国学者大都注意到，钟嵘和刘勰之前的古代接受理论主要以零星范畴命题的形式出现，阐释深度和理论效用有限，只有到了钟嵘和刘勰时代，他们自觉深入的理论探索才逐步形成小系统。其中蕴含的读者意识、接受理念和西方接受美学达到了

[1] 张敏杰.《春秋繁露》“诗无达诂”的历史语境及其理论内涵[J].文艺理论研究，2004(2).

高度的融通，并显出他们独特的创造性，泽被后世。早在20世纪90年代，王志明就在《古代文论中接受理论的源头、发展及其民族特色》一文中肯定刘勰的《知音》篇在接受理论意识上的自觉，而且这一自觉理论比西方接受美学早1400年，呼吁研究界关注刘勰这一理论的价值。[1]紫地则在《中国古代的文学鉴赏接受论》中高度赞扬刘勰"披文入情"说从"知音"这一理想读者的角度把"情""志"统一起来并标举"六观"，这就深入透析了读者之意和文本之志的互动关系，因而继承和发展了孟子"以意逆志"说。[2]稍后，樊宝英也在《中国古代文学的创作与接受》(1997)一书中评价刘勰的《知音篇》建立了较为系统的文学鉴赏理论，指出钟嵘的"滋味"说是一种中国化的空白理论。[3]

以上学者侧重从钟嵘、刘勰接受理论的个别范畴命题展开现代阐释，开拓了我们的研究视野，另一位学者邓新华的研究特色则是在《中国古代接受诗学》(2000)中以全新的视角展现钟嵘、刘勰接受理论的整体面貌。邓新华从辨析《知音》篇的理论性质开始对刘勰接受理论的研究。他认为，中国古代文论界关于《知音》篇理论性质的三种判断：批评论、鉴赏论、批评论和鉴赏论，都忽视了《知音》篇所指涉的中国文学批评本身的特征——鉴赏与批评的同一。邓新华运用历史还原法为我们展现了刘勰所处的魏晋南北朝时期在诗词书画等艺术领域广泛流行的人物品鉴风气，它直接影响了当时人们的文学批评观念，造成批评家将感性直观的文学鉴赏和理性分析的文学批评融为一体，难分轩轾。所以，邓新华总结说："鉴赏与批评的同一作为中国传统文学批评形态上的特点正是在刘勰的时代形成的。"[4]他还运用文化模子追踪法探测中国学者严格按照鉴赏与批评二分理论来看待《知音》篇的根源是他们过于相信西方传统批评模子奉行的鉴赏与批评二分法。当邓新华以"换位"之思穿行于中西方理论中时，他欣

[1] 王志明.古代文论中接受理论的源头、发展及其民族特色[J].兰州教育学院学报，1993(1).

[2] 紫地.中国古代的文学鉴赏接受论[J].北京大学学报·哲学社会科学版，1994(1).

[3] 樊宝英，辛刚国.中国古代文学的创作与接受[M].东营：石油大学出版社，1997：160–163.

[4] 邓新华.中国古代接受诗学[M].武汉：武汉出版社，2000：86.

喜地发现，刘勰的《知音》篇在异域之邦找到了“知音”——接受美学。接受美学作为一种新锐的理论，明确反对个别权威专家的批评对文学接受活动的垄断，积极主张将普通读者的审美鉴赏和专业批评家的理性批评统一在广义的文学“接受”之中。这就与《知音》篇指涉的鉴赏与批评同一的中国传统批评不谋而合。而且，《知音》篇确实也和接受美学一样，始终把读者的接受活动视为研究重心。这样邓新华把《知音》篇的理论性质定位为：中国古代的文学接受论，而且是“中国文学理论批评史上第一篇系统阐述读者及其文学接受问题的专论”[1]。在此基础上，他运用直接中西比较法和化用法，参照接受美学的理论，对《知音》篇这一小系统进行了鞭辟入里的解析。他的研究思路大致如下：（1）从文学活动过程论看，刘勰认识到“观文者”和“缀文者”以“情”为核心形成以“文辞”为载体的双向交流过程。参照接受美学的影响理论和隐含读者概念，他指出，刘勰“缀文者情动而辞发，观文者披文以入情”的命题实际上已经发现作品（文辞）对读者（观文者）的影响效果，也指明了作品（文辞）中的隐含读者制约着作者（缀文者）的创作。（2）从文学接受主体条件论看，他认为刘勰对“知音”主体条件的分析类同于姚斯的“期待视野”。刘勰用“操千曲而后晓声，观千剑而后识器”这样生动形象的语言暗示审美接受主体的潜在视野需要接受经验的积累。与接受美学不同的是，刘勰高度重视读者“期待视野”的主体修养。要想达到“知音”的理想境界，必须戒除四种“前见”：“贵古贱今”“崇己抑人”“信伪迷真”“知多偏好”，最后才能进入“平理若衡，照辞如镜”的至境。（3）从文学接受的审美本性论看，他认为刘勰要求读者以“文情”为核心接受文学文本，并提出“六观”来具体指导读者对文本进行审美性的解读，这与接受美学一贯坚持文学审美形式的独立性是一脉相承的。笔者认为，刘勰守护文学接受的审美性是为了抵御自先秦“诗言志”到两汉“诗无达诂”中承续的伦理化、经学化接受模式。这正是刘勰的理论开拓创新之处。（4）从文学接受审美功能论看，他认为刘勰标举的“玩绎”这种接受方式，既细腻地表现了读者

[1] 邓新华．中国古代接受诗学［M］．武汉：武汉出版社，2000：91.

的主体性和自由性，又暗示了作品意蕴的多义性和丰富性。正如邓新华所言："无论是'隐'而有味的作品，还是'简'而有味的作品，只有经过接受者的'玩绎'即积极参与和能动的再创造，其审美意蕴才能充分显现出来，其意义和价值也才能得到最终实现。"[1]而且邓新华还清晰地指出西方接受理论有割裂作家、作品和读者三元的倾向，"知音"论则将三者融合统一，显出东方文论思维的辩证性。这个问题第九章还要论述，在此从略。笔者认为，邓新华以上论述较为全面地剖析了《知音》篇的接受理论小体系，证实了它是中国古代"第一篇接受理论专论"的历史地位，展现了刘勰文论思想的现代价值和独特魅力。

关于刘勰和钟嵘的接受理论差异，邓新华认为："前者偏重于文学接受的理论探讨，后者偏重于文学接受的实际运作。"[2]所以，刘勰的《知音》篇是系统性的接受理论，而钟嵘的《诗品》是实践性的接受范式。在邓新华看来，钟嵘的《诗品》实际运用了"滋味"说这一审美鉴赏原则和"品第"这一具体批评方法，树立了一种典型化的可操作的诗歌鉴赏批评范式，对后世以诗歌为中心的审美接受活动造成深远影响。参照接受美学的理论架构，邓新华指出钟嵘《诗品》在整个中国古代接受理论发展史上的独特贡献主要有两点。一是钟嵘的"滋味"说"将读者的接受和阅读纳入诗歌本体构成"[3]。他运用历史还原法检视了中国传统"味"论的演进历程，认为钟嵘在《诗品》中使"味"变成纯文学的理论范畴，将"滋味"视为判定诗歌文本优劣、作家创作高下和读者鉴赏深浅的总体标准。邓新华大胆指出学界对钟嵘"滋味"的几种理解明显偏重于作家创作和文本特征，而忽视了其中的读者接受因素。他敏锐地抓住钟嵘"使味之者无极，闻之者动心"和"文已尽而意有余，兴也"两大关键命题，认为钟嵘所理解的有"滋味"的诗歌不是文本固有的审美属性，必然需要读者（"味之者""闻之者"）展开自身的主体性和创造性来达到"动心"和"无极"的审美效应。只有这样才能开拓"有余"的意蕴空间。所以，"滋味"其实

---

[1] 邓新华 . 中国古代接受诗学［M］. 武汉：武汉出版社，2000：102.
[2] 邓新华 . 中国古代接受诗学［M］. 武汉：武汉出版社，2000：106.
[3] 邓新华 . 中国古代接受诗学［M］. 武汉：武汉出版社，2000：106.

是作家、文本和读者三元共同决定的审美境界，不可忽视读者的本体论价值。这点与接受美学将读者视为文学活动的本体构成是一致的。正如伊瑟尔所说，虽然文本的视野本身是给定的，可是这些视野逐渐聚集到最后汇合成（意义整体）这一过程却不能由文本语言预先设定，这一过程只能依赖读者的想象。❶二是钟嵘“品第”法“是魏晋南北朝文学接受批评走向自觉的一个重要表征……对中国古典文学风格学的形成，也起了一种催化剂的作用。”❷邓新华不同意著名学者罗宗强关于钟嵘“品第”法随意性和缺乏操作性的批评，他在例举大量实证的基础上阐发了“品第”法整体性的批评逻辑：（1）“品第”批评的目的是为了针砭时弊，以显优劣。（2）“品第”批评的标准是“干之以风力，润之以丹采”，严格要求外在形式和内在意蕴的统一，以此标准品评作家优劣。（3）“品第”批评的途径，一方面钟嵘从《国风》和《楚辞》两大源头上“辨彰清浊”，厘清作家作品的源流奇正，另一方面他“掎摭利病”，细致剖析作品音韵辞章的好坏。（4）“品第”批评的手段是“同中求异”的比较分析法，以别同一流派作家的高下。可见，钟嵘“品第”法并非“无的可依”随性而为，而是具有客观标准。同时邓新华亦看到钟嵘的“品第”法以艺术审美标准为核心，强调批评家要以直觉感悟为基础准确辨析作家作品的风格特征，以便形成独特的批评话语。这实际上是接受批评高度自觉的体现。我们知道，西方接受美学也非常重视批评家以审美阅读感悟为基础，发挥接受主体意识来介入文本，表达独立的批评意见。虽然感悟和批评的方式不同，但是在接受批评意识自觉的问题上，钟嵘和接受美学是具有相通性的。

笔者以为，邓新华的研究准确把握了刘勰接受理论的系统性和钟嵘接受范式的实践性，廓清了两位理论家在中国古代接受理论发展史上承前其后的历史地位（继承先秦两汉，开启后世），而且他运用中西比较对话法，凸显了古今文学接受思维的可沟通性。

---

❶ Wolfgang Iser，The act of reading : a theory of aesthetic response［M］.London and Henley：Routledge & Kegan Paul，1978：36.

❷ 邓新华 . 中国古代接受诗学［M］. 武汉：武汉出版社，2000：126-127.

二、“意境”和接受美学

在中国古代接受理论史上，继钟嵘“滋味”说、“品第”法和刘勰“知音”论之后，唐宋时期的“意境”范畴成为中国学者的研究热点。“意境”是中国古代最富民族特色的范畴之一。从先秦老庄哲学的“虚无”理论开始，到唐代殷璠的“兴象”说、王昌龄的“三境”说、皎然的“诗境”说、刘禹锡的“境生于象外”，然后晚唐司空图汇集前说，标举“味外之味”“象外之象”，定意境之大貌，之后意境范畴日益丰富和深化，影响甚广。宋人严羽的“兴趣”说和“妙悟”说、清代王夫之的“情景”说、王士祯的“神韵”说直到近代王国维的“境界”说，包括书法中的“计白当黑”，绘画中的“无画处皆成妙境”等命题，都是对意境的经典阐释。关于“意境”的美学内涵和艺术精神历来颇多争议。笔者以为，“意境”之所以被古代艺术家推崇为审美至境，缘自中国古人一以贯之的艺术精神：自由浪漫的艺术追求、俯仰天地的宇宙观念、形神兼备的创作意识、虚实相生的写意传统、直观妙悟的运思方式。“意境”成了中国人艺术理想的最佳注脚，所以，“意境”这一范畴在古代文论中处于核心地位，“意境”和接受美学这一题目自然颇受关注，被学界密集地研究讨论。中国学者借接受美学之维来烛照这一古老范畴时，取得了不少理论创新，主要体现在以下两个方面。

首先，中国学者逐步改变以创作和作品的视角探讨意境的旧思路，发现了“读者意境”这一新维度，极大丰富了意境的现代内涵。20 世纪 50 年代以来，我国影响颇大的意境观主要有两种。一是反映论意境观，它从文学与现实世界的反映关系来把握意境。认为形神结合、情景交融、意与象交织的意境是创作主体以审美情趣对生活世界（外在环境）的反映，是主客高度统一的艺术形象。一些学者就从意境典型化反映生活这一视角界定意境。[1]二是创作主观论意境观，代表是宗白华提出的“艺境”说。他的“艺境”概念内涵丰富，从宗白华的论述看，这种通达宇宙人生的高妙

[1] 陈望衡 . 论意境［J］. 华东师范大学学报，1982（10）.

境界是“自我的最深心灵的反映……人类最高的心灵具体化、肉身化”[1]，艺术家的主观创造精神和自由意志是“艺境”形成的关键。可见，宗白华的意境观是偏向创作论的。就我国现在通行的文艺理论教材看，解释“意境”内涵时，往往抓住虚实相生、情景交融、空灵含蓄等关键词。这些关键词其实主要涉及的是创作主体和作品结构层面，较少提及读者接受的作用。总的来说，以上观点加深了对意境这一古典范畴的现代阐释，具有重要的理论价值，但是这些现代阐释往往偏向创作和作品视角。而作家创作的主体性最终凝结在作品文本结构中，所以，意境研究的旧思路实际上是文本中心论。它只把意境阐释为文本结构，或者说是作者创造的文本结构，这是不全面的。那么，如何全面探究意境的内涵呢？一些中国学者将理论眼光投向接受美学。美国学者霍拉勃认为接受美学的一个重要特点就是质疑文本的中心地位和稳定性。他说在姚斯和伊瑟尔的理论视野中：“本文（文本）被放逐出文学研究的中心。在接受理论中，本文（文本）只存在于读者与读者介入史之中。”[2]中国学者正是以接受美学为参照系，摆脱了文本中心论的束缚，使用历史还原法走进“意境”范畴的原初语境，发现了意境的读者之维。早在20世纪三四十年代朱光潜在《诗论》中就已经注意到鉴赏接受对于境界（意境）形成的重要作用，他认为：“就见到情景契合境界来说，欣赏与创造并无分别。……在欣赏也是在创造。”[3]朱光潜的这一研究思路启发了学界重新审视“意境”。20世纪80年代，张小元在《从接受的视角看意境》一文中首次明确指出：“意境在读者阅读接受过程中才真正表现或产生出来。”[4]这就挑战了以作家、作品为中心的传统意境观。之后，陈敬毅、樊宝英、陈良运、唐德胜、金元浦、夏昭炎、车永强等学者在著作论文中不约而同地指明读者及其鉴赏活

[1] 宗白华.美学散步［M］.上海：上海人民出版社，2005：120.

[2] ［德］姚斯，［美］霍拉勃.接受美学与接受理论［M］.周宁，金元浦，译.滕守尧，审校.沈阳：辽宁人民出版社，1987：438–439.

[3] 朱光潜.朱光潜全集（第三卷）［M］.合肥：安徽教育出版社，1987：55–56.

[4] 张小元.从接受的视角看意境［J］.文艺研究，1988（1）.

动是“意境”的本体构成。[1]他们发现，除了传统的作者意境和作品意境之外，还有读者意境。接受美学的召唤结构和空白理论直接启示了中国学者。他们认识到，意境首先是作家创造的一个文本结构，但是这个结构并不是具有恒定意义的实体。作者意境只是主观“文心”，作品意境也只是潜在的文本结构，而这个结构与接受美学家伊瑟尔所说的“召唤结构”具有惊人的相似性。我们知道，伊瑟尔的“召唤结构”继承了英伽登的“不确定性”理论，“召唤结构”是指文学文本具有多重不确定性和意义空白，具有“意向性客体”的特征。它不能自动呈现，需要召唤接受者进行“具体化”投射来填充、激活不确定性点和意义空白，最后才能形成完满的审美对象并产生整体连贯的意义。伊瑟尔在《阅读活动》中还专门比较了文学交流和一般社会交流。在他看来，文学阅读中的交流与一般的社会交流不同，读者和文学文本之间不存在普通谈话那样面对面的可调节情境，文本不可能随时适应任何一个和它接触的读者。这就造成了文本和读者之间的信息交流缺乏确定性和限定的意向，具体表现为文本出现大量构造性空白，形成两者交互作用的不平衡和不对称。文本的这一空白结构时刻召唤和激发读者去填补空白，弥合间隙，极大调动了读者意向性投射的频度和密度，刺激读者建构意象又不断解构意象，力求实现读者和文本两极交流的平衡和对称。[2]而且伊瑟尔认为，在读者可以理解的范围之内，文学文本中蕴含的不确定性和空白越多，给予读者想象力的自由越多，那么文本的意蕴就越深，审美价值往往越大。当中国学者以伊瑟尔的“召唤结构”和空白理论来烛照“意境”范畴时，他们分别考察了庄子的“虚室生白”、钟嵘的“文已尽而意有余”、皎然的“采奇于象外”、刘禹锡的“境

---

❶ 这些著作及论文包括：陈敬毅．艺术王国里的上帝［M］．南京：江苏教育出版社，1990；樊宝英．诗味说中的审美使动与受动——兼及与接受美学的比较［J］．华中师范大学学报·人文社会科学版，1991（3）；陈良运．中国诗学体系论［M］．北京：中国社会科学出版社，1992；唐德胜．中国古代艺术接受主体重构论［J］．广州师院学报·社会科学版，1996（3）；金元浦．文学解释学：文学的审美阐释与意义生成［M］．长春：东北师范大学出版社，1997；夏昭炎．意境概说：中国文艺美学范畴研究［M］．北京：北京广播学院出版社，2003；车永强．意境的接受美学解析［J］．华南师范大学学报·社会科学版，2007（3）．

❷ 关于文学交流的特点，详见：Wolfgang Iser. The act of reading：a theory of aesthetic response［M］.London and Henley：Routledge & Kegan Paul，1978：180-194.

生于象外”、司空图的“味外之旨”和“象外之象”以及“近而不浮，远而不尽”、梅尧臣的“含不尽之意，见于言表”、严羽的“言有尽而意无穷”等命题。这些命题昭示，“意境”中蕴含着大量不确定性点和空白，形成中国古典美学意蕴中的“召唤结构”，必然需要读者（“味之者”“闻之者”“自得者”）以积极的审美态度去“体味”“妙悟”“涵泳”“自得”，开拓丰富的审美空间，形成浑融一体“意境”整体。这样，“意境”范畴中，钟嵘、司空图所谓的“味”、严羽提出的“妙悟”就不仅是作品之“味”和作者之“悟”，而且蕴含着读者的“体味”和“妙悟”。因为意境呈现为未完成的“召唤结构”，读者的参与是意境最终完成的关键。所以读者在“意境”中的作用就不是可有可无，而是和作者、作品因素一样，构成“意境”的本体。邓新华就认为司空图的意境范畴：“把读者的文学接受直接看成是意境的一个不可或缺的构成因素，这就从根本上确立了读者在文学本体中的特殊地位。”[1]基于读者在“意境”中的本体地位，古风、王海铝、车永强等学者发展袁行霈关于“诗人意境、诗歌意境、读者意境”[2]的说法，纷纷提出完整的“意境”范畴是由作者意境、作品意境和读者意境构成的。[3]虽然，三位学者关于三种意境的阐释略有差异，但是他们也取得了明显的共识：意境这一生生不息的审美至境不能缺少读者之维，意境不是封闭的意义结构，而是读者、作者以作品为桥梁展开对话交往和视野融合的审美空间。这就大大拓展了学界对“意境”范畴的认识。

其次，中国学者结合英伽登的“四层次说”和伊瑟尔的“召唤结构”探究意境内在层次，创造出“意境空白”概念，发展了宗白华的“三层次说”。如上文所述，当融入了读者因素，中国学者再谈意境的结构特征时就避免了文本中心论。“意境”作为中国古代特有的“召唤结构”（空白结构），蕴含着中国古人虚实相生的写意传统和直观妙悟的东方思维，博大

[1] 邓新华．中国古代接受诗学［M］．武汉：武汉出版社，2000：143.

[2] 袁行霈．中国诗歌艺术研究［M］．北京：北京大学出版社，1987：49.

[3] 详见：车永强．意境的接受美学解析［J］．华南师范大学学报·社会科学版，2007（3）；王海铝．意境的现代阐释［D］．杭州：浙江大学，2005；古风．意境探微［M］．南昌：百花洲文艺出版社，2001：216.

精深、难以琢磨。为了后人能够更好地创造、领悟“意境”，古今学人一直试图破解“意境”的内在层次。早在唐代司空图就提出“象外之象”“景外之景”的两层结构说，现代著名美学家宗白华则提出“三层次说”——“直观感相的模写，活跃生命的传达，最高灵境的启示”。宗白华的“三层次说”渗透着中国古代美学精神，在学界影响很大。不过，这一学说偏向从创作主体的自由意志出发来建构意境，相对忽视了作品和读者之间的对话交融，不能不说是一种遗憾。当中国学者将研究视角转向异域时，他们发现英伽登的“四层次说”和伊瑟尔的“召唤结构”对意境层次探讨不无裨益。波兰现象学美学家英伽登在《文学的艺术作品》中提出著名的文学作品“四层次说”，即语音层、意义层、再现客体层、图式化外观层。其中后面两个层次存在大量不确定的点和空白，需要读者的具体化活动来填补。当然，英伽登在四层次之上还加了一个“形而上学质”，视为第五层，但是只有某些作品可以达到这个层次。伊瑟尔继承英伽登的思想提出召唤结构，实际上暗示了三层次说，即伊瑟尔将物质状态的文学作品称为“文献”(document)，将需要读者激活的文学作品称为“文学文本”(literay text，呈现为召唤结构)，将读者和文学文本之间交流产生的审美客体称为文学作品(work)。“文学文本”(召唤结构)是三层中的核心，它向文学作品转化的关键是读者的阅读反应。总之，英伽登和伊瑟尔不认为文学作品的结构是自足封闭的，而认为这种结构是动态层递的开放状态，需要主体介入来激活和提升。英伽登和伊瑟尔的文学作品层次理论直接启发了中国学者对意境内在层次的新思考。早在20世纪90年代初，陈敬毅就吸收英伽登的文学作品“五层次说”，将以“意境”为最高审美精神的中国古典艺术作品划分为三个层面：物质表层、意象层和情理层。[1]之后，中国学者围绕意境的内在层次提出了两层次说、三层次说和四层次说，讨论空前热烈。(1)两层次说：古风认为“意境”是两层结构的统一，表层结构是人与自然的审美关系，深层结构人与人的审美关系[2]。(2)三层次说：樊

---

[1] 陈敬毅．艺术王国里的上帝：姚斯《走向接受美学》导引［M］．南京：江苏教育出版社，1990：162.

[2] 古风．意境探微［M］．南昌：百花洲文艺出版社，2001：324-356.

宝英既参照王夫之的“有形、未形、无形”三层模式，又借鉴伊瑟尔的召唤结构，将“空灵”的意境划分为由深到浅的三个层面：“感知层”“情韵层”“意味层”，读者的“完形”作用是贯穿三个层面的红线。[1]金元浦将“空白和未定性”视为意境生成运作的内在机制和中国艺术的内在神韵。他融合格式塔心理学、英伽登、杜夫海纳和伊瑟尔美学思想把传统文论中的“空白和未定性”（其实就是意境）划分为三个层次。第一层是文本层次上言与意、虚与实、情与景等对立因素的互动融合。第二层是接受者对文本的审美感知。表现为知音、体味等中国传统的接受方式。第三层是文本和读者高度融合，超越个别文本，达到“超以象外、得其环中”的至境，即“意境空白”。[2]笔者认为“意境空白”这一范畴，较好地融合了西方接受理论和东方艺术智慧。（3）四层次说：王建珍将意境召唤结构分为四个层次：情景交融—时空呈现—象内象外结合—无象之象，意境在后两个层面得到最高的实现。[3]笔者认为，以上学者提出众多的意境层次说，各有千秋，但是有两点是一致的。（1）他们之所以不厌其烦地给意境划分层次，就是因为他们受到英伽登、伊瑟尔动态分层理论的影响，都认识到意境不是平面结构，而是一种纵深结构。纵深层面内部和层面之间存在大量的不确定点和意义空白，这是形成意境深度和广度的内在机制。划分这些纵深层面，研究者就有可能准确把握意境的存在形态，甚至触及传统文化精神。比如陈敬毅就追索到意境三层结构背后的“深层意识”，他认为“由于中国古典艺术是以庄子捉摸不定的‘虚静’的‘道’为深层意识的主要内容……这样就使它的含义具有更多的模糊性和不确定性”。[4]而金元浦之所以把意境的第三层“意境空白”称为“审美的浑融境界”，是因为他认识到意境背后“以天合天的自然审美化和生活审美化的中国文化艺术

[1] 樊宝英，辛刚国 . 中国古代文学的创作与接受［M］. 东营：石油大学出版社，1997：207-209.

[2] 金元浦 . 文学解释学：文学的审美阐释与意义生成［M］. 长春：东北师范大学出版社，1997：422-440.

[3] 王建珍 . 接受美学视角下意境的功能结构初探［J］. 山西师大学报·社会科学版，2006（4）.

[4] 陈敬毅 . 艺术王国里的上帝：姚斯《走向接受美学》导引［M］. 南京：江苏教育出版社，1990：182.

精神。”[❶]（2）受到伊瑟尔“召唤结构”中交流模式的影响，他们都认识到意境的多层次性和读者审美感知的能动性是一种交流关系。也就是说读者作为意境的本体构成，他对作品意境的感知程度越深，那么意境内在层次的展开也就越深，反过来，创作主体赋予作品意境的意义潜势和审美质素越多，意境内在层次的拓展空间也就越大，读者能够涵泳和妙悟的“象外之象”“味外之旨”也就越多。这样，所谓“韵味无穷，余味曲包”的美妙状态实际上是意境的多层次性和读者感知的能动性交流互动的结果。所以金元浦说意境“本身就有相互溶浸，执两用中的中国文化的中和传统。它注重本文和读者的兴会融通，强调在妙悟体味的过程中实现意境空白”。[❷]可见，中国学者借用英伽登的“四层次说”和伊瑟尔的“召唤结构”，对意境的纵深结构有了新的认识，甚至触及意境背后的传统文化精神。他们还把握到意境的层次性和读者感知的能动性是一种交流关系。这些认识都发展了宗白华以创作主体论为核心的意境分层说，试图建构一种以文本和读者对话交流为核心的意境分层理论，这种理论探索是值得肯定的。

第四节　元明清的王夫之“自得”说等范畴命题和接受美学

一、王夫之诗学和接受美学

王夫之是中国明清时期著名的思想家和批评家，他以自身丰富的阅读经验加上理论思考提出了“自得”“诗无达志”“体用胥有”等一系列接受

---

❶　金元浦．文学解释学：文学的审美阐释与意义生成［M］．长春：东北师范大学出版社，1997：436.

❷　金元浦．文学解释学：文学的审美阐释与意义生成［M］．长春：东北师范大学出版社，1997：440.

理论命题，成为中国古代接受鉴赏理论的集大成者之一。在中西比较视域下中国学者集中探讨了王夫之接受理论范畴命题的辩证性。中国学者李耀建、樊宝英、邓新华、邬国平等研究发现，[1]王夫之整个诗学理论偏向于从读者感受、品鉴的角度谈诗论性，他提出“作者用一致之思，读者各以其情而自得”的重要命题。如果说钟嵘的“滋味”说、刘勰的《知音》篇和唐宋时期的“意境”范畴等只是蕴含着读者接受的主体性和能动性的话，那么这个命题的理论突破在于它明白了当地指出读者在诗歌接受活动中具有主体能动性。这与西方接受美学的读者主体性思想是高度一致的。而且王夫之接受理论范畴命题富有灵活的辩证性，较之接受美学和读者反应批评的“唯读者论”倾向不能不说是一种进步。中国研究者注意到在王夫之理论中，作者和读者之间以“情”为纽带展开对话，在诗歌文本中蕴含着作者的“一致之思”，但是读者阅读文本不是“一致之得”。因为每个读者的“四情”都是不一样的，而且“人情之游也无涯”。李耀建认为，王夫之的“四情”和“无涯”巧妙地揭示了西方阐释学所谓的“成见”“先结构”和接受美学所谓的“理解的地平线”（期待视野）。[2]读者带着各自“成见”和“期待视野”来品味诗歌文本，期求和作者相遇。读者往往“出于四情之外……游于四情之中”，“影中取影”，以理解的多样性和阐释的自由性开启文本无限的意蕴空间，达到“大无外而细无垠”的空灵之境，是为“自得”。李耀建把这种空灵之境类比为伊瑟尔所说的“本文（文本）结构中的空白”。这样，王夫之的“自得”说把读者经营空白、发挥情思的主体性提升到一个新的高度。中国学者通过中西比较还发现，早期接受美学，无论是姚斯还是伊瑟尔的理论都因为过分强调读者相对忽视作家而广受批评，本书第一编对此已有详论。接受美学的“同路人”美国读者反应批评走得更远，他们完全否定作者的主观意图和文本的

[1] 参见：李耀建．王夫之与现代阐释学、接受美学［J］．湘潭师范学院学报·社会科学版，1989（1）；樊宝英．中国古代文学的创作与接受［M］．东营：石油大学出版社，1997；邓新华．中国古代接受诗学［M］．武汉：武汉出版社，2000；邬国平．中国古代接受文学与理论［M］．哈尔滨：黑龙江人民出版社，2005.

[2] 李耀建．王夫之与现代阐释学、接受美学［J］．湘潭师范学院学报·社会科学版，1989（1）.

客观性，将读者的主体作用抬高到无以复加的程度。比如布莱奇在《反应研究中的认识论问题》中就把文学阅读完全视为读者的主观认识行为，他说："对文学作品的讨论必定是指读者的主观整合，而不是读者与作品之间的互相作用。"[1] 费什则明确表示"文本的客观性只是一个幻想"。与之相对，王夫之虽然标举读者的"自得"，但是他是有限定条件的。对于这一点，中国学者看得很清楚。首先，他们认为王夫之否定了读者解诗的随意性和武断性，将读者的主体性限定在一个合理的范围之内。樊宝英、邬国平同时指出王夫之所言的"必不背其属"、"不迷于所往"，其实就是对读者"自得"的补充，要求读者不能脱离文本和作者之思解读诗歌。[2] 邓新华在《中国古代接受诗学》中则指出王夫之所谓"读者以情自得"就已经暗含了"情"是文学作品的"定质"，读者不能离开"情"而曲解作品意思。[3] 三位学者都认为王夫之的"诗无达志"这一命题揭示了作家创作的文本自身需要蕴含多义性的因子，读者才有"自得"的可能性。可见，王夫之没有像布莱奇那样断定文学阅读仅仅系于读者的主观整合。其次，他们认为王夫之尊重诗歌文本的客观性。李耀建在《王夫之与现代阐释学、接受美学》中拈出王夫之的一段论述："人情之游也无涯，而各以其情遇，斯所贵于有诗"，指明王夫之强调"贵于有诗"，其实是要求解诗者在接受主体性和文本客观性之间不可偏废。[4] 再次，他们认为王夫之把文学活动看作作品和读者"体用胥有"的对话模式。李耀建对此有精彩的阐述。他认为王夫之的"体用胥有"命题蕴含着从伽达默尔到姚斯惯用的"问答逻辑"思想。王夫之提出"体用相函者也……体以致用，用以备体"，他将作品和读者视为"体用胥有"的对话模式，作品为"体"、读者为"用"，体用相函，相辅相成，对话呼应，不可分离。读者和作品（作品背后的诗人）在互相推证互相渗透中敞开各自视野，最后在读者的审美经验中达到

---

[1] 参见：张廷琛．接受理论［C］．成都：四川文艺出版社，1989：101.

[2] 参见：樊宝英，辛刚国．中国古代文学的创作与接受［M］．东营：石油大学出版社，1997：177；邬国平．中国古代接受文学与理论［M］．哈尔滨：黑龙江人民出版社，2005：226.

[3] 邓新华．中国古代接受诗学［M］．武汉：武汉出版社，2000：194.

[4] 李耀建．王夫之与现代阐释学、接受美学［J］．湘潭师范学院学报·社会科学版，1989（1）.

“浡然而兴”、“如所存而显之”的高峰体验。这正是接受美学“问答逻辑”的精髓所在。[1]笔者认为，李耀建抓住王夫之关于读者和作品“体用胥有”的对话交流模式，其实就已经清晰地揭示了王夫之接受理论的辩证性，对王夫之诗学进行了新的现代阐释。

二、金圣叹评点理论和接受美学

金圣叹在中国古代文论史上以特立独行著称，他评点诗词小说笔法独到，诚挚率真，往往给人酣畅淋漓之感，具有很好的阅读导向性。在评点前人作品中他形成了“空道”说、“自造”说等接受理论命题，并大胆付诸实践，删改《水浒传》《西厢记》，引来诸多争议。在中国学者的研究视野中，同时代的王夫之提出“自得”说，直接阐明了接受鉴赏中读者的主体性，与之比较，金圣叹提出的“自造”说则更进一层，将读者的主体性提升到一个新的台阶。正如左健所说：“金圣叹的文学鉴赏理论，具有强烈的主体性精神。”[2]于是，中国学者以接受美学为参照，集中研究金圣叹评点行为和评点理论中蕴含的主体性精神，探寻它在中国古代接受理论发展链条上的承续和突破作用。

首先，中国学者普遍赞赏金圣叹评点行为和方式对文学接受活动的良性功用。从20世纪90年代初开始，龙协涛一直关注金圣叹为代表的明清小说评点。[3]他认为小说评点这种文学接受方式与之前的诗话词话等文学接受方式的一个重要区别就是以读者接受为本位，指导阅读，推动传播。小说评点确实以它短小精悍、直面读者的特性起到“开览者之心”的巨大社会功能，用金圣叹的话说就是评点给读者以“光明”。这就要求评点者自己首先是一个理想的读者——精识之士（金圣叹所谓的“才子”“名士”），具有高超的文学鉴赏能力和表达能力，以自身鲜明的主体精神深

[1] 李耀建．王夫之与现代阐释学、接受美学［J］．湘潭师范学院学报·社会科学版，1989（1）．

[2] 左健．金圣叹文学鉴赏主体论［J］．南京大学学报·哲学·人文科学·社会科学版，2006（6）．

[3] 参见：龙协涛．中西读解理论的历史嬗变与特点［J］．文学评论，1993（2）；龙协涛．文学阅读学［M］．北京：北京大学出版社，2004．

入阅读经典作品，对作品进行再创造。这样才能真正有所得，“以通作者之意”，然后才可能“开览者之心”。龙协涛考察了金圣叹、李贽、张竹坡等小说评点的社会影响之后总结说：“评点家作为读者向导，在引导读者开启审美眼界，掌握文本的‘真精神’方面，的确功不可没。”❶金元浦、邓新华、周克平都从正面肯定了金圣叹富有主体性的小说评点对文学接受的功用。❷其中邓新华还具体分析了小说评点之所以能充分发挥接受导向作用，与金圣叹完善“评点”体例密切相关。从形式上看，金圣叹发展并熟练运用了以序、读法、回评、眉批和夹批为基本方式的评点模式。从内容看，金圣叹的绝妙文字让人“感到他是以一个十分内行的读者和鉴赏者的身份在和一般的读者进行对话和交流”。❸总之，从中国学者的当代视角看，在诗文为文学主流的古代社会里，金圣叹等批评家的评点活动拉近了小说和读者的距离，彰显了小说赏心悦目和警醒世人的功能，无疑有助于小说在普通老百姓甚至士大夫群体中得到广泛承认，引起阅读兴趣，扩大小说影响，使之逐步跻身文学经典系列。

其次，中国学者紧扣金圣叹以“空道”说、“自造”说为中心的接受鉴赏理论，解析其中强烈的主体性精神。对于金圣叹的“空道”说，邬国平在《中国古代接受文学与理论》中有详尽论述。他认为金圣叹区分了读书和读字两种阅读方法，读字只是看懂字面意思，而金圣叹以为“文章之妙，都在无字句处”，字里行间存在众多的空白，即为“空道”，其间寓意无穷难以索解，作品的“空道”结构“鼓励阅读或解释者用自己的思维去创造性地进行填补”。❹很显然，金圣叹“空道”说包孕着接受美学召唤结构和空白理论的精髓。与“空道”说对应，更多的中国学者注意到金圣叹的“自造”说。樊宝英在《中国古代文学的创作与接受》中谈到金圣叹“文者见之谓之文，淫者见之谓之淫耳”的命题，邬国平在《中国古代接

---

❶ 龙协涛．文学阅读学［M］．北京：北京大学出版社，2004：313.

❷ 参见：金元浦．文学解释学：文学的审美阐释与意义生成［M］．长春：东北师范大学出版社，1997：23–24；邓新华．中国古代接受诗学［M］．武汉：武汉出版社，2000：176–178；周克平．中国古代文论读者意识与特征［J］．学术论坛，2009（7）.

❸ 邓新华．中国古代接受诗学［M］．武汉：武汉出版社，2000：178.

❹ 邬国平．中国古代接受文学与理论［M］．哈尔滨：黑龙江人民出版社，2005：213.

受文学与理论》中论述金圣叹“昔所本无何必有，今所适有何必无”命题的读者意识。[1]樊宝英、邬国平确实看到了金圣叹这两大命题对读者“自造”的首肯。之后，左健在此基础之上对金圣叹的“自造”说进行了全面剖析。他认为，金圣叹的评点思想极力突出文学鉴赏的主体性。金圣叹提出“批《西厢记》是圣叹文字，不是《西厢记》文字”这一著名论断，发展了古已有之的“自得”说。具体来说金圣叹主张评点者的“自我”意识可以不依作者的“初心”而“自造”，自由发挥，甚至可以创造性地“背离”文本进行艺术重构和改写。突出的例子就是金圣叹腰斩《水浒》和截取《西厢记》。左健认为，与“自得”说紧密相关，金圣叹具有鲜明的“未来意识”，即他自己的评点不仅要“恸哭古人”，还要“留赠后人”。后人鉴赏他的文字也要“自造”。这样，“天下万世锦绣才子读圣叹所批《西厢记》是天下万世才子文字，不是圣叹文字。”可见，金圣叹不仅与古人对话，还与后人对话，他希望接受主体的创造精神穿越古今，永不消失。可贵的是，左健亦看到了金圣叹以“自得”说为核心的鉴赏主体性理论的现代价值。他说：“从现实意义来看，当代文学鉴赏的主要病疾也就表现在‘主体性’缺乏上……金圣叹的理论可以‘古为今用’。”[2]

从中国学者的当代视野看，由王夫之的“自得”到金圣叹的“自造”，由王夫之的“如所存而显之”到金圣叹的删改《水浒》《西厢记》，由王夫之的与古人“情遇”到金圣叹的“留赠后人”，金圣叹确实是将读者的鉴赏主体性推向了一个极致，可谓中国古代最为主观化的“接受美学”。而且，金圣叹的“昔所本无何必有，今所适有何必无”命题直接启发了后来常州词派提出“作者之用心未必然，而读者之用心何必不然”的观点，可谓沾溉后学。

---

[1] 参见：邬国平．中国古代接受文学与理论［M］．哈尔滨：黑龙江人民出版社，2005：214；樊宝英．中国古代文学的创作与接受［M］．东营：石油大学出版社，1997：182.

[2] 左健．金圣叹文学鉴赏主体论［J］．南京大学学报·哲学·人文科学·社会科学版，2006（6）.

第五节 中国古代接受理论其他范畴命题和接受美学

从先秦时期的“诗言志”“以意逆志”到两汉时期的“诗无达诂”，魏晋南北朝时期的钟嵘、刘勰理论范畴命题，再到唐宋时期的“意境”，最后是明清时期的王夫之诗学和金圣叹评点，笔者从历时性的维度检视了30多年来中国当代学者以接受美学为参照，对古代接受理论重点范畴命题的现代阐释，剖析了他们的研究特点。从笔者所掌握的资料看，以上范畴命题确实是中国学者“现代转换”研究的热点和重心，不过中国古代有两千多年的接受理论发展史，蕴藏着丰富的接受鉴赏思想，还有其他范畴命题同样激起了当代学者的研究兴趣。他们对这些范畴命题的“现代转换”激活了古老诗学的现代意味，也完善和丰富了整个古代接受理论发展的历史链条。笔者拟对这些范畴命题的研究状况作简略评析。

一、“仁者见仁、智者见智”和接受美学

先秦典籍《周易·系辞上》说“仁者见之谓之仁，知者见之谓之知”，中国古人据此总结出“仁者见仁、智者见智”这一接受命题。早在20世纪80年代，张隆溪在《诗无达诂》[1]中就揭示了这一古老命题的接受美学韵味，判定它是中国古代“最早肯定理解和认识之相对性的说法”。之后，樊宝英和邓新华关于这一命题包含的读者主观性和理解多样性进行了较为详尽的研究。[2]大体上中国学者将“诗无达诂”和“仁者见仁、智者见智”视为一种偏向主观的文学释义接受方式，而孟子的“以意逆志”则是偏向

[1] 张隆溪．诗无达诂［J］．文艺研究，1983（4）．

[2] 参见：樊宝英．中国古代文学的创作与接受［M］．东营：石油大学出版社，1997；邓新华．中国古代接受诗学［M］．武汉：武汉出版社，2000.

客观的文学释义接受方式。先秦两汉时期的这两种方式互为补充，形成了中国接受理论的滥觞，对后世形成重大影响。

二、“兴”和 接受美学

在先秦时期，作为孔门说诗的一种重要方式，“兴”首先被赋予了更多的创作论和修辞学内涵。但是富有现代眼光的中国学者从接受美学的视角去探寻“兴”的概念演绎史时，他们发现“兴”竟然具有鲜明的阅读论色彩。从20世纪90年代以来，紫地、邬国平、蒋继华等专门探讨了“兴”的接受意味。他们研究的总体特点是将“兴”视为一个动态概念，具体考察从孔子的“兴观群怨”之“兴”到钟嵘的“文已尽而意有余”之“兴”和朱熹的“读诗起兴”，再到王夫之的“四情”之“可以兴”，“兴”蕴含着越来越丰富的接受主体性内涵，并且逐步摆脱政教伦理的经学阐释学束缚，转向纯粹的审美阅读方式。中国学者把“兴”和接受美学的文本空白理论类比，指出古人要求解诗者善于“起兴”，能够由此及彼、由虚及实，填补文本间隙和空白，开拓意蕴无穷的审美空间。[1]可以说，中国学者较为成功地运用历史还原法和中西比较法将“兴”的接受理论内涵凸显出来。

三、朱熹的“涵泳”法和接受美学

南宋时期，朱熹发展孟子“以意逆志”的解诗方式，提出以“涵泳”为中心的文学读解理论，倡导一种读者介入文本的深度阐释模式。朱熹的这一思想具有明显的突破性和创造性。正如邓新华所说：“与唐代的诗歌理论家们侧重从诗歌意境的角度来确立读者文学接受的本体地位不同，朱熹提出的以‘涵泳’为中心的文学解读理论则偏重于读者对作品意义的

[1] 这些成果包括：紫地．中国古代的文学鉴赏接受论［J］．北京大学学报·哲学社会科学版，1994（1）；邬国平．中国古代接受文学与理论［M］．哈尔滨：黑龙江人民出版社，2005：140-144；蒋继华．论作为审美接受的“兴”［J］．齐齐哈尔大学学报·哲学社会科学版，2007（6）．

西文论比较的广阔视野中展开研究。她首先发现了王国维以“兴”为中心的感发说词方式和张惠言以“比”为特征的寄托说词方式的区别。简单地说就是张氏相信文本包含确定的历史信息，始终坚持以作者文心和作品本意为中心说词；王氏则怀疑文本具有确定性，主张以读者的感发和联想为依据说词。王氏说词方式有利于读者以审美方式感知文本并提升读者的参与度和自由度。随即，叶嘉莹为充分证实王氏说词方式的合理性，将它和伊瑟尔、姚斯、梅雷加利（意大利的接受美学家）的理论比较。在叶嘉莹看来，王国维以“众芳芜秽美人迟暮之感”来解释李璟的《山花子》词；以“三种境界”来解说晏、欧诸人的小词，都和作者“原义”相去甚远，和接受美学所倡导的积极阅读、理解的多样性和创造性背离等理论暗合。而且王国维和伊瑟尔一样，看到了文本潜在的可能性是读者感发作用的必要前提。❶笔者认为，叶嘉莹早在20世纪80年代就娴熟地运用接受美学视角对中国古代文论进行现代阐释，充分展现了王国维说词方式蕴含的理论活力和现代意味。她的著作从20世纪80年代以来就在中国海峡两岸产生广泛影响。叶嘉莹研究的示范作用和辐射效应，直接推动了古代文论的现代转换和接受美学的中国化进程。

以上笔者只是根据中国学者的研究进程选取了一些有代表性的范畴命题来观察中国古代接受理论和西方接受美学的关联史，并没有囊括古代接受理论的所有范畴命题。❷

从“诗言志”到王国维的“感兴”说词，两千多年来，中国古代文论发展中延续着潜在的接受鉴赏理论史。中国学者细致研究接受理论具体范畴命题和接受美学之间的关联，有助于学界摸清古代接受鉴赏理论史的发展脉络和规律，获得整体宏观的印象，最终有利于中国学界总体上比较中西接受理论的特性，向“中国古代文论的现代转换”的理论纵深迈进。依

❶ 参见：叶嘉莹. 中国词学的现代观［M］. 长沙：岳麓书社，1990：34–47，108–111.

❷ 祁志祥的《明清曲论中的接受美学》（《求索》1992年第4期）和冯利华的《期待视野：明清小说理论的文学接受意识（《天府新论》2010年第1期）对明清戏曲小说理论和接受美学关系的论述颇有见地；邓新华的《中国古代接受诗学》（武汉出版社，2000年）对魏晋南北朝时期葛洪的文学接受理论和接受美学关系的探讨弥补了前人对此问题研究的阙如。这些研究很有价值，限于篇幅，本书没有详细介绍。

据中国学者以上研究成果，大体上可以把中国古代接受理论发展史划分为几个阶段：（1）先秦时期是接受理论萌发阶段，经典范畴命题是“诗言志”“以意逆志”“仁者见仁、智者见智”“兴”等。（2）两汉时期是接受理论异化和停滞阶段，经典范畴命题是“诗无达诂”。（3）魏晋南北朝时期是接受理论自觉和成熟阶段，经典范畴命题是钟嵘的“滋味”说、“品第”法和刘勰的“知音”论。（4）唐宋时期是接受理论的深化阶段，经典范畴命题是“意境”、朱熹的“涵泳”法。（5）明清时期是接受理论的繁荣阶段，经典范畴命题是竟陵派的“诗为活物”、金圣叹的“空道”说和“自造”说、王夫之的“自得”说和“诗无达志”以及“体用胥有”、常州词派的“读者何必不然”、王国维的感兴说词等。[1]

[1] 以上方法参考了邓新华在《中国古代接受诗学》一书中的整体划分方法。

第九章　比较视域下中国古代接受理论的民族特性研究

中国学者30多年来借助接受美学的理论方法和精神认真梳理了古代接受理论范畴命题，大体上把握了中国古代从先秦到明清的接受理论发展的历时性线索和特征。在此基础之上，他们不禁追问，中国古代接受理论有共时性的民族特征吗？在这一问题意识的驱动下，30多年来中国学者一直在探讨中西比较视域下古代接受理论的总体特色。因为这是实现古代文论“现代转换”的关键步骤。如果学界的研究仅仅将“诗言志”“意境”“滋味”等个别范畴命题和西方接受美学比较阐释，然后拿到当代文论中应用，那只是做了一半的“转换”工作。正如蔡钟翔所言，后面的重要工作是“范畴体系”的研究，尤其要在共时性层面上探究古代文论“范畴体系”的总体特征。“在更深、更高的层次上把握传统文学艺术的根本精神，了解决定文艺理论总体特征的哲学意识和思维方式，如此才能完成传统与现代的接轨。”[1] 当然，多数人认为中国古代接受理论（诗学）只是一个潜在体系，各种零散的概念命题浩如烟海，存在相似性、随意性、重复性和模糊性，批评家使用概念有时出现明显的前后矛盾，难以捉摸和厘定，甚至有学者干脆否认存在体系。在这种情况之下，中国学者试图参照接受美学来勾画古代接受理论的“范畴体系”难度可想而知。同时，中国学者要对古代文论和接受美学作总体上的比较，还面临“参照点”的问题。北美汉学家欧阳桢曾在《诗学中的两极对立范式——中西文学之前

[1] 蔡钟翔．古代文论与当代文艺学建设［J］．文学评论，1997（5）．

提》中提出有趣的“苹果—桔子”比喻。他认为，我们能够轻而易举地分清苹果和桔子优劣是因为人作为评判者超然于两种水果以上，但是在中西方文学和文论研究中，如果以西方（比喻成苹果）或者东方（比喻成桔子）为参照点时，情况就大不一样了。这时，“我们所赖以立论的前提，其本身就是一个研究的对象而不是一个绝对的参照出发点”。[1] 也就是说在中西文学文论比较中要想找到一个中性的参照点是不可能的。那些宣称从中性客观的参照标准来研究中西问题的学者，其实大都是以西方标准硬套中国文学和文论。因此，欧阳桢批评在比较文学中某些学者习惯用西方式的分析性术语而忽视东方思维中的直觉性描述语。他认为没有绝对客观的参照点，但是相对客观的参照标准还是存在的，即多重主观视角的融合：研究者既要承认自身的主观性，又要从他人主观视角反观自身、超越自身，沟通和融合多种主观视角，这样研究者才能有效地避免陷入“苹果—桔子”两极对立的偏见中，实现中西文学文论的融通。欧阳桢对中西诗学参照点的思考在中国学界不乏知音，比如美国学者刘若愚的《中国的文学理论》在国际汉学界颇有影响，但是不少中国学者认为刘若愚以艾布拉姆斯的“四要素”为参照点把中国古代文论划分为六大论域，倒是符合西方文论的逻辑体系和理解习惯，但不一定真实反映了中国古代文论的整体言说方式和理论思维特性。具体到接受美学和古代文论问题，周克平就提醒中国学界，接受美学和中国古代文论具有“不可通约性”，反对以接受美学为绝对参照点对古代文论进行“过度阐释”。[2] 金元浦也呼吁学界正视接受美学和中国古代文论从思维方式到文化底蕴的根本差异。[3] 面对重建古代接受理论“范畴体系”的重重困难，中国学者理智地选择了欧阳桢倡导的“多重主观视角”的研究模式，由中参西，以西观中，以古人视角看现代难题，以现代眼光寻古人之思，谨慎地比较接受美学和中国古代文论的总体差异，细致地辨别同中之异，异中之同。为此，邓新华在《中

[1] 欧阳桢．诗学中的两极对立范式——中西文学之前提［G］// 乐黛云，陈珏．北美中国古典文学研究名家十年文选．南京：江苏人民出版社，1996：608.

[2] 周克平．中国古代文论读者意识与特征［J］．学术论坛，2009（7）.

[3] 金元浦．接受反应文论［M］．济南：山东教育出版社，1998：393.

国古代诗学解释学研究》[1]中具体提出“文化还原”“现代阐释”“中西对话”三大原则来纠正中西比较诗学研究中的偏执和狭隘倾向，为接受美学和古代文论实现“否定之否定”的融合奠定了方法论基础，而且邓新华提出的三大原则具有较好的操作性和实践性，一定程度上概括了中国学者重构中国古代接受理论体系的运思路径。可喜的是，中国学者30多年的学术耕耘，终于在比较视域下初步揭示了古代接受理论“范畴体系”的民族特性，下文将具体分析。

第一节　从文学要素的关系看民族特性

从文学要素的关系看，与接受美学截然划分创作论、文本论、接受论不同，中国古人将创作—作品—接受三者融为一体，显出辩证圆融的东方接受思维特性。姚斯前期理论重视读者主体作用而轻视作家，已经饱受西方学界批评。他后期理论把创作纳入考察范围，但是理论中心仍然是接受活动。从前期的“期待视野”“视野融合”“三级阅读”到后期的“净化”“审美感性”等核心范畴，姚斯立论的中心是把文学活动视为接受主体建构的经验史，这就在一定程度上割裂了作家、文本和读者之间的必然联系。而伊瑟尔后期的思想开始从创作和接受（阐释）相结合的观点看问题，往往被视为“交流理论”。比如他在1984年发表了论文《创作和阐释的互动》，辩证地指出：“很少有学者主张严格地区分创作和阐释，他们或多或少地承认创作和阐释之间互动交织的关系，有时甚至认为完全可以消除两者的差距。……创作可以视为一种试图阐释（世界）的行为，而阐释有时可以升华为一种创作活动。”[2]但是他的后期思想在中国接受语境中并没有受到足够重视。而他的前期思想则过分夸大了接受阐释在文学活动中

[1] 邓新华．中国古代诗学解释学研究［M］．北京：中国社会科学出版社，2008.

[2] Iser，Wolfgang. The Interplay Between Creation and Interpretation［J］. New Literary History，1984，15（2）.

的作用。他的阅读现象学一个最大特点就是只关心文本和读者之间的审美交流活动，把创作论排斥在外。这一思想在中国学界广为流布，激起了中国学者的质疑和批评，尤其是在中西方接受理论的比较研究中，这种批评反思意识尤显强烈。中国学者普遍注意到，接受美学过分强调读者固然是为了冲破传统思维而矫枉过正，和当时除旧立新的历史语境不无关系。不过西方文论总是出现"作者中心论""文本中心论""读者中心论"倾向，剑走偏锋，只观一点，不及其余，恐怕和西方文论截然划分创作论、文本论和接受论有关。西方自19世纪建立系统化的文学理论学科以来，将文学活动分解为创作、文本、接受等诸多环节，原本是为了方便学者严谨细致地探究文学本质，但是这种逻辑划分方法在实际操作中很容易造成单向思维和一元论。接受美学的"唯读者论"或者读者中心主义只是一个典型表征而已。与之相对，中国古代批评家普遍具有圆融辩证的文论思维，把文学活动视为一个循环贯通的整体，自然不会强行分割作家、文本和读者三元之间的联系。早在20世纪80年代初期，张隆溪在《仁者见仁，智者见智——关于阐释学与接受美学·现代西方文论略览》一文中就站在多重主观的视角指摘接受美学和读者反应批评夸大读者主观性，抹杀文本客观性，割裂文本和读者的关联，陷入了"理论危机"之中。❶与张隆溪所见略同，《中国诗学》的作者叶维廉也敏锐地发现了从阐释学到接受美学所理解的"诠释"（阐释）偏向读者，"往往只从读者角度出发去了解一篇作品，而未兼顾到作者通过作品传意、读者通过作品释意（诠释）这两轴之间所存在着的种种微妙的问题"❷。故而，他抛弃西方的"诠释"（阐释），而使用富含东方辩证思维的"传释"这一术语来介入文学研究。叶维廉以中国古代文学阐释接受理论为基础，将文学活动中的作者传意、读者释意视为浑融一体的整体活动。关于这一整体活动的研究他命名为"传释学"。从阐释学到传释学，叶维廉真正继承了中国古代批评家的圆融辩证之思。尤其是在古代诗歌的传释活动中，古人认为"意义"并不是封闭在文本内

❶ 张隆溪．仁者见仁，智者见智——关于阐释学与接受美学·现代西方文论略览［J］．读书，1984（3）．

❷ 叶维廉．中国诗学［M］．北京：生活·读书·新知三联书店，1992：117．

部，从作者感物所得心象到读者接受所得的心象，意义要经历复杂的参化、衍变、生长过程。读者接受鉴赏一首中国诗歌就如同穿越一座秘响旁通的意义森林，由一种意象链接到另一种意象，由一句诗或者一位诗人联想到另一句诗或另一位诗人，形成一个无限延展的意蕴空间。[1]笔者认为，叶维廉舍西取中，在扬弃西方阐释学接受美学的基础上创造性地提出“传释学”的构想，直接刺激了中国学者对传统接受鉴赏理论整体特征的研究兴趣。从20世纪80年代到21世纪初，龙协涛、董运庭、张思齐、金元浦、邓新华、樊宝英、唐德胜、紫地等一批中国学者孜孜不倦地探求古人“三元合一”的接受理论特性，取得了不少理论成果。

概括来说，首先，中国学者发现古代批评家从创作的视角介入接受鉴赏问题，不像接受美学那样单从读者的视角观察接受活动。他们的研究表明，从孟子的“以意逆志”到朱熹的“涵泳”法和王夫之的“自得”说等许多范畴命题，古代批评家都是从作者之志和读者“迎”“逆”相遇的角度来谈接受问题。创作成了接受鉴赏活动的前提和必然要素，原创作家在读者接受意识中必然扮演重要角色。中国古人不像姚斯那样，仅仅把作家视为接受前代作家影响的接受者，对创作中的作家和接受活动中的作者问题视而不见。正如紫地和金元浦所指出的那样，古人的“诗文评”都将创作论和接受论整合为一体。[2]金元浦详细地剖析了刘勰的“书亦国华”、司空图的“辨于味”、严羽的“妙悟”、谭献的“作者之用心未必然而读者之用心何必不然”等范畴命题，证明古人将创作因素直接融进接受鉴赏之中，接受和创作形成互为表里、互为体用的关系。在古人接受意识中，读者完全绕开作者“文心”而直达“诗心”往往缘木求鱼不得要领。[3]与紫地和金元浦的研究思路略有不同，樊宝英抓住作家的读者意识和读者接受之间的互动关联来切入以上问题。他发现中国古代接受理论是一种泛接受美

---

[1] 参见：叶维廉．中国诗学［M］．北京：生活・读书・新知三联书店，1992：117-146.

[2] 紫地．中国古代的文学鉴赏接受论［J］．北京大学学报・哲学社会科学版，1994（1）；金元浦．文学解释学：文学的审美阐释与意义生成［M］．长春：东北师范大学出版社，1997：21.

[3] 参见：金元浦．文学解释学：文学的审美阐释与意义生成［M］．长春：东北师范大学出版社，1997：428-432.

学，不像西方接受美学一样仅仅局限于读者视点来探讨接受鉴赏活动。中国传统诗学将作家的读者意识（在这种意识影响下的创作生成模式）和读者之间的对话关联视为整个接受鉴赏活动的组成部分。比如，作家“反常合道，贵乎自得”，往往就能打破读者固有的期待视野，激起读者的阅读注意；作家坚持“诗无古今，唯其真尔”，是希望引起读者强烈的情感共鸣；作家惯用“曲达隐写，比兴用事”则是为了引发读者涵泳咀嚼、流连忘返、盘桓不舍的阅读效应。这样，作家的创作因素在文学接受活动中不是可有可无，它通过“作家的读者意识”这一桥梁参与并影响接受活动的进程。[1] 笔者认为，紫地、金元浦和樊宝英的研究直接揭示了古人从创作论反观接受论的睿智之思。另外，中国学者发现古代批评家信守“文如其人”和“文品出于人品”的伦理化接受模式，这就将作家视为接受活动中鲜活的生命主体。从 20 世纪 80 年代开始，董运庭、樊宝英、邓新华纷纷指出中国古代接受理论具有鲜明的伦理化倾向。自魏晋开始，大量的文学批评和接受理论术语诸如“气”“风骨”“形神”“势”等都是从人物德行修养的品评转化而来。古人认为阅读中读者不光是在品鉴作品，而且是在品鉴作者伟大的人格和高深的德行。所谓知音善赏既要辨音还要识人，所谓“以意逆志”不光是读懂文辞还要“知人论世”，探求前人的卓绝志向和高尚情操。反过来，创作者的道德修养（气之高下清浊）直接影响作品的整体风貌（气势和韵味）。所以古人常说“文如其人”和“文品出于人品”（当然不能把这些命题绝对化），对作品的审美化接受和对作者的伦理化接受往往在古人的文学接受活动中高度统一起来。在中国当代学者看来，中国古人伦理化的接受模式自然也有它的弊端，但是，这种模式的最大优势在于：接受美学讨论接受活动时作家主体往往“不在场”，而中国古人却在接受鉴赏中复活了作家的整体生命，把他视为伦理主体和审美主体的合

[1] 参见：樊宝英．中国古代文学的创作与接受［M］．东营：石油大学出版社，1997：227–249；樊宝英．诗味说中的审美使动与受动——兼及与接受美学的比较［J］．华中师范大学学报·人文社会科学版，1991（3）．

一。这就在一定程度上弥补了接受美学所缺失的作者之维。❶

其次，中国学者发现古代批评家把文本的客观属性和读者的接受视为一个整体构成，不像接受美学那样断然否定文本的客观性。德国学者格林（也译为格里姆）曾总结接受美学理论提出两个意义结构的公式：S=A+R和S ≈ R。❷S表示文本意义的总量，A代表作者赋予文本的客观意义，它是一个恒量。R代表读者所接受和理解的意义，它是一个变量。本来，S（文本意义的总量）=A（作者赋予文本的客观意义）+R（读者所接受和理解的意义）。但是从广阔的时空看，A几乎没有什么变化而且读者阅读中不一定能完全领会客观意义，R则随着阅读历史的加长而出现非常大的变化幅度，R趋向无穷大。根据函数原理，R的值太大，A可以忽略不计，这样S ≈ R。也就是说，文本意义主要取决于读者，而与作者赋予文本的客观意义没有太大的关联。可见，接受美学确实有否定文本客观性的倾向。正如前文所述，对于这一倾向中西方学术界指摘和赞扬之声交织相伴，莫衷一是。笔者认为，至少有一种批评击中了接受美学的软肋，即中国学者以中国古代接受理论的辩证思维为参照点批评接受美学这一倾向掉进了相对主义和主观主义的泥淖之中。❸古人如何避免掉进“泥淖之中”呢？当代学者研究发现，格林的S=A+R和S ≈ R在中国古代根本不适用，因为古代批评家把文本的客观属性（A）和读者的接受（R）视为一个整体。A是R的前提和依据，R是A的丰富和拓展，A和R不能互相取消，必然互相依赖，夸大任何一方，就会背离S具有的对话交往、主客浑融的辩证本质。有学者就概括说，古人的鉴赏活动中作品和读者之间发生了互相依赖的对话事件。❹古人最为典型的接受鉴赏方式便是“玩味”，为此

---

❶ 参见：董运庭．中国古典美学的“玩味”说与西方接受美学［J］．四川师范大学学报·社会科学版，1986（5）；樊宝英．诗味说中的审美使动与受动——兼及与接受美学的比较［J］．华中师范大学学报·人文社会科学版，1991（3）；邓新华．中国古代接受诗学［M］．武汉：武汉出版社，2000：256-257.

❷ 参见：［德］格林．接受美学简介（《接受美学研究概论》摘要）［J］．罗悌伦，译．文艺理论研究，1985（2）.

❸ 参见：邓新华．中国古代接受诗学［M］．武汉：武汉出版社，2000：262-264.

❹ 金元浦．文学解释学：文学的审美阐释与意义生成［M］．长春：东北师范大学出版社，1997：428.

董运庭和邓新华都对"玩味"的辩证性作出了颇有见地的分析。[1]他们都发觉古代文论中"味"具有双重属性，一是作品文本蕴含之"味"，二是读者体味感悟之"味"，前者是名词，偏向作品的客观属性，后者是动词，指向读者主观能动性。两种"味"相辅相成不可分离。如果没有作品本身的"味内味"这一"定质"作客观依据，读者不可能玩味出"味外味"。读者玩味的多样性和主体性必须以作品之味为前提。所以，从中西比较视域看，"中国古典美学提出的'玩味'的接受方式并没有像西方接受美学那样，由于否定文本内涵的客观性进而夸大读者的主体差异性从而最终陷入相对主义"。[2]

第二节　从接受活动特征和接受研究的思维方式看民族特性

从接受活动特征和接受研究的思维方式看，与西方接受美学注重接受活动中的理性阐释和发现不同，中国古代接受理论将接受视为体验感悟为基础的整体化直观化活动，一个突出的表现就是中国具有发达的"味"论。联系上文的论述，在当代学者看来，古代批评家青睐"味"这样一种接受鉴赏方式，体现了我们民族将文本和读者视为整体的辩证思维，还突出反映了古人强调以直觉和感悟巧妙地把握审美对象的东方智慧。一般来说，接受活动可以分为普通读者的鉴赏和理论家的批评阐释两大部分。西方接受美学认为文学鉴赏以审美感性为主、理性分析为辅，但是更高层次的批评阐释则必须以深邃的理性分析为主，理论家的理性批评成果反过来直接影响一般读者的鉴赏活动。这样，理性分析在整个接受活动中占有关键地位。姚斯本人对歌德、瓦莱里和波德莱尔作品的阐释接受就带有深

---

[1] 详见：董运庭．中国古典美学的"玩味"说与西方接受美学［J］．四川师范大学学报·社会科学版，1986（5）；邓新华．中国古代接受诗学［M］．武汉：武汉出版社，2000：259–264.

[2] 邓新华．中国古代接受诗学［M］．武汉：武汉出版社，2000：264.

刻的形而上之思，纯粹的直觉感悟在姚斯的批评话语中只是初级素材。另一位接受美学家伊瑟尔在其理论著作中逐一品鉴了菲尔丁、萨克雷、福克纳、乔伊斯、贝克特等西方经典作家的作品，他几乎都是强调这些作品不同样式的空白和否定“挫败”读者的视野，以引发读者对固有社会规范的怀疑和对自身局限性的反思。伊瑟尔的理性思维跃然纸上。与此同时，为了建立一个与理性接受活动相适应的接受理论话语，姚斯使用的“期待视野”“三级阅读”“视野融合”和伊瑟尔使用的“隐含读者”“召唤结构”“游移视点”等术语形成一个严密的可操作性的批评模式，将充满主体生命活力和丰富审美体验的接受过程解析成各个阶段和部分。与之相对应，当代学者发现中国古代批评家从魏晋开始就将鉴赏和批评合流，两者构成接受活动。古人看重接受中读者以直觉和体验把握文本，“不落言筌”、“不涉理路”，直寻审美对象。这样才能捕获“诗中三昧”和文之本色。为此，古人描述和研究接受活动也使用直觉感悟式的批评话语，常常不说破，不展开，点到为止，引发深思。简言之，接受美学所谓的理想接受活动及其研究方式，都是以理性分析为主，中国古人标举的绝妙接受形态以及对它的言说，都是以感性综合为尚。

具体来说，首先，当代学者发现中国古人以“味”论为中心，发展了一种独特而细腻的感性接受方式。早在20世纪90年代初期，樊宝英在《诗味说中的审美使动与受动——兼及与接受美学的比较》中就指出中国古代的诗味说暗示读者可以“随其性情浅深高下，各有心会”。这与伊瑟尔文本“发现”理论一样，都鼓励读者对不确定的文本进行二度创造。这是中西理论的相同之处，但是论者马上注意到“同中之异”，即伊瑟尔所谓“发现”的主要方式是理性反思，而读者之“味”的主要途径却是直觉感悟。[1]中西接受理论的“同中之异”引起了中国学者浓厚的研究兴趣。从20世纪90年代开始，紫地、黄书雄、邓新华、谭学纯、邬国平、李知等学者纷纷进言畅谈“味”论的独特性。紫地的研究富有历史眼光，他认

[1] 樊宝英.诗味说中的审美使动与受动——兼及与接受美学的比较［J］.华中师范大学学报·人文社会科学版，1991（3）.

为从钟嵘的“味”到朱熹的“涵泳”再到严羽的“妙悟”，中国古代接受方式的直觉感悟特征越来越明显，“味”日益成为古人艺术思维的核心。❶谭学纯和邬国平则把紫地所言的“味”论表述为古人特有的悟性思维方式。❷在研究方法上，黄书雄在《文学鉴赏论》❸中则运用历史还原的方法梳理“玩味”说和“直觉”说的内涵，他提醒学界，古人主张文学鉴赏不经理性分析依靠直觉领悟，但是并不意味着阅读活动就可以简单直接率性而为。因为真正高妙的直觉领悟能力建立在长期潜心熟读经典文本的基础之上。这就避免了我们对“味”论作简单理解。如果说黄书雄着眼于古代文论内部关系，那么李知则着力于中西文论对照。李知在《现代视域下的中国传统味论》❹中立足于中西比较的视角观察传统味论。他认为西方阐释学受到逻辑理性思维的影响，围绕“意义”与“意味”的问题争吵不休，症结在于西方人总想弄明白符号与意义的关系。中国古人则“悬置”对文本意义的诠释，直接讨论“意象”与“意味”的审美关联，古人相信对意味的体会和妙悟难以言说，超越了对意义的追索，难以转化成语言符号。李知的研究揭示了中国“味”论蕴含的独特的阐释学思想。邓新华的《中国古代接受诗学》❺对“玩味”和“妙悟”的研究细致而全面。他把“妙悟”视为“玩味”接受方式的深化和典型，它们具有一以贯之的思维特征：直觉性、体验性、整体性。这些特点淋漓尽致地反映在古人的谈诗论文之中。邓新华以为中国古代“玩味”这种接受方式较之西方思辨性的接受阐释模式的优点在于它揭示了审美心理活动的细微律动，开拓了丰富多样的审美想象空间。他在研究中发现，中国古人的“玩味”过程中固然感性综合因素居多，但是并不完全排除理性之思。比如古人常说“以无思无虑而得者，乃所以深思而得之也”。一个更为典型的例子是严羽一面主张“不落言筌、不涉理路”，唯以兴趣妙悟诗歌，但是严羽又补充说“非多读书、

❶ 紫地．中国古代的文学鉴赏接受论［J］．北京大学学报·哲学社会科学版，1994（1）．

❷ 参见：谭学纯，等．接受修辞学［M］．合肥：安徽大学出版社，2000：45-46；邬国平．中国古代接受文学与理论［M］．哈尔滨：黑龙江人民出版社，2005：130.

❸ 黄书雄．文学鉴赏论［M］．北京：北京大学出版社，1998.

❹ 李知．现代视域下的中国传统味论［D］．广州：暨南大学，2009.

❺ 邓新华．中国古代接受诗学［M］．武汉：武汉出版社，2000.

多穷理，则不能极其至”。这就承认了思想修养和理性反思有助于诗人达到艺术至境。邓新华的另一个重要贡献是创造性地总结古人“玩味”经历的三个心理时段：“观”“味”“悟”。“观”是“玩味”的初始和准备阶段，并不限于视听感官，还要调动想象和联想将抽象的语言符号转化为活跃的审美意象。“味”是“观”的延伸，具体来说是指读者以长久的艺术注意力和敏锐的审美感知力体味到审美意象背后的深层意蕴，这就要求读者能够坚持以“细”“久”“复”为特征的涵泳和熟读。最后一个阶段是“悟”，它是指在长久的“观”“味”基础以上，接受主体和审美对象反复的交融渗透，最后在一瞬间两者内在生命结构高度融合，达到拨云见日、澄明至清的境界。笔者以为，邓新华的研究较为透彻地厘清了古人那种以生命拥抱生命的感性接受方式，展现了古人感受艺术过程的内在机制。正如他自己所说：“‘玩味’的艺术接受活动是由初级层次向高级层次、由作品外部向作品内部、由浅层欣赏向深层欣赏逐步深入的递进过程……反映出我们民族的思维品格。”[1]

其次，当代学者发现古人使用直觉感悟式的批评话语描述和研究接受活动，这与接受美学使用的理性分析话语判然有别。从 20 世纪 90 年代开始，樊宝英、唐德胜、邓新华、黄伟群、吴俊元等中国学者在研究中都觉察到中西接受理论话语的不同。[2]中国古人常用的诗话、词话、评点、论诗诗等接受理论话语明显的偏向直觉感悟，简短直接，较少论证和分析，表现出模糊性和灵活性。接受美学的理论表述惯用理性分析的话语，术语严谨，论证严密，具有明显的思辨性、逻辑性和明晰性。笔者注意到，对于中西接受理论话语的差别，蒋济永作了较为深入的探讨。他在《过程诗学：中国古代诗学形态的特质与“诗—评”经验阐释》一书中指明西方文论采用概念推演和逻辑论证的方式形成了一套稳定的、普遍性的批评话

---

[1] 邓新华 . 中国古代接受诗学［M］. 武汉：武汉出版社，2000：226–227.

[2] 参见：樊宝英 . 诗味说中的审美使动与受动——兼及与接受美学的比较［J］. 华中师范大学学报 · 人文社会科学版，1991（3）；唐德胜 . 中国古代文论与接受美学［J］. 广东社会科学，1994（2）；邓新华 . 中国传统文论的现代观照［M］. 成都：巴蜀书社，2004；黄伟群，吴俊元 . 论伊塞尔的接受美学与中国意境学说之比较［J］. 集美大学学报 · 哲学社会科学版，2005（3）.

语，不依赖具体的阅读经验也可以独立存在。中国古代文论与之不同，它是一种泛化的接受理论。它建立在批评鉴赏家和文本之间互证阐释的关系经验之中，即“诗—评”阐释经验。离开对某一种或者某一类文本的接受经验，很多诗学范畴、命题将凌空蹈虚，沦为空中楼阁，失去鲜活生动的阐释效力。比如“不着一字，尽得风流”这一命题和批评家所青睐的这一类文学作品的鉴赏经验直接相关。离开特定的阅读阐释经验，“不着一字，尽得风流”将失去它的独特内涵和韵味。因为“诗—评”阐释经验的广泛存在，蒋济永发现中国整个诗学话语都具有过程性。批评话语在具体的接受过程中产生，直面文本，以直观感悟的批评语言“随物而宛转”，这种批评话语经常处于游移流转的变化之中。蒋济永反复提醒学界，对古代文论的现代转换如果仅仅是运用西方的理性分析模式将古代范畴命题提炼出来，背离其原初语境，人为地构筑一种静态稳定的理论体系，那就会造成“过度阐释”，遮蔽古代诗学的民族性。既然研究者认识到古代诗学建立在“诗—评”接受阐释的经验之上，批评话语具有过程性和直观性，那么，蒋济永提议当代研究者不要急于建立宏大稳定的古代诗学体系，而要“化入古代”。不仅要与古代批评话语沟通，还要与古代文本阅读阐释经验沟通，“即从诗学经验层次上使古代诗学经验进入当代视野，成为当代经验的一部分”。[1]这样，古代文论的现代转换就不只是转换几个古代术语，而是将直观化的批评话语和丰富的阅读阐释经验一起融入当代文论之中。

第三节　从批评语体看民族特性

从批评语体看，中国古人常用文学化的批评接受语体，与接受美学理论化的批评接受语体有别。上文讨论的第二个民族特征显示：接受美学所

❶ 蒋济永．过程诗学：中国古代诗学形态的特质与“诗—评”经验阐释［M］．北京：中国社会科学出版社，2002：277.

谓的理想接受活动及其研究方式，都是以理性分析为主，中国古人标举的绝妙接受形态以及对它的言说，都是以感性综合为尚。与此相关，中国当代学者发现了古代接受理论的第三个民族特征。既然古人倡导以感性综合的方式来研究接受活动，那么他们自然就不会选择理论化的语体来表达对文本的批评接受。

简单地说，中国古人写文学鉴赏和批评的文字，不像姚斯和伊瑟尔那样写成论文，而是写成感性文字，写成富有感悟和直觉的文学作品或者是文学化作品。可见，中国古人常用文学化的批评接受语体，与接受美学理论化的批评接受语体截然有别。20 世纪 90 年代以来，关于“第三个民族特征”的讨论逐步进入中国当代学者的研究视野。季羡林、谭学纯、刘运好、樊宝英、邓新华、王志明等学者围绕中西方不同的批评接受语体和民族思维特征进行了广泛地研讨。

首先，一些学者重点分析了中国古代文学化批评接受语体的类型。樊宝英等在《中国古代文学的创作与接受》[1] 中提出古代接受语体的两分法：以喻论诗、以诗论诗；谭学纯等在《接受修辞学》[2] 中提出三分法：以诗说诗、设喻解诗、以惮悟诗；邓新华在《中国古代接受诗学》[3] 中提出古代“品评”批评的三种主要方式：意象评诗、意象喻诗、以境绘诗，其中比喻拟象的文学化语言贯穿在三种方式之中。之后，他把论域扩大到整个古代批评阐释的语体类型，在《中国古代诗学解释学研究》[4] 中总结出古代诗性阐释方式的三种类型：象喻、摘句、论诗诗。笔者以为，中国学者的划分类型虽然不同，但是都睿智地洞察到，古人把批评当作文学创作，而接受美学家把批评视为理论化写作。古人的高明之处在于“把批评对象的艺术风貌作为自己创作的表现对象，批评成了可以充分发挥批评者想象力和创造性并灌注批评家主观热情的方式”。[5]

---

[1] 樊宝英，辛刚国 . 中国古代文学的创作与接受［M］. 东营：石油大学出版社，1997.
[2] 谭学纯，等 . 接受修辞学［M］. 合肥：安徽大学出版社，2000.
[3] 邓新华 . 中国古代接受诗学［M］. 武汉：武汉出版社，2000.
[4] 邓新华 . 中国古代诗学解释学研究［M］. 北京：中国社会科学出版社，2008.
[5] 邓新华 . 中国古代接受诗学［M］. 武汉：武汉出版社，2000：283.

其次，一些学者运用文化模子追踪法追索中西方批评接受语体差异的原因。季羡林和刘运好对中西方思维特征有相同的判断，即西方思维是分析的，中国思维是综合的。这一总体特征是造成中西方文艺理论差异的根源。[1]正是基于此，一方面，谭学纯、邓新华、刘运好等学者纷纷指出善于综合思维的中国古人解读文学作品时往往不作理性分析和纵向解剖，而是以直觉象征的方式整体把握批评对象，批评活动充满了个人的感性体验和创作激情。这就使古人喜欢用引譬连类、生动形象的文学语言来表达他的诗性之思。[2]另一方面，樊宝英、邓新华都注意到，中国古人往往是作家和批评家一身二任，古人强调论诗者必须要有相当的创作水准和功力。中国古代很少有像西方理论界那样职业化专门化的批评家，这就造成古代作家转换成批评家时将文学创作的诗性思维和诗性语言融入接受批评之中，最终形成文学化的批评接受语体。[3]笔者以为，中国学者在细致爬梳中西方接受思维和批评接受语体的差距时，也探析了中西方的“异中之同”和融合互补。谭学纯就主张拉近中西方接受思维的距离，因为中国的感性思维方式可以最大限度地解放人的审美感知，防止理性思维压抑体验和感悟。但是接受者的审美感知一旦被唤醒，我们就需要西方式的理性思维来限定体验、感悟的随机性和模糊性，以便凝结成相对稳定的批评样态。总之，批评之思是感性体验和理性思辨的融合互渗，过分偏执于一端都会限制批评功能的发挥。[4]

❶ 参见：季羡林．门外中外文论絮语［A］// 钱中文，杜书瀛，畅广元．中国古代文论的现代转换．西安：陕西师范大学出版社，1997：4–19；刘运好．文学鉴赏与批评论［M］．合肥：安徽大学出版社，2002：214–215.

❷ 参见：谭学纯，等．接受修辞学［M］．合肥：安徽大学出版社，2000：49–55；刘运好．文学鉴赏与批评论［M］．合肥：安徽大学出版社，2002：214–215；邓新华．中国古代诗学解释学研究［M］．北京：中国社会科学出版社，2008：137–159.

❸ 参见：樊宝英．中国古代文学的创作与接受［M］．东营：石油大学出版社，1997：276–280；邓新华．中国古代诗学解释学研究［M］．北京：中国社会科学出版社，2008：137–159.

❹ 参见：谭学纯，等．接受修辞学［M］．合肥：安徽大学出版社，2000：49–55.

第四节　从接受主体看民族特性

从接受主体看，中西方理论都注意到读者“期待视野”构成的多元性，中国古人尤其看中虚静心态的修炼，这是中国接受理论的一大特色。姚斯认为读者的“期待视野”具有多重层次，从表现形态上可以划为集体期待视野和个人期待视野；从内容构成上可以划为生活实践经验和审美阅读经验；从时间关系上可以划分为历史累积的视野和当前阅读的视野。当代中国学者研究发现，古人没有“期待视野”的概念，但是从“知言养气”到“务求博观”，古人有一整套的读者审美修养理论，与“期待视野”具有相通性。姚斯关于“期待视野”的划分反映了他对读者艺术修养和生活阅历的重视，那么中国古人对读者主体修养的内涵也有相似的多重设定。从 20 世纪 80 年代开始，张思齐、樊宝英、蒋成瑀、邓新华、邬国平、周克平、郝延霖等围绕以上问题进行了深入细致的探讨。他们发现，中国古代接受理论高度重视读者通过提高自身修养来拓宽审美期待视野，古人将心态修炼、艺术修养和生活阅历三者并举，提出了一套建构读者主体视野（条件）的理论。

从艺术修养看，古人标举师古、博观、深思、衡镜、善读。比如，樊宝英和邓新华在研究中同时注意到刘勰将读者主体条件视为期待视野的基础，刘勰因此提出“衡镜”论。他要求接受主体避免四种“偏见”：一是“贵古贱今”；二是“崇己抑人”；三是“信伪迷真”；四是“知多偏好”。调整了以上四种主观“偏见”才能形成“平理若衡，照辞如镜”的开放视野，建构富有包容性的审美心理结构。[1] 关于善读，邬国平和郝延霖分别

---

[1] 参见：邓新华．中国古代接受诗学［M］．武汉：武汉出版社，2000：94；樊宝英．中国古代文学的创作与接受［M］．东营：石油大学出版社，1997：281–295.

研究了李贽和脂砚斋的理论。邬国平发现李贽将接受者分为“上士”“书主”和“下士”“书奴”两类，李贽高度赞赏“上士”“书主”这类读者的善读，因为他们不失“童心”，带着一种批判反思的态度阅读经典，往往有所得；而“下士”“书奴”则完全顺向地接受文本，丧失了自主意识，自然是不合格的读者。[1]与邬国平的研究相似，郝延霖也总结脂砚斋评点理论，发现脂砚斋将读者划分为“不善读”“少解读”“会读”三个层次。脂砚斋认为真正会读者是那类理解作者苦心而有所发挥的理想读者。[2]总之，中国学者探寻到古人对于读者艺术修养的高度重视，这是读者主体条件形成的基本要素和鉴赏接受的前提条件，用古人的话说就是“有龙渊之利，乃可以议于断割”。在这个方面，古代接受理论和接受美学是相通的。

从生活阅历看，古人主张识见、外游和内游。张思齐对于这个问题有较为细致的研究。他引用元代郝经的“故尔欲学迁之文，先学其游也”来说明读者要从外游和内游两个方面提高自身修养。读者学习司马迁游历天下，那是外游，自然可以增长识见。同时，郝经的话也提醒读者还要游历司马迁的内心世界，从前人视角看前人所思所想所感，这也会扩展自己的识见。这一点，中西之间也没有太多差别。[3]

从心态修炼看，古人要求接受主体学会“知言养气”和“心斋、坐忘”，以静思达到澄怀味象之境。樊宝英对此有专门的研究。他发现中国古代文论家特别强调接受主体要具备虚静的心理状态：一种超然物外、消弭功利的纯粹审美态度，用古人的话说就是“林泉之心”“平心敛气”“青眼”“涤除玄鉴”等。我们认为，西方文论史上从康德的“审美判断力”到布洛的“心理距离”再到姚斯的“期待视野”和伊瑟尔的“隐含读者”，这些理论都主张接受主体应该以“非功利”的审美态度来面对文本，但是西方理论家并未深究如何培养这种审美态度。樊宝英的研究明确指出中国古人恰恰在培育和建构虚静心态的问题上颇多高论。从内在的先天的禀赋

[1] 参见：邬国平．中国古代接受文学与理论［M］．哈尔滨：黑龙江人民出版社，2005：177-181.

[2] 郝延霖．脂砚斋论作者和读者的关系［J］．红楼梦学刊，1995（3）．

[3] 参见：张思齐．中国接受美学导论［M］．成都：巴蜀书社，1989：94-130.

看，道家主张以“心斋”“坐忘”来排除一切私心杂念和逻辑明理，直达虚以待物的澄明之境，是为“虚静”说。从外在的后天的修炼看，儒家主张“知言养气”，广博的学习和深入的思考最终是为了养成浩然自持之气。道家的“虚静”和儒家“养气”最后被禅宗的“定慧”说融合起来，形成一种定慧互补的审美期待视野。❶

第五节　从接受理论架构的具体运作看民族特性

从接受理论架构的具体运作看，中国古代接受理论在读解方法、阅读效应和语言符号上富有独特性。

前面四节所述的四个特征主要围绕古代接受批评活动的思维方式、表达语体和读者主体修养展开，这些特征大致反映了中国古代接受理论体系的整体架构。当细心的中国学者观察这一整体架构的具体运作时，发现了中国古代独特的读解理论——“出入”说，以及古人意识中的理想读者的阅读效应——“自得”说，同时还注意到汉语作为文学语言符号的特点（不同于拼音化的西方语言），诱发了读者阅读活动的自由性和灵活性。

一、中国古代独特的读解理论——“出入”说

自南宋的陈善在《扪虱新话》中提出“出入”读书法以来，从王夫之到王国维、梁启超等众多学者反复研讨“出入”（入出）说，这一说法较为形象地概括了中国古人文学阅读的过程，受到古代批评家的青睐。自20世纪90年代以来，龙协涛、樊宝英、刘月新等中国学者对“出入”说进行了细致的研究。樊宝英在研究中较好地贯穿了中西比较的方法。他发现

❶ 参见：樊宝英．中国古代文学的创作与接受［M］．东营：石油大学出版社，1997：281-295.

伊瑟尔完整地描述了阅读接受的过程。伊瑟尔认为“游移视点”引导读者填补空白，激发读者想象，以实现完形功能，将零碎的文本视野连缀成连贯一致的意义整体，最终使“隐含读者”结构变成审美对象。樊宝英评估接受美学这一读解理论后指出两大问题。一是伊瑟尔理论话语对应的是西方小说的阅读理论，与中国古代诗歌的阅读不完全符合。二是中国古人接受批评思维重视直观感性的整体综合，伊瑟尔的逻辑分析方法并不能直接套用在中国古代读解理论中。樊宝英认为中国古代批评家像伊瑟尔一样关心文学读解过程的规律特征，但是中西文学接受思维有别，古人有一套自己的读解理论——“出入”（入出）说。樊宝英的一个重要贡献就是概括“出入”（入出）说的内在运作机制，将零散的古代文论话语转化为较明晰的现代话语。他总结说，阅读接受首先要“入乎其内”，才能“知音求同”。求同的过程可以分为瞻言见貌、披文入情、得意忘言、知音入神等四个层层深入的层面；其次是读者还要“出乎其外”，达到“知音见异”、自得高论的创造性境界，获得独到的发现，同样读者也要经历几个相伴相生的环节：熟读玩味、心游目想。[1]樊宝英重点解析了“出入”说的内在机制，龙协涛、刘月新的研究则发现了“出入”说的辩证性。他们认为“出入”说将“入乎其内”和“出乎其外”统一起来，实际上就把注重内在体验的文学鉴赏（入）和注重外在反观的文学批评（出）结合起来，也实现了文学接受和读者生活经验的统一。[2]总的来说，龙协涛、樊宝英、刘月新的研究较为成功地实现了“出入”说的现代阐释。

二、古人意识中的理想读者的阅读效应——“自得”说

西方接受美学极力强调阅读活动中的读者主体性和能动性，按照伊瑟尔的理论，文学作品的阅读效应、存在价值和社会功能，首先取决于文学

[1] 参见：樊宝英，辛刚国．中国古代文学的创作与接受［M］．东营：石油大学出版社，1997：250-276.

[2] 参见：龙协涛．文学阅读学［M］．北京：北京大学出版社，2004：300-308；刘月新．解释学视野中的文学活动研究［M］．武汉：华中师范大学出版社，2007：184-195.

文本在读者意识中重构的程度，即文本实际产生的审美效果。伊瑟尔认为，对于读者、批评家而言，同时也对于作家而言，重要的不是文本意味着什么，而是文本做了什么。他说："如果读者和文学文本在阅读交流过程中是合作关系，而且这种交流产生富有价值的东西，那么，我们最为关心的就不再是文本的意义（那是以前批评家所骑的木马），而是文本的（阅读）效果。"[1]当中国学者以接受美学去烛照古代文论时，他们发现古人把读者对文本的重构和阅读效果称为"自得"。"自得"是古人意识中理想读者的阅读效应，它反映了古人对读者主体能动性的重视，这点是中西文论的相通之处，不过古人"自得"的运思方式与西方不同。从 20 世纪 90 年代初以来，唐德胜、黄伟群、吴俊元、邓新华、樊宝英等学者集中探讨了"自得"说。他们发现，古代文学的大宗诗歌不是直赋而出的，往往比兴寓托，隐晦委婉，充满复义性和模糊性。基于此，阅读效果和意义完成很大程度上依赖于读者直觉感悟和涵泳咀嚼，所以朱熹说"工夫在读者"、王夫之说"读者各以其情而自得"、罗大经说"好诗在人如何看"。这就说明，古人意识中理想的阅读效应不是翻译原文，而是创造性的自得。邓新华甚至认为宋人提出"活参"以求自得，刘辰翁明言"观诗各随所得，或与此语本无关涉"，这已经是一种具有现代意识的创造性"误读"理论。[2]

三、汉语作为文学语言符号的特点（不同于拼音化的西方语言）诱发了读者阅读活动的自由性和灵活性

通过和西方拼音化的语言对比，叶维廉和谭学纯等分别抓住了汉语语法的灵活性和汉语的体验性（主要指古代汉语）来探讨古代文学接受活动中读者阅读的自由性和灵活性。叶维廉很早就发现拼音化的西方语言在人

---

[1] Wolfgang Iser.The act of reading：a theory of aesthetic response［M］.London and Henley：Routledge & Kegan Paul，1978：54.

[2] 参见：唐德胜．中国古代艺术接受主体重构论［J］．广州师院学报·社会科学版，1996（3）；黄伟群，吴俊元．论伊塞尔的接受美学与中国意境学说之比较［J］．集美大学学报·哲学社会科学版，2005（3）；邓新华．中国古代接受诗学［M］．武汉：武汉出版社，2000：168-172；樊宝英．"自得"说与中国古典诗歌的品鉴［J］．济宁师专学报，2001（2）．

称、时态和词性上具有明确的界定，语法规则相对稳定，而中国古代汉语（尤其是文言文）的语法却具有高度灵活性。他认为："诗人利用了文言特有的'若即若离'、'若定向、定时、定义而犹未定向、定时、定义'的高度的语法灵活性，提供一个开放的领域。……我们可以自由进出其间，可以从不同的角度进出，而每进可以获致不同层次的美感。"❶这就使读者和汉语文字可能建立自由的关系。从汉语自身特点着手，叶维廉的分析确实击中了中国古典诗歌传释活动自由性的肯綮。谭学纯则注意到汉语是一种适于体验的审美化语言，和西方抽象化的拼音语言不太一样。他仔细分析了汉语书写符号、语音、文体、词汇、语法的体验性，然后指出，"与西方语言不同，汉语在很大程度上属于一种体验性语言。汉语的理性信息传递功能，跟汉语审美信息的传递功能相比，显然是后者更突出一些"。❷汉语这种特点自然有利于读者通过语言文字，直接激起审美兴趣和艺术想象，"不涉理路""不落言筌"直击审美对象，达到"神与物游"的自由创造境界。

第六节　中国接受理论和西方接受美学异同的文化根源研究

在中西比较视域下，中国学者30多年潜心研究中国古代接受理论体系的整体架构和具体运作，概括总结了古代接受理论的以上五大特征。他们通过文化模子追踪法逐步发现，中西方接受理论的众多差距并不是偶然的，和中西方哲学思想、文化心理和价值取向具有必然关系。中国学者意识到，只有厘清中西方接受理论异同的文化根源，才能真正实现古代接受理论的现代转换和接受美学的中国化。自20世纪90年代以来，王元骧、

❶ 叶维廉．中国诗学［M］．北京：生活·读书·新知三联书店，1992：17-35.

❷ 谭学纯，等．接受修辞学［M］．合肥：安徽大学出版社，2000：55.

黄书雄、李欣人、樊宝英、邓新华、唐德胜、张胜冰、窦可阳等众多学者将研究眼光投向这一领域，取得了不俗的理论成果。总结他们的研究路数，大致有两个向度。

一、中西接受理论的差异与中西哲学文化的差距有关

20 世纪 80 年代以来，接受美学能够融入中国古代文论研究之中，可见它和中国固有的哲学文化背景和传统思维模式具有某些相通性。21 世纪初，窦可阳在《接受美学与象思维：接受美学的“中国化”》[1]中就详细论证了接受美学和中国古代以直观整体为特征的“象思维”之间微妙的契合。他认为“象思维”具有接受美学所倡导的意向性、互动性；“象思维”的循环性和“期待视野”的变化循环息息相通；“象思维”注重“整体之内”的文学直觉，这和“视界融合”中发生的直觉性交融也密切相关。但是，多数中国学者注意到中西接受理论的差异，如上文所述，接受美学截然划分创作论、文本论、接受论，而中国古人将创作—作品—接受三者融为一体，显出辩证圆融的思维特性。接受美学所谓的理想接受活动及其研究方式，都是以理性分析为主，中国古人标举的最佳接受形态以及对它的言说，都是以感性综合为尚。古人将接受鉴赏看作整体直观的体验和感悟。接受美学善用理论化的批评接受语体，中国古人则常用文学化的批评接受语体。王元骧、李欣人、樊宝英等学者所见略同，他们认为造成差异的哲学文化根源之一是西方的“天人相分”观念不同于中国的“天人合一”观念。他们以为西方哲学文化强调天人相分和主客对立，研究主体往往把文学视为对象来作理性分析。逻辑思辨因素在专业化的文学阐释和普通的文学阅读中具有举足轻重的作用。所以整体上讲西方文论以知识论为基础，带有明显的科学主义倾向。与之不同，中国古代的哲学文化主张天人合一和主客不分，研究主体往往把文学当作另一个主体来交流沟通，并且古人认为读者对文学的接受是人与人、人与自然万物融为一体的

[1] 窦可阳 . 接受美学与象思维：接受美学的“中国化”［D］. 长春：吉林大学，2009.

活动。所以，中国古代文论以人生论（生存论）为基础，具有较深切的人文精神。[1] 知晓了西方哲学文化以知识论为基础的科学主义取向（注意，说“科学主义取向”是指整个西方哲学文化和中国哲学文化比较而言，如果把接受美学放在西方文论内部考察，那么，接受美学倒是反科学主义的，具有人本主义倾向——笔者注），研究者就容易解释接受美学为什么要科学地划分创作论、文本论、接受论，为什么要以理性分析的方式来理解和研究接受活动。同样研究者也就明白，因为“天人合一”的人文精神，古人自然不会将创作—作品—接受三者截然划为客体对象，而是主张三元合一，整体研究。同时，古人将接受鉴赏看作读者以整体直观的“体认”来和文本交流的活动，而且对接受活动的言说也不用理性解析的方法，喜用感性综合的语言，即文学化的批评接受语体。以上三位学者集中比较“天人合一”和“天人相分”中的文化差距，张胜冰和邓新华则另辟蹊径，各自阐释了中西文化模子的差距。张胜冰比较西方“逻各斯”和中国“道”对各自接受理论的深刻影响，得出了一段精彩的结论：“西方传统文化中那种悠久深厚的‘逻各斯’精神，也就是一种理性的态度。这就必然要求读者在接受过程中以一种理性的心态来看待文学活动，这在一定程度上阻碍了读者灵智的发挥。相反，在这方面，中国的‘道’却表现出它特有的哲学智慧和悟性，使人的理性能力不至于囿于文本和规范，也使得整个接受过程充满创造活力和迷人色彩。”[2] 我们注意到，张胜冰所说的“逻各斯”精神和以上三位学者论述的“天人相分”观念本质上是一致的，即理性精神和科学主义倾向。同样，张胜冰所说的“道”的精神和以上三位学者论述的“天人合一”也具有内在契合点，即两者都主张人与人、人与万物的和谐统一。这样，他们的研究就具有内在的一致性。有趣的是，邓新华从中西方“文化性格”来观察各自接受理论的特征。他认为西方文

[1] 参见：王元骧．试论古代文论的“现代转换”［C］// 钱中文，杜书瀛，畅广元．中国古代文论的现代转换．西安：陕西师范大学出版社，1997：36–50；李欣人．《周易》与接受美学［J］．周易研究，2005（3）；樊宝英．多维视野中的中国古代文论研究［J］．聊城大学学报·社会科学版，2004（4）．

[2] 张胜冰．接受美学与“道”［J］．思想战线，1998（1）．

化具有大胆反叛传统但不无偏激的创新精神，这就使得接受美学激烈地反对传统的作者中心论和文本中心论，强化读者主体地位，矫枉过正就会割裂文本和读者、读者和作者的关系，出现“唯读者论”倾向。相比之下，中国古代接受理论之所以在读者、作家、作品三元关系上辩证圆融，避免了接受美学的极端倾向，源自古人调和对立的“中和”精神。同时他也清醒地指出，“中和”精神也造成“玩味”这样的接受方式陈陈相因，缺乏创新和变化，造成整个古代接受理论板结和僵化，缺少多元竞争的动力。[1]以上学者的研究，都超越中西方接受理论的表面现象，无论是王元骧、李欣人、樊宝英所谈的“天人相分”和“天人合一”，还是张胜冰所论及的“逻各斯”与“道”，抑或是邓新华所谓的“中和”精神和反叛精神，他们都追溯到中西方文化模子的内在差异，厘清了中西接受理论的同中之异。这就为我们在跨文化层面上整合中西文论奠定了基础。

二、中国古代接受理论的独特性源自古代三大思想源头

儒道佛是中国古代文化的三大思想支柱。中国学者发现，辩证圆融感性综合的思维方式、文学化的批评语体、虚静心态的修炼等古代接受理论的民族特征和儒道佛思想有着千丝万缕的联系。比如，在 20 世纪 90 年代，唐德胜和张胜冰同时指出道家以“虚无”为核心的哲学思想对中国整个艺术精神造成巨大影响。因为追求“虚实相生”，古代文学文本充满意义空白和未定点，这就要求读者发挥主观能动性，以虚静的审美心态感悟和体验文本世界，创造性地填补空白和未定点，展现“景外之景、象外之象”的意蕴空间。[2]唐德胜和张胜冰探讨了古代接受理论的道家之源，邓新华在此基础上全面解析儒道佛对古人接受理论思考的影响。邓新华指出儒道佛思想使得古人分别形成了“依经立义”“得意忘言”“妙悟活参”这三种接受阐释模式。分析邓新华的研究思路，笔者发现，以政教伦理为旨

[1] 邓新华．中国古代接受诗学［M］．武汉：武汉出版社，2000：265-267.

[2] 参见：唐德胜．中国古代文论与接受美学［J］．广东社会科学，1994（2）；张胜冰．接受美学与“道”［J］．思想战线，1998（1）.

归的儒家对诗歌的接受采取了过分功利实用的态度，尤其是汉儒“依经立义”的说诗方式带有明显的政教伦理倾向，遮蔽了文学接受的审美性。一定程度上讲这种说诗方式是对文学接受的异化。邓新华清醒地看到了汉儒“诗无达诂”的思想对读者主体作用的肯定，对后世接受理论具有积极影响，但是儒家政教伦理的思想又造成了后世说诗者穿凿附会索隐解诗，破坏诗歌的审美意味，这又是儒家诗学的负面影响。与此同时，他更为看重老庄为代表的道家思想和中国化佛学——禅宗对古代接受阐释理论的积极作用。他分析道，从庄子的“言不尽意”到王弼的“得意忘言”，道家一贯主张对“道”的体认不依赖语言解析和意义阐释，而是运用“目击道存”“忘言”“忘象”这样的内心体验方式，获得一种只可意会的高峰体验。所以道家超越理性和语言的思想倾向直接触发了古人以直觉品鉴的方式来接受文学，不拘泥于意义的阐释。同时它也影响了古人以整体直观的文学化语体来言说接受鉴赏之妙思。宋代兴起的“妙悟”“活参”等文学接受理论则直接源于禅宗“妙悟、活参”思想。禅宗主张“不立文字，教外别传”，要求修行者以“悟”和“妙悟”这样的思维方式扬弃语言，屏蔽逻辑名理，瞬间一次性地把握佛家真谛，直达万法皆空的圆融之境。禅宗还主张修行者“参活句，不参死句”，阅读佛家典籍不要扣字面意思，而要任凭本心自由无拘地阐发和创造。邓新华发现，在“以禅喻诗”的宋代，禅宗以上思想对诗学造成深刻影响。宋人将禅宗的“妙悟”“活参”转化为诗学的“妙悟”“活参”，进一步认识和把握到文学接受鉴赏的直觉感悟特征和读者能动性，提出以直接性、整体性和非逻辑性为特征的“妙悟”说和带有创造性“误读”精神的“活参”说。[1]总的来说，唐德胜、张胜冰、邓新华三位学者观点不尽相同，但是他们的共同点在于钩沉三大思想源头，摸清了古人辩证圆融的思维方式、直觉感悟的接受方式、文学化的批评语体、虚静心态的修炼等接受理论特征的思想根源。这就为学界更深入地比较中西接受理论提供了前提。

[1] 参见：邓新华．中国古代接受诗学［M］．武汉：武汉出版社，2000：54–67；邓新华．中国古代诗学解释学研究［M］．北京：中国社会科学出版社，2008：176–186.

立志于古代文论现代转换的中国学者经过30多年的不懈努力，以“多重主观视角”参照中西，勾连古今，终于在比较视域下初步揭示了古代接受理论“范畴体系”的民族特性。具体来说，第一个特征：从文学要素的关系看，与接受美学截然划分创作论、文本论、接受论不同，中国古人将创作—作品—接受三者融为一体，显出辩证圆融的东方思维特性。这一思维特性直接影响了第二个民族特征。中国古人不用理性逻辑划分文学活动，善用整体直观的思维看待创作、文本和接受的关系，这一思维取向自然引导他们将文学接受视为整体直观的感性活动。这样，中国学者发现了第二个特征：从接受活动特征和接受研究的思维方式看，与西方接受美学注重接受活动中的理性阐释和发现不同，中国古代接受理论将接受视为体验感悟为基础的整体化直观化活动，一个突出的表现就是中国具有发达的“味”论。可以说，接受美学所谓的理想接受活动及其研究方式，都是以理性分析为主，中国古人标举的绝妙接受形态以及对它的言说，都是以感性综合为尚。这个特征又影响了第三个民族特征，既然古人倡导以感性综合的方式来研究接受活动，那么他们自然就不会选择理论化的语体来表达对文本的批评接受。中国学者由此发现第三个特征：从批评语体看，中国古人常用文学化的批评接受语体，与接受美学理论化的批评接受语体有别。以上三大特征都是围绕接受活动，至于接受主体，当代中国学者发现第四个特征：中西方理论都注意到读者“期待视野”构成的多元性，中国古人尤其看中虚静心态的修炼，这是中国古代接受理论的一大特色。以上四大特征主要围绕古代接受批评活动的思维方式、表达语体和读者主体修养展开，这些特征大致反映了中国古代接受理论体系的整体架构。当细心的中国学者观察这一整体架构的具体运作时，发现了第五大特征：中国古代独特的读解理论——“出入”说，以及古人意识中的理想读者的阅读效应——“自得”说，同时还注意到汉语作为文学语言符号的特点（不同于拼音化的西方语言）诱发了读者阅读活动的自由性和灵活性。在中西比较视域下，中国学者30多年潜心研究中国古代接受理论体系的整体架构和具体运作，概括总结了古代接受理论以上五大特征。他们通过文化模子追踪法逐步发现，中西方接受理论的众多差距并不是偶然的，和中西方哲学思想、文化心理和价值取向具有必然关系。他们研究认为，首先，中西接受理论的差异与中西哲学文化的差距有关。其次，中国古代接受理论的独特性源自古代三大思想源头。中国学者意识到，只有厘清中西方接受理论异同的文化根源，才能真正实现古代接受理论的现代转换和接受美学的中国化。

自20世纪70年代末80年代初开始，“中国古代文论的现代转换”这一学术思潮延续至今。改革开放，国门敞开，中国学者在引进西学的热潮中感受到文化帝国主义的巨大冲击和中国文论话语的弱势处境，中国当代文论话语面临严峻的危机。为了改变中西方文论的“失衡”状况和自身文论的危机局势，他们纷纷把研究眼光向内转，希望对古代文论资源进行现代阐释以充实当代中国的文论话语，建立民族特色的文论体系。同时，古代文论界和当代文论界的学术同仁深感两大学科研究的鸿沟和锁闭，严重阻碍了中国文论整体的建构。为此，中国学术界提出“中国古代文论的现代转换”这一构想，主张对古代文论进行开发整理和现代阐释，使之与中国当代文论接轨，为建设中国特色的当代文艺学体系服务。

在“中国古代文论的现代转换”这一问题语境下，笔者考察接受美学和“现代转换”研究之间的关联，归根到底可以归纳为两个问题：一是接受美学对“中国古代文论的现代转换”可能性；二是接受美学对“中国古代文论的现代转换”的有效性。

先看可能性问题，笔者以为，接受美学能够介入“现代转换”这一中国本土理论问题并发挥积极作用，至少有三个方面的原因：首先，中西理论倾向的相似性。接受美学和中国古代文论在人本主义、主体性倾向上具有异质相似性和相通性。而且，中国固有的阐释学传统和接受美学的阐释学背景也具有相通之处。其次，接受美学有助于“中国问题”的解决。作为方法论，接受美学对接受活动的系统研究给中国学界检视古代潜在的接受理论范畴和体系提供了新的理论视角和方法。接受美学还生发了一个新的“中国问题”：建构有中国特色的文学接受理论（诗学）。再次，接受美学能介入“中国古代文论的现代转换”问题和中国学者的文化心态也有密切关系。面对西学，中国学者的文化心态是既拒斥西化又主动放眼西方，不是所有西方新奇理论照单全收，而是选择性地吸纳。所以，中国学者谨慎地将接受美学和中国古代文论对照比较，当他们发现了两者的诸多契合点之后才认可接受美学的借鉴价值。

再看有效性问题，笔者以为，30 多年来，接受美学对“现代转换”的理论效用主要体现在形式、内容和研究历程三大方面。前文已有总结，在此不再赘述。

30 多年来，中国学者借鉴接受美学的范畴、方法和理论精神，详细辨析中西方文论的同中之异和异中之同，揭示了古代接受理论的范畴命题发展史（历时性）和五大民族特征及其哲学文化精神（共时性），在历时性和共时性的交叉点上初步构建了富有东方文化韵味的接受理论体系，为中国当代民族化文论的建设提供了可操作的话语工具和理论资源，这不能不说是“中国古代文论的现代转换”的一项实绩。

当然，认真反思 30 多年接受美学和“中国古代文论的现代转换”研究的关联，笔者发现中国学者的研究还是存在一些不足。对于古代接受理论如何运用于当下中国人的文学阅读和批评实践这一问题，研究比较薄弱。笔者以为古代文论赖以产生的文学土壤已经湮没在历史中，现当代文学的语言形式和文体形式与古代文学截然有别，所以，如何让古代文论概念和精神经过现代阐释“修润”以后对当下文学经验产生实际作用，这确实是一个理论难题。在这方面，蒋济永、邓新华、李知进行了有益的探索。比如，邓新华就发现古代“品评”（“品第”）这种接受批评方式在当下文学评奖活动中已经在“潜移默化”地运用，而中国现代批评家李健吾的印象主义批评其实也蕴含着“品评”（“品第”）批评的诗意表达方式。所以他认为“品第”批评方法并不是一个古董，它具有贯通古今的理论价值。为了疗治中国文论的失语症，“对钟嵘创立的‘品第’批评方法进行认真的挖掘和总结，并将其早日整合到富有鲜明的民族特色的中国当代文论话语体系中去，尤其显得是一件有意义的事情。”[1]蒋济永、李知与邓新华一样坚持“古为今用”的研究思路。蒋济永融合中国古代的“诗—评”阐释原则、现象学的“意向性”和接受美学的读者理论提出“诗意综合”为核心的文学解读方法，并运用它成功地破解了20世纪80年代朦胧诗的费解意象（比如北岛的《姑娘》）。他试图说明古典诗学阐释经验和方法亦可运用于现代文学艺术。[2]李知以卞之琳《断章》之味的解析为例，考察古典味论的现代阐释效力，以印证传统诗“味”和现代诗歌新“味”的相通性。[3]总的来说，蒋济永、邓新华、李知等学者的理论探索是可贵的，他们都意识到重构古代接受理论的范畴体系固然重要，但是这一体系如果和当代人的文学阅读和批评经验毫无瓜葛，那么，体系再严密再精致也会面临“存活”问题。有效的办法是将古代接受理论的范畴命题及其背后的文化精神和当下文学阅读实践与理论问题对接，通过选择、改造和阐释，使古人的文学经验和理论智慧能够为当代人所用。比如，意境、知音、味等古代接受范畴经过几代中国学者的现代阐释，已经逐步渗透到当代文论话语中，并产生了实际的批评效力。这是古代文论现代转换的突破性成果。只可惜，这样“古为今用”的转换只是涉及个别范畴，而且蒋济永、邓新华、李知对“品评”“诗意综合”“古典味论”的现代运用也局限在文学个案，古代接受理论范畴和话语模式在当下文学研究中大规模的转化运用还未出现。我们希望，在不久的将来，有更多的中国学者明确意识到传统文论“古为今用”的必要性，并努力勾连古今文学经验，接上自“五四”激烈的反传统之后断裂的中华文论血脉，以古人的接受鉴赏之妙思来启迪我们当下的文学创作、阅读和批评。只要我们坚持立足传统、融合中西的“兼容”态度，就一定能够跨越古今审美经验和文学传统的鸿沟，实现中国古今文论的历史对接。

---

[1] 邓新华．中国古代接受诗学［M］．武汉：武汉出版社，2000：129.

[2] 参见：蒋济永．过程诗学：中国古代诗学形态的特质与“诗—评”经验阐释［M］．北京：中国社会科学出版社，2002：284-289.

[3] 参见：李知．现代视域下的中国传统味论［D］．广州：暨南大学，2008.

余　论

回顾30多年来接受美学在中国文艺学研究中的"旅行"，笔者发觉，无论是中国接受这一理论的整体过程还是中国学者链接这一理论的具体思路，都显现了以下几个接受史特征和规律。

首先，中国学者"引介"接受美学的目的性和针对性较为明确。中国存在理论问题亟待解决，而接受美学在理论精神和方法意识上正合"中国问题"，那么中国学者自然积极召唤"他山之石"来"攻玉"。这点在接受美学涉及的两大问题域中表现得最为明显。从总体上看，20世纪80年代以来，接受美学远涉重洋，经历萨义德所谓"理论旅行"的四个阶段：理论源发、横向穿越、接受态度和理论变异，最终被移植到中国的文化土壤中。接受美学能够"站稳脚跟"，甚至在中国出现译介接受美学的"火爆"场面，掀起研究、运用接受美学的学术热潮，究其根源，还是源于接受美学和重写文学史、中国古代文论的现代转换、中国马克思主义文论的当下发展、中国当代阅读接受理论的新建等四大"中国问题"碰撞、交流和融合，最终产生了有利于解决"中国问题"的成果，直接影响了中国当代文论的现代转型。根据笔者对接受史材料的分析，中国学人在前两个"问题域"中表现出了较为强烈的问题意识，并且产生了较为丰富的理论成果，值得重点研究。笔者认为，20世纪80年代初以来，接受美学以读者主体为中心的接受史新范式正好切合中国的"文学史悖论"，顺应了中国学者破除意识形态化的旧格局、重写文学史的历史呼声。于是，接受美学介入广义的"重写文学史"问题语境中，启发中国学者在文学史理论思考和书写实践中逐步形成了中国化的文学接受史范式，实现了两大历史性转向。一是由政治标准凌驾于艺术（审美）标准的文学史范式逐渐转向审美和历史统一的文学史范式，其中读者的接受活动发挥关键的调节作用。二是由作家作品为重心的文学史阐释体系转向以文本和读者的交流关系为重心的文学史阐释体系。而且，文学史范式的转变反映了文学史理论的更新，彰显了中国当代文论话语由工具性到独立性、自主化的现代转型。同样基于强烈的问题意识，由于接受美学和中国古代文论的某些相似性、接受美学对“中国问题”的方法论价值和中国学者文化心态的两面性等诸多原因，接受美学介入中国古代文论的现代转换议题，恰好顺应了中国学者运用中西比较融合的方法活化古代文论资源的问题意识和理论需求，引发了中国特色的古代接受诗学（理论）体系的建设。中国学者 30 多年不懈努力，最终在历时性和共时性的交叉点上初步构建了富有东方文化韵味的接受理论体系，推进了中国当代文论的本土化民族化转型。总之，接受美学的理论因子和中国文艺学的实际问题发生碰撞，触发了饱含问题意识的中国学人在“重写文学史”和“古代文论的现代转换”两大“历史难题”上的理论焦虑和创新激情。他们融合中西产生的理论成果切实地影响了中国文论和文化的当代转型。

其次，接受美学日益“中国化”，发生适应性变异，不断被中国研究者改造和补充，变成中国语境中的接受理论。接受美学毕竟属于西方理论话语系统，接受美学家姚斯和伊瑟尔的原创理论没有考察中国文学和中国文化，他们的原初提问和假设都基于欧美文学和文论的现实。当接受美学来到中国语境之后，面对中国问题，它必须发生一定的重组和改变，才能真正适应中国语境，变成可以操作的理论批评话语。这一任务自然落在了中国学者肩上。比如，在接受美学和重写文学史的关联中，姚斯提出了文学接受史的构想，但是并没有清晰地界定文学接受史的具体内涵，也没有写出一部完整意义的接受史。中国学人开拓创新，补充和发展姚斯的接受史理论，使其发生“中国化”的变异，最终从中国传统学术研究领域中犁出“新田地”。他们明确将文学接受史（效果史）与中国传统意义上的文学研究史、文学批评史、学术史区别开来，提出四种“文学接受史”的界说并运用于叙史实践。另外，在姚斯的接受史范式里，作品文本和读者期待视野之间是对立统一的关系。姚斯尤其强调新作品和读者旧视野之间对立的一面（要有较大审美距离），这样才能造成阅读新颖感和惊奇感。姚斯理论针对的是中世纪传奇文学和20世纪现代派文学（这些文学本来就带有新奇晦涩、朦胧多义等特征）的阅读经验。当中国学者将姚斯的接受史范式运用到中国古代文学史时发现，相比西方文学，中国古代文学没有那样明显的求怪求险倾向，继承性多于突变性。所以，我们适时改造了姚斯的原初理论偏向，在把握中国古代作品文本和读者期待视野之间关系时偏向统一的一面，主要强调经典作家作品对读者期待视野的顺应，其次才是突破。这说明，姚斯理论在“中国土壤”中发生了顺应环境的变异，日益“中国化”。笔者还注意到，在第二大问题域里中国学者以中西比较的视角发掘中国古代接受理论民族特征的过程，其实也是补充和发展接受美学源发理论的过程。比如，从文学要素的关系看，接受美学（主要表现在前期理论中）截然划分创作论、文本论、接受论。德国学者格林（也译为格里姆）曾总结接受美学理论提出作品意义结构的公式：S ≈ R，将作品意义和读者主观理解画上约等号。这就忽视了作家的主体性和文本的客观性，这一点遭到中西方学界的广泛批评。中国学者以接受美学烛照中国古代文论，从提出“传释学”的叶维廉到龙协涛、董运庭、张思齐、金元浦、邓新华、樊宝英、唐德胜、紫地等一批中国学者孜孜不倦地探求古代接受理论的民族特性。他们发现，古人并不标举单向度的接受鉴赏理论，而是将创作—作品—接受三者融为一体，显出辩证圆融的东方接受思维特性。其一，当代学者发现，从孟子的“以意逆志”到朱熹的“涵泳”法再到王夫之的“自得”说等许多范畴命题，都表明古代批评家也从创作的视角介入接受鉴赏问题，不像接受美学那样单从读者的视角观察接受活动。其二，当代学者发觉古人最为典型的接受鉴赏方式——“玩味”之“味”具有双重属性：一是作为作品客观属性的“滋味”“韵味”；二是作为读者鉴赏能动性的“品味”“辨味”。两种“味”相辅相成，互为条件。这就表明古代批评家把文本的客观属性和读者的接受视为一个整体构成，不像接受美学那样断然否定文本的客观性。总的来说，中国古人从创作—作品—接受“三元合一”的视角看待读者接受鉴赏和作品意义的构成问题。这实际上就将格林“S ≈ R”的公式修正为“S（作品意义）=A（作者可能的原义）+T（文本潜在的意义结构）+R（读者接受理解）”。可见，经过现代转换的中国古代接受理论一定程度上补充和发展了西方接受美学，以中国古人的辩证之思弥补西学的抽象理性之弊。

最后，中国学者 30 多年来积极引介接受美学，他们总体的接受态度是在研究方法和理论意识上“化用”接受美学，而不是照搬接受美学概念，“硬套”中国文学和文论问题。笔者发现，中国学界无论是倡导文学接受史范式还是研究中国古代接受理论的民族特征，其实都不是“凭空虚构，自铸伟辞”，而是借用接受美学在中国传统学术的旧领域犁出新田地。前文论述多有涉及，在此不再展开。总之，中国学人并没有神化西方理论的作用，正如姚斯所言：“那个能够开辟一个迄今未被发现的或是一直被忽略了的领域，还可以为学者重新选定方向的新东西，就方法而论，并不一定非是一个未知领域不可。它也可以来源于一种新观点，通过这一新观点研究那些人们早已知晓、但却从未重视过的旧领域。”[1] 这句话用在 30 多年中国对接受美学的接受史最恰当不过。接受美学对中国文艺学研究的价值并不意味着是开拓了全新的未知领域，更多的是方法论和理论精神的启示。其实早在接受美学正式引入中国大陆（1983 年）以前，在文学接受和阐释研究这一“旧领域”，前辈学者就以自觉的接受理论意识重审文学现象。他们的辛勤耕耘，显出了敏锐的问题意识和前瞻性的眼光。他们的理论探索成果影响深远，直接构成了中国后辈学者接纳接受美学的“史前史”。他们研究接受理论问题的独立精神和自主意识更是影响到后来中国学者“化用”而不是“套用”接受美学。比如，钱钟书在《谈艺录》中就发现文学史上“陶渊明诗”以及陶公的声誉不是一成不变的，而是有一段

[1] ［美］科恩 . 文学理论的未来［C］. 程锡麟，等译 . 北京：中国社会科学出版社，1993：139.

“显晦沉浮”的动态接受史。针对宋代《蔡宽夫诗话》中“渊明诗，唐人绝无知其奥。惟韦苏州、白乐天、薛能、郑谷皆颇效其体”这一判断，他钩沉史料，细致爬梳，详细考订唐代对陶渊明诗文和人品的接受情况，进而指出上述判断“近似而未得实”。[1]同时，钱钟书还简略勾勒了从东晋到南宋这段历史中陶公和陶诗的声誉沉浮史，显现了将读者接受效应视为文学史阐释重心的理论倾向。钱钟书在“接受理论”意识上的前瞻性影响深远，有助于后来的陈文忠、李剑锋和邬国平等学者“化用”接受美学深入探究陶渊明的接受史乃至整个中国文学接受史。笔者还注意到，叶嘉莹在1964年写成《杜甫秋兴八首集说》[2]，程千帆在1982年发表《张若虚〈春江花月夜〉的被理解和被误解》[3]一文，前者其实就是七律组诗《秋兴八首》的接受史，而后文则是《春江花月夜》的接受史。他们研究的共同特点是不简单罗列文学作品的评点集释，而是自觉地从读者阅读和接受阐释的视点反观作品经典化的历史脉络，凸显文学接受之维对作品意义和地位的关键作用。他们的研究只字未提接受美学，但是处处表现出独立自觉的接受理论意识。钱钟书、叶嘉莹和程千帆等学者在中国学界具有广泛的影响力，他们的研究显露了自觉的接受理论倾向，富有独立自主的探索精神。一方面，受其影响的后辈学者自然容易接纳接受美学；另一方面，他们的研究也提醒后辈学人不要照搬西学，而要善于发现问题并独立自主地解决中国理论问题。

---

[1] 钱钟书．谈艺录（补订重排本上下卷）［M］．北京：生活·读书·新知三联书店，2001：258.

[2] 叶嘉莹．杜甫秋兴八首集说［M］．石家庄：河北教育出版社，2000.

[3] 程千帆．张若虚《春江花月夜》的被理解和被误解［J］．文学评论，1982（4）．

参考文献

1. 普通图书

[1][意]克罗齐. 历史学的理论和实际[M]. 傅任敢，译. 北京：商务印书馆，1982.

[2]郑树森. 现象学与文学批评[M]. 台北：东大图书股份有限公司，1984.

[3][瑞士]凯塞尔. 语言的艺术作品：文艺学引论[M]. 陈铨，译. 上海：上海译文出版社，1984.

[4][美]韦勒克，沃伦. 文学理论[M]. 刘象愚，等译. 北京：生活·读书·新知三联书店，1984.

[5][美]刘若愚. 中国的文学理论[M]. 赵帆声，等译. 郑州：中州古籍出版社，1986.

[6]张隆溪. 二十世纪西方文论述评[M]. 北京：生活·读书·新知三联书店，1986.

[7]张汝伦. 意义的探究：当代西方释义学[M]. 沈阳：辽宁人民出版社，1986.

[8][德]姚斯，[美]霍拉勃. 接受美学与接受理论[M]周宁，金元浦，译. 滕守尧，审校. 沈阳：辽宁人民出版社，1987.

[9][英]伊格尔顿. 二十世纪西方文学理论[M]. 伍晓明，译. 西安：陕西师范大学出版社，1987.

[10]朱立元. 现代西方美学流派评述[M]. 上海：上海人民出版社，1988.

[11]王逢振. 意识与批评：现象学、阐释学和文学的意思[M]. 桂林：漓江出版社，1988.

[12][德]伊泽尔. 审美过程研究：阅读活动：审美响应理论[M]. 霍桂恒，李宝彦，

译 . 北京：中国人民大学出版社，1988.

[13][波兰]英加登 . 对文学的艺术作品的认识[M]. 陈燕谷，译 . 北京：中国文联出版公司，1988.

[14]钱中文 . 文学原理：发展论[M]. 北京：社会科学文献出版社，1989.

[15]朱立元 . 接受美学[M]. 上海：上海人民出版社，1989.

[16]张思齐 . 中国接受美学导论[M]. 成都：巴蜀书社，1989.

[17]胡木贵，郑雪辉 . 接受学导论[M]. 沈阳：辽宁教育出版社，1989.

[18]叶嘉莹 . 中国词学的现代观[M]. 长沙：岳麓书社，1990.

[19]陈敬毅 . 艺术王国里的上帝：姚斯《走向接受美学》导引[M]. 南京：江苏教育出版社，1990.

[20]丁宁 . 接受之维[M]. 天津：百花文艺出版社，1990.

[21][德]伊瑟尔 . 阅读活动：审美反应理论[M]. 金元浦，周宁，译 . 北京：中国社会科学出版社，1991.

[22][德]伊瑟尔 . 阅读行为[M]. 金惠敏，等译 . 长沙：湖南文艺出版社，1991.

[23][美]卡勒 . 结构主义诗学[M]. 盛宁，译 . 北京：中国社会科学出版社，1991.

[24]王逢振，等 . 最新西方文论选[M]. 桂林：漓江出版社，1991.

[25]叶维廉 . 中国诗学[M]. 北京：生活・读书・新知三联书店，1992.

[26][德]尧斯 . 审美经验论[M]. 朱立元，译 . 北京：作家出版社，1992.

[27]张杰 . 后创作论[M]. 武汉：武汉大学出版社，1992.

[28]刘宏彬 .《红楼梦》接受美学论[M]. 郑州：河南人民出版社，1992.

[29]高中甫 . 歌德接受史（1773—1945）[M]. 北京：社会科学文献出版社，1993.

[30]章国锋 . 文学批判的新范式：接受美学[M]. 海口：海南出版社，1993.

[31]王卫平 . 接受美学与中国现代文学[M]. 长春：吉林教育出版社，1994.

[32]马以鑫 . 接受美学新论[M]. 上海：学林出版社，1995.

[33]朱栋霖 . 文学新思维[M]. 南京：江苏教育出版社，1996.

[34]徐应佩 . 中国古典文学鉴赏学[M]. 南京：江苏教育出版社，1997.

[35]朱立元 . 当代西方文艺理论[M]. 上海：华东师范大学出版社，1997.

[36]曹明海 . 文学解读学导论：文学诠释学[M]. 北京：人民文学出版社，1997.

[37]樊宝英，辛刚国 . 中国古代文学的创作与接受[M]. 东营：石油大学出版社，

1997.
[38]金元浦．文学解释学：文学的审美阐释与意义生成［M］．长春：东北师范大学出版社，1997.
[39][德]耀斯．审美经验与文学解释学［M］．顾建光，等译．上海：上海译文出版社，1997.
[40]郭宏安，章国锋，王逢振．二十世纪西方文论研究［M］．北京：中国社会科学出版社，1997.
[41][荷]佛克玛，易布思：二十世纪文学理论［M］．林书武，译．北京：生活·读书·新知三联书店，1998.
[42]陈文忠．中国古典诗歌接受史研究［M］．合肥：安徽大学出版社，1998.
[43]马以鑫．中国现代文学接受史［M］．上海：华东师范大学出版社，1998.
[44]何香久．《金瓶梅》传播史话［M］．北京：中国文联出版社，1998.
[45][美]费什．读者反应批评：理论与实践［M］．文楚安，译．北京：中国社会科学出版社，1998.
[46][美]卡勒．论解构：结构主义之后的理论与批评［M］．陆扬，译．北京：中国社会科学出版社，1998.
[47]金元浦．接受反应文论［M］．济南：山东教育出版社，1998.
[48]蒋成瑀．读解学引论［M］．上海：上海文艺出版社，1998.
[49]黄书雄．文学鉴赏论［M］．北京：北京大学出版社，1998.
[50][法]让–伊夫·塔迪埃.20世纪的文学批评［M］．史忠义，译．天津：百花文艺出版社，1998.
[51][德]伽达默尔．真理与方法［M］．洪汉鼎，译．上海：上海译文出版社，1999.
[52]金元浦，陶东风．阐释中国的焦虑：转型时代的文化解读［M］．北京：中国国际广播出版社，1999.
[53]王岳川．现象学与解释学文论［M］．济南：山东教育出版社，1999.
[54]叶嘉莹．杜甫秋兴八首集说［M］．石家庄：河北教育出版社，2000.
[55]尚学锋，等．中国古典文学接受史［M］．济南：山东教育出版社，2000.
[56]尚永亮．庄骚传播接受史综论［M］．北京：文化艺术出版社，2000.

[57]杨文雄．李白诗歌接受史研究［M］．台北：台湾五南图书出版有限公司，2000.

[58]朱立元．理解与对话［M］．武汉：华中师范大学出版社，2000.

[59]林一民．接受美学：文本·接受心理·艺术视野［M］．南昌：江西高校出版社，2000.

[60]谭学纯，等．接受修辞学［M］．合肥：安徽大学出版社，2000.

[61]邓新华．中国古代接受诗学［M］．武汉：武汉出版社，2000.

[62]朱立元．美的感悟［M］．上海：华东师范大学出版社，2001.

[63]蒋济永．现象学美学阅读理论［M］．桂林：广西师范大学出版社，2001.

[64]钱钟书．谈艺录（补订重排本上下卷）［M］．北京：生活·读书·新知三联书店，2001.

[65]古风．意境探微［M］．南昌：百花洲文艺出版社，2001.

[66]童庆炳．中国古代文论的现代意义［M］．北京：北京师范大学出版社，2001.

[67]戴燕．文学史的权力［M］．北京：北京大学出版社，2002.

[68]周光庆．中国古典解释学导论［M］．北京：中华书局，2002.

[69]朱德发，贾振勇．评判与建构：现代中国文学史学［M］．济南：山东大学出版社，2002.

[70]蒋济永．过程诗学：中国古代诗学形态的特质与“诗—评”经验阐释［M］．北京：中国社会科学出版社，2002.

[71]金惠敏．后现代性与辩证解释学［M］．北京：中国社会科学出版社，2002.

[72]刘运好．文学鉴赏与批评论［M］．合肥：安徽大学出版社，2002.

[73]李建盛．理解事件与文本意义：文学诠释学［M］．上海：上海译文出版社，2002.

[74]汪正龙．文学意义研究［M］．南京：南京大学出版社，2002.

[75]金元浦．“间性”的凸现［M］．北京：中国大百科全书出版社，2002.

[76]李剑锋．元前陶渊明接受史［M］．济南：齐鲁书社，2002.

[77]蔡振念．杜诗唐宋接受史［M］．台北：台湾五南图书出版有限公司，2002.

[78]王明辉．陶渊明研究史论略［M］．保定：河北大学出版社，2003.

[79]金元浦．范式与阐释［M］．桂林：广西师范大学出版社，2003.

[80]［德］伊瑟尔．虚构与想像：文学人类学的疆界［M］．陈定家，汪正龙，译．长

春：吉林人民出版社，2003.
[81]蒋寅.古典诗学的现代诠释[M].北京：中华书局，2003.
[82]傅修延.文本学：文本主义文论系统研究[M].北京：北京大学出版社，2004.
[83]曾军.接受的复调：中国巴赫金接受史研究[M].桂林：广西师范大学出版社，2004.
[84][德]伽达默尔，[德]杜特.解释学美学实践哲学：伽达默尔与杜特对谈录[M].金惠敏，译.北京：商务印书馆，2004.
[85]龙协涛.文学阅读学[M].北京：北京大学出版社，2004.
[86]朱立元.接受美学导论[M].合肥：安徽教育出版社，2004.
[87]邓新华.中国传统文论的现代观照[M].成都：巴蜀书社，2004.
[88]钱理群.远行以后——鲁迅接受史的一种描述（1936—2001）[M].贵阳：贵州教育出版社，2004.
[89]刘学锴.李商隐诗歌接受史[M].合肥：安徽大学出版社，2004.
[90]陈伯海，等.唐诗学史稿[M].石家庄：河北人民出版社，2004.
[91]邬国平.中国古代接受文学与理论[M].哈尔滨：黑龙江人民出版社，2005.
[92]朱丽霞.清代辛稼轩接受史[M].济南：齐鲁书社，2005.
[93]谭好哲.艺术与人的解放：现代马克思主义美学的主题学研究[M].济南：山东大学出版社，2005.
[94]宗白华.美学散步[M].上海：上海人民出版社，2005.
[95]姜文振.中国文学理论现代性问题研究[M].北京：人民文学出版社，2005.
[96][德]耀斯.审美经验与文学解释学[M].顾建光，等译.上海：世纪出版集团上海译文出版社，2006.
[97]查清华.明代唐诗接受史[M].上海：上海古籍出版社，2006.
[98]李冬红.《花间集》接受史论稿[M].济南：齐鲁书社，2006.
[99]刘中文.唐代陶渊明接受研究[M].北京：中国社会科学出版社，2006.
[100]佘正松，周晓林.诗经的接受与影响[M].上海：上海古籍出版社，2006.
[101]高日晖，洪雁.《水浒传》接受史[M].济南：齐鲁书社，2006.
[102]赵海菱.杜甫与儒家文化传统研究[M].济南：齐鲁书社，2007.

[103]李根亮.《红楼梦》的传播与接受[M].哈尔滨：黑龙江人民出版社，2007.
[104]刘月新.解释学视野中的文学活动研究[M].武汉：华中师范大学出版社，2007.
[105]蒋济永.文本解读与意义生成[M].武汉：华中科技大学出版社，2007.
[106]陈文忠.文学美学与接受史研究[M].合肥：安徽人民出版社，2008.
[107]邓新华.中国古代诗学解释学研究[M].北京：中国社会科学出版社，2008.
[108][德]伊瑟尔.怎样做理论[M].朱刚，等译.南京：南京大学出版社，2008.
[109][美]萨义德.世界·文本·批评家[M].李自修，译.北京：生活·读书·新知三联书店，2009.
[110]林明昌.想像的投射：文艺接受美学探索[M].台北：唐山出版社，2009.
[111]王红霞.宋代李白接受史[M].上海：上海古籍出版社，2010.
[112]尚永亮，刘磊，洪迎华.中唐元和诗歌传播接受史的文化学考察[M].武汉：武汉大学出版社，2010.
[113]陈伟文.清代前中期黄庭坚诗接受史研究[M].北京：中国人民大学出版社，2012.
[114]张毅.唐诗接受史[M].北京：人民文学出版社，2012.
[115]张军.流动的经典：对柳青及《创业史》接受史的考察[M].济南：山东人民出版社，2012.
[116]杨再喜.唐宋柳宗元传播接受史研究[M].北京：中国社会科学出版社，2013.
[117]窦可阳.接受美学与象思维：接受美学的“中国化”[M].北京：中央编译出版社，2014.
[118]王伟.文本作为交往的世界：接受美学主体间性思想研究[M].桂林：广西师范大学出版社，2014.
[119]宁宇.古代《诗经》接受史[M].济南：齐鲁书社，2014.
[120]陈文忠.为接受史辩护[M].芜湖：安徽师范大学出版社，2014.
[121]邓子勉.两宋词集的传播与接受史研究[M].上海：华东师范大学出版社，2015.
[122][美]艾朗诺.才女之累：李清照及其接受史[M].夏丽丽，赵惠俊，译.上海：

上海古籍出版社，2017.
[123] 方长安 . 中国新诗（1917—1949）接受史研究［ M ］. 北京：中国社会科学出版社，2017.

2. 论文集、会议集和辑刊

[1] 中国社科院哲学所 . 中国哲学年鉴 1986［ G ］. 北京：中国大百科全书出版社，1986.
[2] 郑雪来 . 世界艺术与美学（第九辑）[G] . 北京：文化艺术出版社，1988.
[3]《中国文艺年鉴》编辑部 . 中国文艺年鉴 1987［ G ］. 北京：文化艺术出版社，1988.
[4] 刘小枫 . 接受美学译文集［ C ］. 北京：三联书店，1989.
[5] 张廷琛 . 接受理论［ C ］. 成都：四川文艺出版社，1989.
[6][美] 汤普金斯，等 . 读者反应批评［ C ］. 刘峰，等译 . 北京：文化艺术出版社，1989.
[7][美] 科恩 . 文学理论的未来［ C ］. 程锡麟，等译 . 中国社会科学出版社，1993.
[8] 陈平原，陈国球 . 文学史第 1 辑［ G ］. 北京：北京大学出版社，1993.
[9] 乐黛云，陈珏 . 北美中国古典文学研究名家十年文选［ C ］. 南京：江苏人民出版社，1996.
[10] 钱中文，杜书瀛，畅广元 . 中国古代文论的现代转换［ C ］. 西安：陕西师范大学出版社，1997.
[11][德] 瑙曼，等 . 作品、文学史与读者［ C ］. 范大灿，编 . 北京：文化艺术出版社，1997.
[12][加] 马克・昂热诺，等 . 问题与观点：20 世纪文学理论综论［ C ］. 史忠义，田庆生，译 . 天津：百花文艺出版社，2000.
[13] 金惠敏，主编 . 差异：国际学术丛刊第 3 辑［ C ］. 郑州：河南大学出版社，2005.
[14] 武汉大学 . 文学传播与接受论丛二［ C ］. 北京：中华书局，2006.
[15] 汝信，曾繁仁 . 中国美学年鉴 2003［ G ］. 郑州：河南人民出版社，2006.

3. 学位论文

[1]聂巧平．宋代杜诗学［D］．上海：复旦大学，1998.

[2]王玫．建安文学接受史［D］．福州：福建师范大学，2002.

[3]张璟．清代苏词接受史稿［D］．上海：复旦大学，2002.

[4]仲冬梅．苏词接受史研究［D］．上海：华东师范大学，2003.

[5]杨金梅．宋词接受史研究［D］．杭州：浙江大学，2003.

[6]张彩霞．宋代词话与传播［D］．北京：中国社会科学院，2004.

[7]罗春兰．鲍照诗接受史研究［D］．上海：复旦大学，2004.

[8]陈福升．柳永、周邦彦词接受史研究［D］上海：华东师范大学，2004.

[9]李东红．《花间集》接受史论稿［D］．上海：华东师范大学，2004.

[10]牛景丽．《太平广记》的传播与影响研究［D］．天津：南开大学，2004.

[11]赵亚珉．读者在文学活动中的主体作用：读者的积极阅读在文学意义探寻中的作用研究［D］．开封：河南大学，2004.

[12]李春桃．《二十四诗品》接受史［D］．上海：复旦大学，2005.

[13]王海铝．意境的现代阐释［D］．杭州：浙江大学，2005.

[14]米彦青．清代李商隐诗歌接受史［D］．苏州：苏州大学，2006.

[15]黄桂凤．唐代杜诗接受研究［D］．北京：北京师范大学，2006.

[16]曾翔．重写文学史的理论与实践．［D］．重庆：西南大学，2006.

[17]李春英．宋元时期稼轩词接受研究［D］．济南：山东大学，2007.

[18]贺晓武．虚构诗学——以伊瑟尔文学思想为基础［D］．杭州：浙江大学，2007.

[19]李园．孟浩然及其诗歌研究［D］．南京：南京师范大学，2007.

[20]陈伟文．清代中期黄庭坚诗接受史研究［D］．北京：北京师范大学，2007.

[21]唐会霞．汉乐府接受史论（汉代—隋代）［D］．西安：陕西师范大学，2007.

[22]宋华伟．接受视野中的《聊斋志异》［D］．济南：山东师范大学，2008.

[23]熊艳娥．陆龟蒙及其诗歌研究［D］．南京：南京师范大学，2008.

[24]张毅．陆游诗传播、阅读专题研究［D］．上海：复旦大学，2008.

[25]李知．现代视域下的中国传统味论［D］．广州：暨南大学，2008.

[26]窦可阳. 接受美学与象思维：接受美学的“中国化”[D]. 长春：吉林大学，2009.

4. 期刊论文

[1]程千帆. 张若虚《春江花月夜》的被理解和被误解[J]. 文学评论，1982（4）.
[2][意]弗·梅雷加利. 论文学接收[J]. 冯汉津，译. 文艺理论研究，1983（3）.
[3] 张隆溪. 诗无达诂[J]. 文艺研究，1983（4）.
[4]张黎. 关于“接受美学”的笔记[J]. 文学评论，1983（6）.
[5]张黎. 接受美学：一种新兴的文学研究方法[J]. 百科知识，1984（9）.
[6]张隆溪. 仁者见仁，智者见智——关于阐释学与接受美学·现代西方文论略览[J]. 读书，1984（3）.
[7]姜云生. 接受美学的开山鼻祖[J]. 读书，1985（8）.
[8]黄子平，陈平原，钱理群. 论“二十世纪中国文学”[J]. 文学评论，1985（5）.
[9]章国锋. 国外一种新兴的文学理论——接受美学[J]. 文艺研究，1985（4）.
[10]汤伟民. 浅议接受美学中的反馈思想[J]. 学术研究，1985（4）.
[11]周始元. 文学接受过程中读者审美感受的作用——从接受美学谈起[J]. 上海文学，1985（3）.
[12]周始元. 文学接受过程中读者的再创造作用——现代西方文论中的一个新课题[J]. 文艺研究，1985（6）.
[13]乐黛云. 当代西方文艺思潮与中国小说分析（四）——接受美学与小说分析[J]. 小说评论，1985（6）.
[14]罗悌伦. 接受美学[J]. 当代文艺思潮，1985（2）.
[15]刘再复. 论文学的主体性[J]. 文学评论，1985（6）.
[16][德]格林. 接受美学简介（《接受美学研究概论》摘要）[J]. 罗悌伦，译. 文艺理论研究，1985（2）.
[17][德]H·R·尧斯. 文学与阐释学[J]. 周宪，译. 文艺理论研究，1986（5）.
[18]刘再复. 论文学的主体性（续）[J]. 文学评论，1986（1）.
[19]吴元迈. 苏联的“艺术接受”探索[J]. 文学评论，1986（1）.
[20]朱立元. 朱立元评论小辑（一）——关于接受美学的断想：文艺鉴赏的主体性

[J]. 上海文学，1986（5）.

[21] 朱立元 . 文学研究的新思路——简评尧斯的接受美学纲领 [J]. 学术月刊，1986（5）.

[22] 朱立元 . 略论艺术鉴赏的社会性——关于接受美学的一点思考 [J]. 文艺理论研究，1986（3）.

[23] 程伟礼 . 谈谈接受美学及其哲学基础 [J]. 社会科学，1986（1）.

[24] 董运庭 . 中国古典美学的“玩味”说与西方接受美学 [J]. 四川师范大学学报·社会科学版，1986（5）.

[25] 张黎 . 文学的“接受研究”和“影响研究”——关于“接受美学”的笔记之二 [J]. 文艺理论研究，1987（2）.

[26] 李青春 . 试论文学价值的二重性——兼谈接受美学的缺陷 [J]. 北京师范大学学报·社会科学版，1987（2）.

[27] 刘小枫 . 接受美学的真实意图——《接受美学文选》编后 [J]. 读书，1987（1）.

[28] 易丹 . 接受美学：作品本体的毁灭 [J]. 四川大学学报·哲学社会科学版，1987（4）.

[29] 蓝峰 . 谋事在文成事在人——读者反应批评评介 [J]. 外国文学评论，1987（4）.

[30] 张首映 . 姚斯及其《审美经验与文学阐释学》[J]. 文艺研究，1987（1）.

[31] 钱佼汝 . 美国新派批评家乔纳森·卡勒和分解主义 [J]. 外国文学评论，1987（3）.

[32] 张黎 . 文学的接受研究 [J]. 外国文学评论，1987（2）.

[33] 邹广文 . 接受美学研究综述 [J]. 文艺研究，1987（4）.

[34] [美] 乔纳森·卡勒 . 当前美国文学批评中争论的若干问题 [J]. 钱佼汝，译 . 外国文学评论，1987（3）.

[35] [美] 斯·E·菲什 . 读者心中的文学：感情文体学 [J]. 聂振雄，译 . 外国文学报道，1987（1）.

[36] [德] 汉·罗·尧斯 . 作为向文学科学挑战的文学史 [J]. 王卫新，译 . 外国文学报道，1987（1）.

[37] [美] 简·汤普金斯 . 读者反应批评引论 [J]. 汤永宽，译 . 外国文学报道，1987（3）.

[38][德]沃·伊瑟尔.本文的召唤结构：不确定性作为文学散文产生效果的条件[J].章国锋，译.外国文学季刊，1987（1）.
[39][德]沃尔夫冈·伊塞尔.文本与读者的交互作用[J].姚基，译.上海文论，1987（3）.
[40]邹广文."接受美学"研究[J].哲学动态，1988（3）.
[41]陈思和、王晓明.主持人的话（关于重写文学史）[J].上海文论，1988（4）.
[42]宋炳辉."柳青现象"的启示——重评长篇小说《创业史》[J].上海文论，1988（4）.
[43]戴光中.关于"赵树理方向"的再认识[J].上海文论，1988（4）.
[44]陈思和，王晓明.主持人的话（关于重写文学史）[J].上海文论，1988（5）.
[45]夏中义.别、车、杜在当代中国的命运[J].上海文论，1988（5）.
[46]陈思和、王晓明.主持人的话（关于重写文学史）[J].上海文论，1988（6）.
[47]贾放.苏联的接受美学理论：文学历史功能研究[J].俄罗斯文艺，1988（6）.
[48]张小元.从接受的视角看意境[J].文艺研究，1988（1）.
[49]姚基.卡勒论读者的"文学能力"[J].外国文学评论，1988（4）.
[50]邹广文.审美群体效应与接受美学[J].青海社会科学，1988（3）.
[51]金元浦，周宁.文学阅读：一个相互作用的过程——伊瑟尔审美反应理论述评[J].青海师范大学学报，1988（4）.
[52]朱立元.作家心中应有"潜在的读者"——从接受美学角度谈创作[J].天津师范大学学报·社会科学版，1988（5）.
[53]章国锋.接受美学产生的历史背景和理论渊源[J].民族艺林，1988（2）.
[54]王逢振.文坛"怪杰"斯坦利·费什[J].外国文学，1988（1）.
[55]刘峰.读者反应批评——当代西方文艺批评的走向[J].文艺理论与批评，1988（2）.
[56][德]沃尔夫冈·伊瑟尔.暗含的读者[J].朱立元，译.上海文论，1988（5）.
[57][荷兰]蚁布思.接受理论的发展：真实读者的解放[J].伍晓明，译.文艺研究，1988（2）.
[58]朱立元，杨明.接受美学与中国文学史研究[J].文学评论，1988（4）.

[59]陈思和，等 . 论文摘编“重写文学史”[J]. 中国现代文学研究丛刊，1989（1）.
[60]蓝棣之 . 一份高级形式的社会文件：重评《子夜》[J]. 上海文论，1989（3）.
[61]丁亚平 . 重写与超越［J］. 上海文论，1989（6）.
[62]陈思和，王晓明 . 关于“重写文学史”专栏的对话［J］. 上海文论，1989（6）.
[63]陶东风，孙津，黄卓越，李春青 . 历史，从将来走向我们——“重写文学史”四人谈［J］. 文艺研究，1989（3）.
[64]朱立元，杨明 . 试论接受美学对中国文学史研究的启示［J］. 复旦学报·社会科学版，1989（4）.
[65]金元浦 . 阐释多样性的本文动因［J］. 河北学刊，1989（4）.
[66][美]简·汤普金斯 . 从批评史看读者反应批评与新批评的“对立”[J]. 刘峰，译 . 文艺理论研究，1989（1）.
[67]姚基 . 阅读的自由和必然——试论接受理论的基本问题［J］. 学习与探索，1989（4–5）.
[68]李耀建 . 王夫之与现代阐释学、接受美学［J］. 湘潭师范学院学报·社会科学版，1989（1）.
[69]王逢振 . 读者的能力——漫谈美国的读者反应批评［J］. 中州文坛，1989（1–2）.
[70]姚基 . 历史知识在文学阐释中的有效性及有限性［J］. 文艺争鸣，1990（2）.
[71]陈长荣 . 接受美学与中国古代文学研究［J］. 南京师大学报·社会科学版，1990（2）.
[72]邓新华 .“品味”论与接受美学异同观［J］. 江汉论坛，1990（1）.
[73]金元浦 . 论接受美学产生的历史渊源（上）[J]. 青海师范大学学报·哲学社会科学版，1990（3）.
[74]梁新俊 . 关于“重写文学史”争鸣概述［J］. 文艺争鸣，1990（3）.
[75]王逢振 . 费什的新作《任其自然》[J]. 外国文学评论，1990（4）.
[76]黄颇 . 马克思的艺术生产和消费理论与文艺创作主体和接受主体的关系［J］. 江西社会科学，1990（5）.
[77]朱狄 . 未定点的召唤（上）：沃尔夫冈·伊瑟的读者反应理论［J］. 哲学动态，1990（12）.

[78] 朱狄 . 未定点的召唤（下）：沃尔夫冈 · 伊瑟的读者反应理论［J］. 哲学动态，1991（1）.

[79] 樊宝英 . 诗味说中的审美使动与受动——兼及与接受美学的比较［J］. 华中师范大学学报 · 人文社会科学版，1991（3）.

[80] 金元浦 . 论接受美学产生的历史渊源（下）［J］. 青海师范大学学报 · 哲学社会科学版，1991（1）.

[81] 邓新华 . “品味”的艺术接受方式与传统文化［J］. 文艺研究，1991（4）.

[82] 姚基 . 再谈历史知识在文学阐释中的有效性——答黄候兴同志［J］. 文艺争鸣，1991（4）.

[83] 姚基 . 向文学本体论批评挑战——现代意图主义理论述评［J］. 外国文学评论，1991（3）.

[84] 金元浦 . 论文学空白与未定性的功能意义［J］. 青海社会科学，1991（1）.

[85] 庄锡华 . 论艺术鉴赏中的个人创造——兼议接受美学的得失［J］. 宁夏社会科学，1991（6）.

[86] 祁志祥 . 明清曲论中的“接受美学”［J］. 求索，1992（4）.

[87]［德］丽塔 · 朔贝尔 . 接受美学简述［J］. 范大灿，译 . 国外文学，1992（2）.

[88] 姚基 . 终结，抑或是起点？——评乔纳森 · 卡勒的新作《符号的建构》［J］. 外国文学评论，1992（1）.

[89] 姜建强 . 论尧斯接受美学中的“期待视野”［J］. 社会科学辑刊，1992（6）.

[90] 殷杰，樊宝英 . 中国诗论的接受意蕴［J］. 华中师范大学学报 · 人文社会科学版，1992（3）.

[91] 张炯 . 重写文学史中的方法论问题［J］. 社会科学战线，1993（1）.

[92] 孙立 . “诗无达诂”与中国古代学术史的关系［J］. 学术研究，1993（1）.

[93] 唐德胜，李更盛 . 中国诗学一个要深入研究的命题——“诗无达诂”学术研讨会述要［J］. 华南师范大学学报 · 社会科学版，1993（1）.

[94] 龙协涛 . 中西读解理论的历史嬗变与特点［J］. 文学评论，1993（2）.

[95]［荷兰］瑞恩 · 赛格斯 . 读者反应批评对文学研究的挑战［J］. 史安斌，编译 . 文艺研究，1993（2）.

［96］包永新．读者的期待视野与文学的审美接受［J］．延安大学学报·社会科学版，1993（4）．

［97］唐德胜．中国古代文论与接受美学［J］．广东社会科学，1994（2）．

［98］马以鑫．接受美学与文学史的撰写［J］．社会科学战线，1994（3）．

［99］吴晟．中国现代派与接受美学［J］．广东社会科学，1994（6）．

［100］紫地．中国古代的文学鉴赏接受论［J］．北京大学学报·哲学社会科学版，1994（1）．

［101］黄念然．论接受美学的本文观［J］．广西社会科学，1994（2）．

［102］金元浦．空白与未定性——审美感性生成的中介［J］．中国社会科学院研究生院学报，1994（4）．

［103］王丽丽．文学史：一个尚未完成的课题——姚斯的文学史哲学重估［J］．北京大学学报·哲学社会科学版，1994（1）．

［104］朱刚．阅读主体与文本阐释：评费希的意义构造理论［J］．当代外国文学，1994（3）．

［105］刘月新．接受张力论［J］．中州学刊，1994（4）．

［106］王志明．“诗言志”、“以意逆志”说和接受理论［J］．文艺理论研究，1994（2）．

［107］李尚才．读者意识强化的意义［J］．文艺评论，1995（1）．

［108］丛郁．读者“提取”意义，读者“创造”意义——伊瑟与费希读者反应批评理论评析［J］．外国文学研究，1995（4）．

［109］林一民．震动欧洲的“欧那尼之战”——兼谈艺术接受中的期待视野［J］．南昌大学学报·社会科学版，1995（2）．

［110］王卫平．从接受美学看艺术生命的奥秘［J］．辽宁师范大学学报·社会科学版，1995（4）．

［111］降红燕．读者意识的正负效应——接受美学对新时期文学的影响［J］．学术探索，1996（4）．

［112］樊宝英．论中国古代诗人的读者意识［J］．华中师范大学学报·哲学社会科学版，1996（4）．

［113］樊宝英．中国诗论“入出”说的审美接受意蕴［J］．文史哲，1996（5）．

[114]张颐武．"重写文学史"：个人主体的焦虑［J］．天津社会科学，1996（4）．

[115]唐德胜．中国古代艺术接受主体重构论［J］．广州师院学报·社会科学版，1996（3）．

[116]钱中文．会当凌绝顶——回眸二十世纪文学理论［J］．文学评论，1996（1）．

[117]张少康．历史发展必由之路——论以古代文论为母体建设当代文艺学［J］．文学评论，1997（2）．

[118]蔡钟翔．古代文论与当代文艺学建设［J］．文学评论，1997（5）．

[119]陈洪等．中国古典文论的现代转化（笔谈）[J]．天津社会科学，1997（6）．

[120]杨新敏．接受美学与中国现代文学研究［J］．中国现代文学研究丛刊，1997（1）．

[121]刘永明．沃尔夫冈·伊瑟尔与文学接受理论［J］．文艺报，1997（18）．

[122]樊宝英．接受美学与中国古代文论研究［J］．学术研究，1997（5）．

[123]张胜冰．接受美学与"道"[J]．思想战线，1998（1）．

[124]胡光华．关于马克思主义接受美学与艺术史方法论思考［J］．美术观察，1998（2）．

[125]王兆鹏．传播与接受：文学史研究的另两个维度［J］．江海学刊，1998（3）．

[126]朱刚．不定性与文学阅读的能动性：论W·伊瑟尔的现象学阅读模型［J］．外国文学评论，1998（3）．

[127]朱刚．论沃·伊瑟尔的"隐含的读者"[J]．当代外国文学，1998（3）．

[128]张建华．从接受美学看文学的主体性［J］．福建论坛·文史哲版，1998（4）．

[129]张海明．古代文论和现代文论——关于建设有中国特色的马克思主义文艺学的思考［J］．文学评论，1998（1）．

[130]陈伯海，黄霖，曹旭．中国古代文论研究的民族性与现代转换问题（二十世纪中国古代文论研究三人谈）[J]．文学遗产，1998（3）．

[131]章培恒．关于中国文学史的宏观与微观研究［J］．复旦学报·社会科学版，1999（1）．

[132]钱中文．再谈文学理论现代性问题［J］．文艺研究，1999（3）．

[133]曹顺庆，吴兴明．替换中的失落——从文化转型看古文论转换的学理背景［J］．

文学评论，1999（4）.

[134]樊宝英.略论中西文论接受思想的异同[J].齐鲁学刊，1999（4）.

[135]朱刚.从文本到文学作品：评伊瑟尔的现象学文本观[J].国外文学，1999（2）.

[136]胡全生.读者在后现代主义小说中的作用[J].外国文学研究，1999（1）.

[137]寇鹏程.论接受美学的根本局限[J].深圳大学学报·人文社会科学版，1999（3）.

[138]樊宝英.论中国诗论的读者意识[J].聊城师范学院学报·哲学社会科学版，1999（6）.

[139]樊宝英.论中国古典诗论的“误读”接受[J].陕西师范大学学报·哲学社会科学版，1999（2）.

[140]樊宝英.论文学的“误读”接受[J].江海学刊，1999（3）.

[141]王卫平.接受史：现代文学史研究的新视角[J].辽宁师范大学学报·社会科学版，2000（1）.

[142]刘进.历史的审美经验论：对姚斯的另一种解读[J].四川师范学院学报·哲学社会科学版，2000（1）.

[143]邓新华.唐代“意境”论所蕴含的文学接受思想[J].湖北三峡学院学报，2000（3）.

[144]叶纪彬，王慧宇.论艺术接受过程中审美价值的动态实现[J].江淮论坛，2000（4）.

[145]汪正龙.二十世纪西方文学意义研究概述[J].外国文学研究，2000（4）.

[146]喻晓、闻钟.21世纪红学新路径之一:《红楼梦》接受史研究[J].红楼梦学刊，2000（3）.

[147]朱立元.走自己的路——对于迈向21世纪的中国文论建设问题的思考[J].文学评论，2000（3）.

[148]王卫平.鲁迅接受与解读的接受学阐释及重建策略——鲁迅接受史研究[J].鲁迅研究月刊，2001（11）.

[149]章培恒.关于中国现代文学的开端——兼及“近代文学”问题[J].复旦学报·社会科学版，2001（2）.

[150]陈定家.从古代传统到当代资源：“中国古代文论的现代转换”研究述评[J].求索，2001（4）.
[151]汪正龙.论20世纪文学意义观念的转变[J].学术研究，2001（12）.
[152]汪正龙.论文学意义的存在方式[J].文艺理论研究，2001（6）.
[153]周宁.20世纪西方文学批评的四种范式[J].厦门大学学报，2001（2）.
[154]朱德发，贾振勇.审美阐释的理论期待视野——关于现代文学评价标准的思考[J].中国现代文学研究丛刊，2001（2）.
[155]邹广胜.读者的主体性与文本的主体性[J].外国文学研究，2001（4）.
[156]蒋济永.罗曼·英伽登对读者接受理论的影响[J].外国文学研究，2001（1）.
[157]王宁.沃夫尔冈·伊瑟尔的接受美学批评理论[J].南方文坛，2001（5）.
[158]王建珍.意境的现代解释——从一种接受美学的视角[J].华北电力大学学报·社会科学版，2001（2）.
[159]单德兴.文化的诠释与互动：伊瑟尔访谈录[J].南方文坛，2001（5）.
[160]樊宝英.“自得”说与中国古典诗歌的品鉴[J].济宁师专学报，2001（2）.
[161]张勇.从“诗无达诂”论中国古代文学接受理论[J].重庆师院学报·哲学社会科学版，2001（1）.
[162]邓新华.论“诗无达诂”的文学释义方式[J].上海大学学报·社会科学版，2001（2）.
[163]刘月新.中西接受理论对话的新成果——评邓新华教授的《中国古代接受诗学》[J].中国比较文学，2001（3）.
[164][韩]金学主.中国文学史上的“古代”与“近代”[J].复旦学报·社会科学版，2002（3）.
[165]栾梅健.社会形态的变更与文学转型——对中国文学史由古典到现代的思考[J].复旦学报·社会科学版，2002（6）.
[166]邓新华.“以意逆志”论——中国传统文学释义方式的现代审视[J].北京大学学报·哲学社会科学版，2002（4）.
[167]胡明.新世纪中国文学理论体系的建构伦理与逻辑起点[J].中国文化研究，2002（1）.

[168] 郭英德 . 文学传统的价值与意义 [J] . 中国文化研究，2002（1）.

[169] 金惠敏 . 在虚构与想象中越界——[德] 沃尔夫冈 · 伊瑟尔访谈录 [J] . 文学评论，2002（4）.

[170] 童庆炳 . 再论中华古代文论的现代视野——兼与胡明、郭英德二位先生商榷 [J] . 中国文化研究，2002（4）.

[171] 顾祖钊 . 论中西文论融合的四种基本模式 [J] . 文学评论，2002（3）.

[172] 顾梅珑 . 谈接受中的误读现象 [J] . 广西师院学报 · 哲学社会科学版，2002（3）.

[173] 樊宝英 . 近 20 年接受美学与中国古代文论研究综述 [J] . 三峡大学学报 · 人文社会科学版，2002（6）.

[174] 陈文忠 .20 年文学接受史研究回顾与思考 [J] . 安徽师范大学学报，2003（5）.

[175] 梁道礼 . 接受视野中的孟子诗学 [J] . 陕西师范大学学报 · 哲学社会科学版，2003（6）.

[176] 尚永亮 . 论“以意逆志”说之内涵、价值及其对接受主体的遮蔽 [J] . 文艺研究，2004（6）.

[177] 汪正龙 . 评沃尔夫冈 · 伊塞尔的文学人类学 [J] . 广西师范大学学报 · 哲学社会科学版，2004（4）.

[178] 张敏杰 .《春秋繁露》“诗无达诂”的历史语境及其理论内涵 [J] . 文艺理论研究，2004（2）.

[179] 陈昕 . 中国古代文论中的“接受美学”[J] . 广西社会科学，2004（5）.

[180] 樊宝英 . 选本批评与古人的文学史观念 [J] . 文学评论，2005（2）.

[181] 银建军 . 马克思主义美学视野下的“接受美学”[J] . 自然辩证法研究，2005（7）.

[182] 王兆鹏，孙凯云 . 回眸“重写文学史”讨论 [J] . 暨南学报 · 人文科学与社会科学版，2005（2）.

[183] 钱中文 . 文学理论反思与“前苏联体系”问题 [J] . 文学评论，2005（1）.

[184] 顾祖钊 . 中西融合与中国文论建设 [J] . 文艺理论与批评，2005（2）.

[185] 张冬梅 . 推倒文学的围墙——论姚斯的接受文学史观 [J] . 学术交流，2005

（8）.

[186] 汪正龙 . 沃尔夫冈 · 伊瑟尔的文学虚构理论及其意义［J］. 文学评论，2005（5）.

[187] 王建珍 . 意境空白的创造——从接受美学的视角［J］. 河北大学学报 · 哲学社会科学版，2005（4）.

[188] 冯恩玉 . 从哲学阐释学和接受美学看多个文学译本并存［J］. 东华大学学报 · 社会科学版，2005（3）.

[189] 刘上江，刘绍瑾 . 阐释学、接受理论与 20 年来中国古代文论研究述评［J］. 深圳大学学报 · 人文社会科学版，2006（1）.

[190] 陈伯海 . 从古代文论到中国文论——21 世纪古文论研究的断想［J］. 文学遗产，2006（1）.

[191] 温潘亚 . 在期待视野的融合中透视文学的效果史——接受美学文学史模式研究［J］. 河北学刊，2006（4）.

[192] 陈文忠 . 文学史体系的三元结构与多维形态［J］. 安徽师范大学学报 · 人文社会科学版，2006（4）.

[193] 洪雁，高日晖 . 关于中国文学接受史研究的思考［J］. 大连大学学报，2006（5）.

[194] 左健 . 金圣叹文学鉴赏主体论［J］. 南京大学学报 · 哲学 · 人文科学 · 社会科学版，2006（6）.

[195] 王建珍 . 接受美学视角下意境的功能结构初探［J］. 山西师大学报 · 社会科学版，2006（4）.

[196] 张云柏 . 试论伊瑟尔接受美学的理论基础［J］. 哈尔滨学院学报，2006（6）.

[197] 樊宝英 . 中国古代接受诗学的现代重构——评邓新华教授著《中国古代接受诗学》［J］. 中南民族大学学报 · 人文社会科学版，2006（6）.

[198] 高巍，李平，David S.Miall. 文学读者反应实验研究概述［J］. 天津外国语学院学报，2006（2）.

[199] 刘明华，张金梅 . 从“微言大义”到“诗无达诂”［J］. 文学遗产，2007（3）.

[200] 王泽庆 .“中国古代文论的现代转换”十年巡礼［J］. 东方丛刊，2007（1）.

[201]拜龙梅．试论接受美学［J］．天府新论，2007（12）．
[202]石群山．论接受美学视野中的文学阅读［J］．广西大学学报·哲学社会科学版，2007（5）．
[203]傅洁琳．接受美学的伦理向度［J］．西北师大学报·社会科学版，2007（3）．
[204]陈洁．接受美学观照下的异质语言文化的移植［J］．中州学刊，2007（4）．
[205]车永强．意境的接受美学解析［J］．华南师范大学学报·社会科学版，2007（3）．
[206]李兵．接受美学与巴赫金对话理论的关联及互动［J］．新疆大学学报·哲学人文社会科学版，2007（1）．
[207]贺晓武．文学虚构的人类学价值［J］．宁波大学学报·人文科学版，2007（5）．
[208]谭好哲．马克思主义与读者意识——对接受反应文论中国化的再认识［J］．学习与探索，2007（3）．
[209]蒋继华．论作为审美接受的"兴"［J］．齐齐哈尔大学学报·哲学社会科学版，2007（6）．
[210]许劲松，等．对消费主义图景下的接受美学文学史观的反思［J］．宜宾学院学报，2007（1）．
[211]杨金梅．接受史视野中的古典诗歌研究［J］．浙江学刊，2007（3）．
[212]陈文忠．从"影响的焦虑"到"批评的焦虑"——《黄鹤楼》《凤凰台》接受史比较研究［J］．安徽师范大学学报·人文社会科学版，2007（5）．
[213]陈文忠．接受史视野中的经典细读［J］．江海学刊，2007（6）．
[214]陈尚荣．"读者中心"时代与"迟到的上帝"［J］．南京社会科学，2007（10）．
[215]何卫平．伽达默尔为何批评接受美学？［J］．文史哲，2008（4）．
[216]邱紫华．中国诗学解释学研究的新收获——读邓新华新著《中国古代诗学解释学研究》［J］．三峡大学学报·人文社会科学版，2008（3）．
[217]喻琴．弗莱和伊瑟尔的文学人类学思想之比较［J］．理论月刊，2008（3）．
[218]侯素琴．姚斯和伊瑟尔的接受理论与文学批评异同析［J］．理论导刊，2009（4）．
[219]朱刚．伊瑟尔的批评之路［J］．当代外国文学，2009（1）．

[220]周克平 . 中国古代文论读者意识与特征[J]. 学术论坛，2009（7）.
[221]马大康 . 接受美学在中国[J]. 东方丛刊，2009（4）.
[222]周才庶 . 孟子“以意逆志”论的阐释[J]. 孔子研究，2009（6）.
[223]陈祖君 . 重温姚斯与 20 世纪中国文学史的重写[J]. 学理论，2009（10）.
[224]冯利华 . 期待视野：明清小说理论的文学接受意识[J]. 天府新论，2010（1）.
[225]张玉能 . 接受美学的文论与当代中国文论建设[J]. 福建论坛·人文社会科学版，2010（2）.
[226]王小平 . 从接受美学到文学人类学——兼论伊瑟尔文学人类学思想及其理论反思[J]. 求索，2011（8）.
[227]陈文忠 . 走出接受史的困境——经典作家接受史研究反思[J]. 陕西师范大学学报·哲学社会科学版，2011（4）.
[228]李胜清 . 古典接受美学的现代话语机制建构[J]. 文艺理论与批评，2011（6）.
[229]马大康 . 接受美学的中国之旅[J]. 社会科学战线，2012（4）.
[230]方维规 . 文学解释学是一门复杂的艺术——接受美学原理及其来龙去脉[J]. 社会科学研究，2012（2）.
[231]窦可阳 . 接受美学“中国化”的三十年[J]. 文艺争鸣，2012（2）.
[232]曾艳，李德虎 . 接受美学视野下马克思主义大众化的路径新探[J]. 学术论坛，2013（9）.
[233]吴铁柱 . 二战后联邦德国“文化国家”战略与尧斯接受美学理论之关系[J]. 学术交流，2014（1）.
[234]窦可阳 . 论接受美学的开放性[J]. 社会科学战线，2014（3）.
[235]张同铸 . 论接受美学与后结构主义“读者观”的异同[J]. 湖南科技大学学报·社会科学版，2015（6）.
[236]竺洪波 . 为胡适增改《西游记》第八十一难辩护——从接受美学与阐释学出发[J]. 文艺理论研究，2015（3）.
[237]边成圭 . 从接受美学视角看《小山词》的读者接受[J]. 中国韵文学刊，2015（1）.
[238]陈长利 . 期待视野——接受美学方法论的反思与重构[J]. 中国社会科学评价，2015（4）.

[239]李建中，杨家海.接受美学视域下的嵇康乐论新探[J].江西师范大学学报·哲学社会科学版，2016(1).

[240]吕辛福.中国古典文学研究中的接受美学[J].江西社会科学，2018(10).

5. 报纸文章

[1]章国锋.接受美学[N].光明日报，1985-07-11.

[2]刘再复.文学研究应以人为思维中心[N].文汇报，1985-07-08.

[3][德]沃尔夫冈·伊瑟尔.接受美学的新发展[N].文艺报，1988-06-11.

[4]《上海文论》辟《重写文学史》专栏[N].人民日报，1989-01-03.

6. 英文著作

[1] Wolfgang Iser. The act of reading : A Theory of Aesthetic Response [M] .London and Henley: Routledge & Kegan Paul, 1978.

[2] Wolfgang Iser. The Implied Reader: Patterns of Communication in Prose Fiction from Bunyan to Beckett [M] .Baltimore and London: Johns Hopkins University Press, 1978.

[3] Hans Robert Jauss. Aesthetic Experience and Literary Hermeneutics [M] . Minneapolis: University Of Minnesota Press, 1982.

[4] Wolfgang Iser. Laurence Sterne: Tristram Shandy [M] . Translated by David Henry Wilson.Cambridge New York New Rochelle Melbourne Sydney: Cambridge University Press, 1988.

[5] Wolfgang Iser. The Fictive and the Imaginary: Charting Literary Anthropology [M] . Baltimore and London: The Johns Hopkins University Press, 1993.

[6] Wolfgang Iser. How to Do Theory [M] .Oxford: Blackwell Publishing Ltd, 2006.

7. 英文论文

[1] Ingarden, Roman. Artistic and Aesthetic Values [J] . British Journal of Aesthetics, 1964, 4 (3) .

[2] Jauss, Hans Robert. Literary History as a Challenge to Literary Theory [J] . New Literary

History, 1970, 2 (1) .

[3] Fish, Stanley E. Literature in the Reader Affective Stylistics [J] . New Literary History, 1970, 2 (1) .

[4] Iser, Wolfgang. The Reading Process: A Phenomenological Approach [J] . New Literary History, 1972, 3 (2) .

[5] Jauss, Hans Robert. "La Douceur du foyer": The Lyric of the Year 1857 as a Pattern for the Communication of Social Norms [J] . Romanic Review, 1974, 65 (3) .

[6] Jauss, Hans Robert. Levels of Identification of Hero and Audience [J] . New Literary History, 1974, 5 (2) .

[7] Iser, Wolfgang. The Reality of Fiction: A Functionalist Approach to Literature [J] . New Literary History, 1975, 7 (1) .

[8] Jauss, Hans Robert. The Alterity and Modernity of Medieval Literature [J] . New Literary History, 1979, 10 (2) .

[9] Rien T. Segers. An Interview with Hans Robert Jauss [J] . New Literary History, 1979, 11 (1) .

[10] Iser, Wolfgang. The Current Situation of Literary Theory: Key Concepts and the Imaginary [J] . New Literary History, 1979, 11 (1) .

[11] Fish, Stanley. Why No One's Afraid of Wolfgang Iser [J] . Diacritics, 1981, 11 (1) .

[12] Jauss, Hans Robert. The Paradox of the Misanthrope [J] . Comparative Literature, 1983, 35 (4).

[13] Iser, Wolfgang. The Interplay Between Creation and Interpretation [J] . New Literary History, 1984, 15 (2) .

[14] Iser, Wolfgang. Fictionalizing: The Anthropological Dimension of Literary Fictions [J] . New Literary History, 1990, 21 (4) .

[15] Iser, Wolfgang. Staging as an Anthropological Category [J] . New Literary History, 1992, 23 (4) .

[16] Wolfgang Iser. Do I write for an audience? [J] . Publications of the Modern Language Association of America, 2000, 115 (3).

[17] Jauss, Hans Robert. Modernity and Literary Tradition [J] . Critical Inquiry, 2005, 31 (2) .

附录

论中国马克思主义文论对接受美学的接受*

30 多年来，马克思主义文论构成了以姚斯和伊瑟尔为代表的接受美学在中国传播发展中不可绕开的学术语境，那么，中国学者站在马克思主义文论旗帜下肯定还是反对接受美学？接受美学对中国的马克思主义文论建设有用吗？从接受史角度探讨这些问题将有利于我们厘清接受美学中国化和马克思主义文论现代化的演进过程。

具体来说，很多中国学者“阅读”接受美学，都是站在各自理解的马克思主义文论立场上的，形成了“马克思主义文论期待视野”。这个期待视野是指中国学者在研读马克思主义经典作家原著并运用到文学研究过程中形成的理论思维定式，既包含集体性的认识模式，也包含个体性的阐释习惯。带着这种理论期待视野，中国学者在马克思主义文论研究中“阅读”接受美学可以分为三种情况。第一种情况是逆向受挫。简单地说就是学者保持原有马克思主义文论立场基本不作调整，“阅读”接受美学时感到许多观点和自己的视野差距很大，难以顺向同化，造成“阅读”的逆向受挫，最终理论上拒斥接受美学。比如有学者把辩证唯物主义和历史唯物主义作为文学史写作的唯一指导思想，否定了接受美学对中国文学史写作的意义。总的来看，逆向受挫的情况比较少。第二种情况是先逆后顺。指学者先有逆向受挫的“阅读”反应，否定或者明显误读接受美学，然后通

---

* 这篇文章简要探讨了接受美学和中国马克思主义文论之间的接受史关联，是接受美学在中国文艺学中“理论旅行”的组成部分，可以视为本书正文内容的补充。该文在《文艺理论与批评》2010 年第 3 期上发表，发表时略有删改，之后人大复印资料《文艺理论》2010 年第 8 期全文转载。

过调整自身的马克思主义文论期待视野，逐渐同化和吸纳接受美学进入自己的视野中。大致说来，中国学者先逆后顺的接受情况存在一些。第三种情况是同向相应（顺化或者同化）。指的是学者“阅读”接受美学，发生阅读视野和理论文本相适应的“阅读”效应，较少阻滞和距离。学者们虽然会批判接受美学这样那样的缺陷，但是整体上用马克思主义文论期待视野同化和肯定接受美学，并展开对“接受美学和中国马克思主义文论”关系的当下思考。比较三种接受情况，同向相应最为普遍。新时期以来，朱立元、章国锋、谭好哲、童庆炳、李心峰等中国学者面对接受美学都采取了同向相应的接受态度并取得了丰硕的理论成果。

同向相应的普遍出现，有两个原因。一是从历史语境看，自 1983 年冯汉津和张黎译介接受美学以来，这一理论在中国传播 30 多年，恰逢中国马克思主义文论由政治意识形态批评范式向多元开放的人学批评范式转向的历史契机。比如《巴黎手稿》热、主体性大讨论、关于“别车杜”理论和苏联模式的反思等反映了这一转变。具有人本主义理论背景的接受美学容易受到中国马克思主义学者的接纳。二是从理论本身看，接受美学和马克思主义文论在“文学研究的历史维度”“生产和消费的关系”“读者意识”等重大问题上存在思想共鸣，这样接受美学就找到了中国马克思主义学者知识结构中的某些对应点，激起对话和融合，较为顺畅地被马克思主义文论视野所同化。

按照问题域的不同，中国学者同向相应的接受在三个互相联系、各有侧重的方面具体展开（我们不求面面俱到而选择典型的接受个案分析，重点考察共时性，兼顾历时性）。

第一，中国学界论证接受美学和马克思主义文论的思想关联，使接受美学“合法”地融入中国马克思主义文论视野中。姚斯在《文学史作为向文学理论的挑战》中批评马克思主义文论偏重历史视角而忽视审美形式。而美国学者霍拉勃却指出：“姚斯把文学置于较大的事件过程中，以迎合马克思的历史思考。”[1]可见，接受美学是个复杂的思想体系，它对马克思主义文论的历史维度抱有既批评又继承的态度。客观地讲，接受美学和马克思主义文论之间存在许多思想关联。比如，早在1987年刘小枫在《接受美学文选》的后记中就提醒我们，接受美学显然继承了解释学的思想传统，可是“接受美学重视艺术经验的出发点与哲学解释学是不同的。它的出发点是马克思的交换理论和其后的哲学家哈贝马斯的交往理论。”[2]这就为接受美学和马克思主义文论的关联找到具体对应点。我们注意到，马克思的《〈政治经济学批判〉导言》从政治经济学视角把生产和消费视为不可分割的整体。另一位学者马以鑫指明了这一理论和接受美学的关联，他认为“对接受美学产生直接影响的是马克思主义政治经济学观点和方法。”[3]如果说刘小枫和马以鑫探讨接受美学和经典马克思主义的亲缘关系，那么金元浦和陈敬毅则抓住接受美学和西方马克思主义的思想关联。金元浦在《接受反应文论》中指出，接受美学延续了马克思主义关于接受历史性的思想，但是接受美学熟悉并更多的吸收卢卡契、阿多诺为代表的西方马克思主义，相对疏远正统马克思主义。陈敬毅也持有相似看法。[4]

马克思主义思想是个有机整体，马克思主义哲学是马克思主义文论的基础，中国学者找到接受美学和马克思主义哲学的“亲缘性”，自然有助于我们捕捉接受美学和马克思主义文论之间的联系。而接受美学和主流文论话语的这种关联，减少了它在中国学界传播的阻力，有利于它在中国马克思文论大语境中争取话语权和合法性。这些论证促使我们把接受美学“同化”在自己的期待视野中，推动接受美学和马克思主义文论关系的思考。这就为接下来两个方面的同化奠定了基础。

第二，中国学者用“马克思主义文论期待视野”同化接受美学，并不是一味地肯定，而是辨析接受美学对马克思主义经典作家的某些误读，指

---

[1] ［德］姚斯，［美］霍拉勃．接受美学与接受理论［M］．周宁，金元浦，译．滕守尧，审校．沈阳：辽宁人民出版社，1987：339.

[2] 刘小枫．接受美学的真实意图——《接受美学文选》编后［J］．读书，1987（1）．

[3] 马以鑫．接受美学新论［M］．上海：学林出版社，1995：222.

[4] 金元浦．接受反应文论［M］．济南：山东教育出版社，1998：104-107.

明接受美学的理论失误，用马克思主义文论“改造”接受美学。《接受美学与接受理论》的中译者批判接受美学的三大失误：“第一是背离唯物论的反映论。……第二是主张一种绝对的相对主义。……第三是对马克思主义的直接贬毁。”❶客观地讲，接受美学拒斥唯物主义的文学反映论而一味强化文学形式的独立性，这就使他们倡导的文学演变的历史性变成无源之水。他们极力抬高接受和读者在整个文学活动中地位，忽视文本的客观性，使得文学解读滑向相对主义和唯心主义。正如章国锋所说“接受美学……过分强调接受者主观因素的作用，认为这种作用是艺术作品产生意义、价值和效果的决定性原因，这就未免有唯心主义之嫌。”❷至于接受美学对“马克思主义的直接贬毁”则源于以姚斯为代表的接受美学家对马克思、恩格斯著作的误读。比如他们把《德意志意识形态》《〈政治经济学批判〉导言》《〈政治经济学批判〉序言》等著作中“艺术作为社会意识形式和经济基础的关系”臆断为经济决定论，把“文学艺术和社会的关系”臆断为机械反映论，并严厉批判。面对接受美学的误读，陈敬毅在《艺术王国里的上帝》里评价说“人们不能不怀疑姚斯对马克思主义美学思想的阅历。”❸具体指出，姚斯援引马克思关于商品生产的观点却没有看到生产对于消费的决定作用，并且在反映论以及主客观关系上模糊不清。❹不过，陈敬毅不限于指摘接受美学的缺陷，而是开始探索用马克思主义文论“改造”接受美学。比如提出以马克思主义关于生产和消费辩证关系的理论来统一文本意义确定性和未定性的矛盾，促使接受美学实现单一视角向全方位综合研究的转化。❺

第三，中国学者尝试“接受美学和中国马克思主义文论两结合”，实

❶ ［德］姚斯，［美］霍拉勃．接受美学与接受理论［M］．周宁，金元浦，译．滕守尧，审校．沈阳：辽宁人民出版社，1987：10–11.

❷ 章国锋．文学批判的新范式：接受美学［M］．海口：海南出版社，1993：128.

❸ 陈敬毅．艺术王国里的上帝：姚斯《走向接受美学》导引［M］．南京：江苏教育出版社，1990：94.

❹ 陈敬毅．艺术王国里的上帝：姚斯《走向接受美学》导引［M］．南京：江苏教育出版社，1990：31.

❺ 陈敬毅．艺术王国里的上帝：姚斯《走向接受美学》导引［M］．南京：江苏教育出版社，1990：185–204.

现异质文化的"联姻"，推进马克思主义文论的现代化。马克思经典作家并没有写出独立的文论著作，但是不乏接受美学思想。恩格斯曾说"只印刷出乐谱而不诉之于听觉的音乐是不能使我们得到享受的"。❶这就指出了艺术接受是审美活动实现的关键。而马克思则在《〈政治经济学批判〉导言》阐述了消费和生产的辩证关系，奠定了马克思主义接受理论的原则。这些构成"两结合"的基础。

朱立元《接受美学》(1989)是"两结合"的典范。作者整合了马克思主义文论和接受美学思想，兼收东德、苏联、美国的接受理论，结合中国文学美学的问题，在认识论基础上建立了一个马克思主义接受美学框架。从宏观上讲，朱立元引入接受美学概念探讨"本文的召唤结构"和"个体阅读心理学"等传统马克思主义文论较少涉足的领域。同时，他纠正接受美学对作者主体性的轻视，在"文学创作论"中予以充实。他还在文学价值论、文学效果论、文学批评观和文学历史观中贯穿马克思"生产—消费"的辩证思想，来补救接受美学整体上割裂作家、作品和读者关系的倾向。从细节看，他探讨"文化圈与读者群"既继承了姚斯集体期待视野的概念又引入了马克思主义的社会学视角；他提出"潜在的读者"概念既受到伊瑟尔"隐含读者"概念的启发又富有马克思主义的认识论思维。他的"总体文学史"架构既包含姚斯的效果史元素也体现辩证唯物主义倾向。这些思考展现了他理性而开放的马克思主义文论期待视野。而谭好哲、童庆炳等学者虽然没有打造这方面的专著，但是他们关于"两结合"的成果同样显现了可贵的问题意识和理论深度。谭好哲在《接受美学与马克思主义美学》❷和《马克思主义与读者意识》❸等文中针对中国马克思主义文论中读者研究相对薄弱的现状，在比较融合接受美学和马克思主义文论在读者主体、文学历史性、文学社会功能等方面异同的基础上，详尽阐发了以人民

❶ ［德］马克思，［德］恩格斯．马克思恩格斯论艺术（第四卷）［M］．北京：人民文学出版社，1966：416.

❷ 谭好哲．接受美学与马克思主义美学［G］// 谭好哲．艺术与人的解放：现代马克思主义美学的主题学研究．济南：山东大学出版社，2005.

❸ 谭好哲．马克思主义与读者意识——对接受反应文论中国化的再认识［J］．学习与探索，2007（3）.

大众审美需求为核心的马克思主义主义读者理论，并指明它在新的历史条件下走向理论创新的必由途径和方法。他的研究始终坚持“两结合”，比如，他对读者的类型划分既扬弃了姚斯的“个人期待视野”与“集体期待视野”概念，也全面吸收了马克思、恩格斯和列宁关于“资产阶级读者”和“无产阶级读者”、毛泽东关于“下里巴人”（工农兵）和“阳春白雪”（文化人）的概念。而且他把“两结合”扩展到“三结合”：他主张马克思主义读者理论、接受美学和中国古代文论中的接受思想三者紧密结合，创造中国化的当代接受理论。同样是探讨马克思主义读者理论，童庆炳则把视角聚集在毛泽东文艺思想。他在《毛泽东文艺思想与读者意识》[1]中把毛泽东《讲话》中的文艺思想和接受美学结合起来考察，大胆地指出：毛泽东正是提出“接受美学”主要思想的第一人并具有鲜明的读者意识。他细致分析了接受美学关于作者—读者交流的观点和“只有做群众的学生才能做群众的先生”等通俗表述的异同，剖析了“期待视野”和“普及与提高相结合”的关联。他发现毛泽东在60年前针对特定情况而发的言论，与现代形态的接受美学某些观点不谋而合，甚至可以说前者是后者的源头。这实际上是肯定毛泽东文艺思想具有丰富的阐释潜力，显现中国马克思主义文论的现代意识。

中国马克思主义学者对接受美学同向相应的接受，给马克思主义文论自身建设带来了积极意义。首先，接受美学对读者的强调促使我们重审文学活动中接受这一维的地位，关注文学的历史功能和读者的主体性。其次，接受美学提出效果文学史和期待视野，有利于我们更好地将历史与审美相结合撰写文学史。最后，我们吸收“艺术形式的独立性”和文本“召唤结构”的理论，有助于我们从新的角度思考“艺术生产和物质生产不平衡”的问题。

总结逆向受挫、先逆后顺、同向相应（顺化或者同化）这三种接受情

[1] 童庆炳．毛泽东文艺思想与读者意识［G］// 胡亚敏．文学批评与文化批评．武汉：华中师范大学出版社，2007.

况中的利弊得失，至少有以下问题值得我们重视。首先，我们站在中国马克思主义文论立场上对接受美学采取“关门排斥”和“拿来就用”的态度都显得不太明智。在不断变化的社会历史条件之下，中国马克思主义文论需要发展和创新，需要注入新的活力来增强它的阐释能力。我们不加分析地拒斥接受美学不利于中国马克思主义文论吸收人类一切优秀文化充实自身。但是，接受美学产生在它特有的学术背景中，它的众多概念命题都是针对西方的问题而发，“移植”到中国的环境中，我们就必须考虑在中西方双重语境下辨析这一理论，而不是拿来就用。比如，接受美学的读者概念是对西方文本中心论的反拨，是一种矫枉过正的“真理”。在中国语境中理解读者概念既要看到它的“片面真理性”，又要用辩证唯物主义对其进行改造。其次，我们吸纳接受美学进入中国马克思主义文论之中，不能简单地搬用新鲜概念，而是要启发和促进我们建设自主的马克思主义接受理论。最常见的接受误区就是我们以为把接受美学和中国马克思主义文论各自的概念命题比较讨论一番就算是“中西融合”，这其实只是接受的浅的层面。如何走向“深的层面”？朱立元、谭好哲、童庆炳的研究已经给我们指明另外一条道路。他们借鉴接受美学但问题意识是自己的，他们使用西方概念但理论焦点是马克思主义文论，总之，着力于自身理论而不依赖接受美学。这样才能真正推进接受美学中国化和马克思主义文论现代化。

后 记

《接受美学的中国“旅行”：整体行程与两大问题》终于杀青付梓了。本书是我的博士学位论文的修订版，选题源自我的博导周启超老师的启发。在读博期间的一次谈话中，周老师提醒我，20 世纪 80 年代以来，各种西方文论话语涌入中国学界，参与到转型时期中国文论和文化的多元重组。如今 30 多年已经过去了，随着时间的累积和中西理论对话的深入，中国学界总结梳理西方文论话语在中国接受史的条件已经成熟。接受美学作为 80 年代以来引入中国并产生了广泛影响的文论话语，国内学界对它的中国化历程及其理论反思的研讨并不充分，还有拓展空间。于是，我选定了新时期以来接受美学在中国文艺学领域的接受传播历史作为博士论文的研究对象。在思考接受史研究方法时我发现萨义德的“理论的旅行”模型极富启发意义，在消化吸收这一理论模型基础上，我提出“问题域模式”来研究 30 年来接受美学和中国问题的交融碰撞史。这一方法紧扣原初理论与异质文化的问题意识及其语境的对话过程，避免了单一的共时性或者历时性研究路径。

反思接受美学中国化的历史进程，可以发现：从整体行程看，接受美学在中国学界经历译介、研究和运用的三个阶段后，已经发展成当代中国文艺学研究中较为成熟和独立的理论批评话语。从个别问题域的角度看，接受美学深度介入新时期以来中国文艺学研究的两大问题域，催生了在地化的理论成果，推进了多样化的文学实践。具体来说，接受美学和“重写文学史”问题域的碰撞，创生了中国化的文学接受史模式和书写实践；接

受美学和中国古代文论的现代转换问题域的互动，初步构建了东方特色的接受理论体系，成为古代文论的现代转换之实绩。这正是本书“整体行程与两大问题”的主要研究聚焦点。从附录的内容可以看出：接受美学和中国马克思主义文论问题域的对话，促进了中国化“马克思主义接受美学”建设。

2010年年底，博士论文完成之后，我以博士论文为基底申报了几个科研项目，目前还有一个科研项目正在推进之中。这次出书，对博士论文的原来章节作了一些调整，章节目次和标题更加简洁清晰；部分内容作了修订，主要集中在导论、第一编和第二编；参考文献部分的分类更加简洁，并且增加了2010年到2018年之间关于接受美学中国化（包括文学接受史研究）的重要著作和论文。结合我正在推进的接受美学科研项目研究内容，从发展的眼光看，接受美学中国化和接受美学在中国文艺学领域中的接受传播历史还有以下研究领域值得拓展。

一是接受美学和当代中国阅读接受理论的融合互动。“积极接受”以伊瑟尔的“召唤结构”和“隐含读者”为基础，强调文学文本是一种指称偏离和虚假陈述，文学接受是读者对文本的积极干预和重建，也是一种读者自我否定和自我重构的冒险。“被动阅读”承认文本意义的绝对确定性、作家权威性，弱化读者的能动性，读者只是文本的自动解码器。“积极接受”论解构了当下中国文学共同体中的“被动阅读”思维，极大释放了文学接受主体的能动性。汤伟民和张汝伦最早涉及“积极接受”理论。张杰、金元浦、龙协涛在扬弃接受美学的基础上，各自提出了自己的“积极接受”理论。“积极接受”中的中国主张、中国阐释，接受美学对当代中国阅读接受理论的建构价值等问题都有待深入发掘。

二是中国化的接受美学思想：生成性文学观。新时期以来，中国学者集合许多个别问题域，融合为总体问题域，形成了中国化的接受美学思想：生成性文学观。这一文学观念突破百年中国文学意义论固守的外部决定说和内在自足说。生成性文学观基本内涵可分为五大板块：文学意义论、文学创作论、文学价值论、文学接受史（效果史）和文学接受论，其中文学意义论是核心和基础。生成性文学观强调读者的能动性但反对夸大读者主体性。它吸纳中国古代接受理论中创作—文本—接受一体化的“传释”环流观念，主张文学文本是一种生成性的召唤结构，存在图式化框架和隐含读者的预设视野。读者就像催化剂一样激活作家和文本的召唤结构，造成意向性投射，促发文学意义的不确定性、事件性、未完成性。朱立元的“马克思主义接受美学”、叶维廉的“传释”说、陈文忠的“中国古典诗歌接受史”构想、邓新华发掘的中国古代三大文学接受方式（玩味、品评和释义）等理论都是当代中国生成性文学观的重要理论来源。目前学界对于“接受美学”或者“接受理论”旗帜下的各类中国主张和中国声音的内在黏合点的研究并不充分。

三是接受美学后期思想。20 世纪 70 年代后期开始，接受美学从前期的单一读者维度转向后期的交往性接受理论。从总体问题域的未来面向看，接受美学后期思想对于当代中国文学研究和文学实践的独特价值不可小觑。在“文学衰亡论”和“文学边缘说”甚嚣尘上的当代中国，图像艺术挤压文学受众圈层逐渐占据“模仿现实”的优先权，文学审美活动的感觉效力和存在价值遭受双重怀疑。接受美学后期思想有力地反驳了这种双重怀疑。针对感觉效力，姚斯以净化为核心的交流性认同学说扬弃阿多诺的“否定性”美学，确证文学审美活动的感觉效力与反省效力同等重要，不可偏废；针对存在价值，伊瑟尔证明了文学对于人类自身的永恒价值。他从文化人类学视角证明文学活动是人类满足自我审美感觉，确证自我存在并延展自我无限性可塑性的基本方式。中国学界对接受美学前期思想关注较多，而对其后期思想的价值关注不够。

当然，除了以上三个论域，接受美学中国化还有许多值得深研细探的地方，我将继续深耕这一研究领域，以期更大的理论创获。

在此，我要感谢我的博导周启超老师，先生的为人为学之风，严谨朴实，一丝不苟，让弟子深受教诲，感佩至深。从博士论文选题、写作到本书修改，先生给我指点迷津，为我付出不少心血。我还要感谢赵炎秋老师，我在师大十多年学习、工作，有幸得到先生无微不至的关怀和帮助；

博士论文写作和本书出版中，先生的指路和教益让我受益良多，学生没齿难忘。在博士论文写作、答辩和本书修订中胡亚敏老师、毛宣国老师、赖力行老师、张文初老师、杨合林老师、何林军老师等提出宝贵意见，在此向他们表达谢意。

在本书审稿和修改编订中，知识产权出版社的宋云主任和王颖超编辑工作严谨认真，待人亲切温和，细节沟通精准到位，我在此致以诚挚的敬意。

最后，感谢我的父母和妻子，他们一路的陪伴、鼓励和支持，弥足珍贵，让我倍感温暖。

文　浩

2019 年 6 月 25 日于岳麓山